SCHÄFFER
POESCHEL

Eberhard Steiner / Jessika Orth / Winfried Schwarzmann

Jahresabschluss und Konzernabschluss nach HGB und IFRS

Übungsbuch

5., aktualisierte und überarbeitete Auflage

2011
Schäffer-Poeschel Verlag Stuttgart

Autoren:
Prof. Dr. Eberhard Steiner, Fachhochschule für angewandtes Management in Erding, Fakultät für Betriebswirtschaftslehre
Prof. Dr. Jessika Orth, Fachhochschule für angewandtes Management in Erding, Fakultät für Betriebswirtschaftslehre
Prof. Dr. Winfried Schwarzmann, Hochschule München, University of Applied Sciences, Fachbereich für Betriebswirtschaft

Bibliografische Information der Deutschen Nationalbibliothek
Die Deutsche Nationalbibliothek verzeichnet diese Publikation in der Deutschen Nationalbibliografie; detaillierte bibliografische Daten sind im Internet über http://dnb.d-nb.de abrufbar

Gedruckt auf chlorfrei gebleichtem, säurefreiem und alterungsbeständigem Papier

ISBN 978-3-7910-3067-8

www.schaeffer-poeschel.de
info@schaeffer-poeschel.de

Einbandgestaltung: Willy Löffelhardt/Melanie Frasch
Druck und Bindung: CPI – Ebner & Spiegel, Ulm
Layout: Ingrid Gnoth | GD90, 79256 Buchenbach
Satz: primustype Hurler GmbH, Notzingen

Printed in Germany
Oktober 2011

Schäffer-Poeschel Verlag Stuttgart
Ein Tochterunternehmen der Verlagsgruppe Handelsblatt

Vorwort

Das Bilanzrechtsmodernisierungsgesetz (BilMoG) hat für das HGB im Jahre 2009 zahlreiche Änderungen gebracht, die vielfältige Auswirkungen auf die Bilanzierung in Deutschland haben. Zugleich nimmt die Bedeutung der International Financial Reporting Standards (IFRS) weiter zu. Diese Standards sind stetigen Veränderungen und Neuerungen unterworfen. Insgesamt setzt sich eine zehnjährige Entwicklung fort, die tiefgreifende Umbrüche in der Rechnungslegung bewirkt hat. Diese Veränderungen auf dem Gebiet des externen Rechnungswesens erfordern eine ständige Auseinandersetzung mit der Anwendung der Regelungen in der Praxis.

Das vorliegende Übungsbuch deckt die Gebiete des Jahresabschlusses und des Konzernabschlusses ab. Es bietet in zahlreichen Übungsaufgaben einen praxisbezogenen Einblick in die Behandlung von Geschäftsvorfällen nach HGB und nach IFRS. Es werden die Unterschiede der Rechnungslegungssysteme aufgezeigt und die Lösungswege jeweils ausführlich und nachvollziehbar beschrieben. Damit ist das Übungsbuch gleichsam für Studierende der Betriebswirtschaftslehre wie für Anwender in der Praxis geeignet.

Der Aufbau des Buches führt vom Allgemeinen zum Speziellen. Die Kapitel zum Jahresabschluss folgen dem Gliederungsprinzip von Bilanz und Erfolgsrechnung. Nach den Aufgaben zu Buchführungspflichten, Grundsätzen ordnungsmäßiger Buchführung sowie zu Bilanzierung und Bewertung werden die Kapitel Anlage- und Umlaufvermögen, Eigen- und Fremdkapital behandelt. Weitere Aufgaben finden sich zu den Bereichen der Rechnungsabgrenzung, latenten Steuern, zur Gewinn- und Verlust- sowie zur Cashflow-Rechnung.

Der Teil zur Konzernrechnungslegung orientiert sich an dem Lehrbuch „Konzernrechnungslegung nach HGB und IFRS", welches 2010 erschienen ist. Die Struktur von Übungs- und Lehrbuch ist gleich, so dass ein Transfer vom Lehrstoff in die Übungsaufgaben einfach zu bewerkstelligen ist. Das Übungsbuch stellt damit im Bereich der Konzernrechnungslegung eine Ergänzung und Vertiefung des Lehrbuchs dar und bietet gleichzeitig eine Erweiterung um den Bereich des Jahresabschlusses (Einzelabschlusses).

Den Aufgaben zu HGB und IFRS liegt der Rechtsstand August 2011 zu Grunde. Das Buch richtet sich an Studierende der Wirtschaftswissenschaften und an Praktiker, die sich anhand von Fallstudien einen Überblick über die Anwendung der neuen Rechnungslegungsvorschriften verschaffen wollen.

Unser besonderer Dank gilt den Mitarbeiterinnen und Mitarbeitern des Schäffer-Poeschel-Verlages und hier insbesondere Herrn Rudolf Steinleitner für seine verlässliche Unterstützung.

Erding/München, im August 2011

Eberhard Steiner, Jessika Orth, Winfried Schwarzmann

Inhaltsverzeichnis

Abkürzungsverzeichnis

Abs.	Absatz
abzgl.	abzüglich
AG	Aktiengesellschaft
AHK	Anschaffungs-/Herstellungskosten
AktG	Aktiengesetz
AV	Anlagevermögen
BFH	Bundesfinanzhof
BilMoG	Bilanzrechtsmodernisierungsgesetz
bzw.	beziehungsweise
c.p.	ceteris paribus
CCM	Completed-contract-Methode
CGU	Cash Generating Unit
CHF	Schweizer Franken
d.h.	das heißt
DRS	Deutscher Rechnungslegungsstandard
EBW	Einzelbilanzwert
EK	Eigenkapital
EStG	Einkommensteuergesetz
evtl.	eventuell
EWB	Einzelwertberichtigung
EWG	Europäische Wirtschaftsgemeinschaft
EWR	Europäischer Wirtschaftsraum
F.	Framework
f., ff.	folgend, folgende
FCU	Foreign Currency
FG	Fertigstellungsgrad
FIFO	First in First out
FK	Fremdkapital
FuE	Foschung und Entwicklung
GBP	Britische Pfund
GE	Geldeinheiten
gem.	gemäß
ggf.	gegebenenfalls
GmbH	Gesellschaft mit beschränkter Haftung
GOB	Grundsätze ordnungsmäßiger Buchführung
GuV	Gewinn- und Verlustrechnung
HB	Handelsbilanz
IAS	International Accounting Standard
i.d.R.	in der Regel
IDW	Institut der Wirtschaftsprüfer in Deutschland e.V.
IFRS	International Financial Reporting Standards
i.H.d.	in Höhe des/der

i.H.v.	in Höhe von
inkl.	inklusive
i.S.d.	im Sinne des/im Sinne der
i.S.v.	im Sinne von
i.V.m.	in Verbindung mit
JF	Jahresfehlbetrag
JÜ	Jahresüberschuss
Kfz	Kraftfahrzeug
KG	Kommanditgesellschaft
KGaA	Kommanditgesellschaft auf Aktien
KHK	Konzernherstellungskosten
km	Kilometer
KStG	Körperschaftsteuergesetz
L&L/LuL	Lieferungen und Leistungen
LIFO	Last in First out
lt.	laut
Ltd.	Limited
Mio.	Million(en)
Nr.	Nummer
OHG	Offene Handelsgesellschaft
p.a.	per annum
POC	Percentage-of-completion-Methode
PublG	Publizitätsgesetz
PWB	Pauschalwertberichtigung
RU	Reporting Unit
Rz.	Randziffer
sog.	so genannte/r/s
t	Tonne/n
TGE	Tausend Geldeinheiten
u.a.	unter anderem/und andere
USD	US-Dollar
UV	Umlaufvermögen
v.a.	vor allem
VGG	Vermögensgegenstand
vgl.	vergleiche
z.B.	zum Beispiel
ZGE	zahlungsmittelgenerierende Einheiten
zzgl.	zuzüglich

1 Grundlagen des Jahresabschlusses

1.1 Buchführungspflicht

Aufgabe

Beurteilen Sie für die

- Albert AG, Köln,
- den Einzelunternehmer Engelhardt aus Augsburg, der einen in kaufmännischer Weise eingerichteten Geschäftsbetrieb benötigt und im Gründungsjahr 01 Umsatzerlöse von 120 000 € und einen Jahresüberschuss von 40 000 € erwirtschaftet hat,
- den selbständigen Rechtsanwalt R, Mainz, und
- die Bertram Treuhand Steuerberatungsgesellschaft GmbH, Würzburg,

jeweils die handelsrechtlichen Buchführungspflichten (Geschäftsjahr 01)!

Lösung

Nach § 238 Abs. 1 HGB ist jeder Kaufmann zur Führung von Büchern verpflichtet. Kaufmann i. S. d. HGB ist, wer ein Handelsgewerbe betreibt (§ 1 Abs. 1 HGB). Ein Handelsgewerbe ist jeder Gewerbebetrieb, es sei denn, dass das Unternehmen nach Art oder Umfang einen in kaufmännischer Weise eingerichteten Geschäftsbetrieb nicht erfordert (§ 1 Abs. 2 HGB). Der handelsrechtliche Begriff des Gewerbebetriebs entspricht im Wesentlichen dem steuerlichen Begriff und setzt eine selbständige nachhaltige Betätigung mit Gewinnerzielungsabsicht, die sich als Beteiligung am allgemeinen wirtschaftlichen Verkehr darstellt und nicht als Ausübung eines freien Berufs oder von Land- und Forstwirtschaft anzusehen ist, voraus (Winkeljohann/Klein, in: Ellrott u. a., Beck'scher Bilanzkommentar, 7. Aufl., § 238, Rz. 5 ff.). Damit ist die Beurteilung der Buchführungspflicht wie folgt:

- Albert AG, Köln: Die Albert AG ist Formkaufmann nach § 6 Abs. 1 HGB und unterliegt damit der handelsrechtlichen Buchführungspflicht nach § 238 Abs. 1 HGB. Die Größenkriterien des § 241 a HGB sind für die Albert AG ohne Relevanz, da § 241 a HGB nur für Einzelkaufleute einschlägig ist.
- Einzelunternehmer Engelhardt, Augsburg: Der Einzelunternehmer benötigt lt. Angabe einen in kaufmännischer Weise eingerichteten Gewerbebetrieb und ist damit Istkaufmann i. S. d. § 1 HGB. Zu prüfen ist für Engelhardt die Befreiungsmöglichkeit des § 241 a HGB. Im Gründungsjahr 01 unterschreitet Engelhardt die Grenzwerte des § 241 a HGB (nicht mehr als 500 000 € Umsatzerlöse und 50 000 € Jahresüberschuss) und ist deswegen von der Buchführungspflicht befreit (im Fall der Neugründung kann bereits bei erstmaligem Unterschreiten die Erleichterungsvorschrift in Anspruch genommen werden). Engelhardt wird bei Inanspruchnahme der Befreiungsvorschrift eine Einnahmen-Überschuss-Rechnung entsprechend § 4 Abs. 3 EStG erstellen. Alternativ kann er freiwillig auf Grundlage einer Eröffnungsbilanz Bücher führen. Für die freiwillige Buchführung spricht, dass mittels einer kaufmännischen Buchführung der Einblick in die wirtschaftlichen Verhältnisse verbessert und damit die Unternehmenssteuerung

erleichtert wird. Zudem ist bei einem zu erwartenden Umsatz- und Ergebnisanstieg in den Folgejahren mit einem Überschreiten der Grenzen des § 241 a HGB und damit mit einer Pflicht zur Buchführung zu rechnen.

- Rechtsanwalt R, Mainz: Als selbständiger Rechtsanwalt rechnet R nicht zu den Gewerbetreibenden und ist damit kein Kaufmann. Insofern ist er handelsrechtlich (unabhängig von den Größenkriterien) nicht buchführungspflichtig und kann § 4 Abs. 3 EStG (Einnahmen-Überschuss-Rechnung) anwenden.
- Bertram Treuhand Steuerberatungsgesellschaft GmbH, Würzburg: Die Bertram GmbH ist Formkaufmann nach § 6 Abs. 1 HGB (unabhängig davon, dass die GmbH als Steuerberatungsgesellschaft tätig ist und die Tätigkeit als Steuerberater als freiberuflich klassifiziert wird) und unterliegt damit der handelsrechtlichen Buchführungspflicht nach § 238 Abs. 1 HGB. Die Größenkriterien des § 241 a HGB sind für die Bertram GmbH ohne Relevanz, da § 241 a HGB nur für Einzelkaufleute einschlägig ist.

1.2 Rechnungslegungspflichten im Einzelabschluss

Sachverhalt

Für

- den buchführungspflichtigen Einzelunternehmer Bante e. K., Nürnberg,
- die Caesar OHG, Mainz,
- die Arcus-GmbH, München,
- die Dietrich GmbH & Co. KG, Regensburg, und
- die an der Frankfurter Wertpapierbörse im regulierten Markt notierte Epsilon AG, Augsburg,

liegen einheitlich folgende Ausgangsdaten vor:

Bilanzstichtag	Bilanzsumme in €	Umsatz in €	Arbeitnehmer
31.12.00	24 120 343	47 983 754	265
31.12.01	26 320 568	49 727 232	280

Aufgabe

Beurteilen Sie die handelsrechtlichen Rechnungslegungspflichten für das Jahr 01!

Lösung

Sämtliche Unternehmen unterliegen als Kaufleute i. S. d. §§ 1 ff. HGB der handelsrechtlichen Buchführungspflicht gemäß § 238 Abs. 1 HGB. Hinsichtlich der Pflicht zur Aufstellung eines Jahresabschlusses ist die Beurteilung wie folgt:

- Einzelunternehmer Bante e. K., Nürnberg: Nach § 242 Abs. 1 HGB hat der Kaufmann zu Beginn seines Handelsgewerbes und für den Schluss eines jeden Geschäftsjahres eine Bilanz aufzustellen, die das Verhältnis seines Vermögens und seiner Schulden darstellt. Zudem ist nach § 242 Abs. 2 HGB eine Gegenüberstellung der Aufwendungen und Erträge des Geschäftsjahres (Gewinn- und Verlustrechnung) aufzustellen; Bilanz und Gewinn- und Verlustrechnung bilden nach § 242 Abs. 3 HGB den Jahresabschluss. Aufgrund der Unterschreitung der Größenmerkmale des § 1 Abs. 1 PublG ist eine Rechnungslegungspflicht nach dem Publizitätsgesetz nicht einschlägig.

- Caesar OHG, Mainz: Analog wie bei Bante sind nach § 242 HGB eine Bilanz und eine Gewinn- und Verlustrechnung aufzustellen, die den Jahresabschluss bilden. Aufgrund Unterschreitung der Größenmerkmale des § 1 Abs. 1 PublG ist eine Rechnungslegungspflicht nach dem Publizitätsgesetz nicht einschlägig.
- Arcus GmbH, München: Auch die Arcus GmbH hat nach § 242 HGB eine Bilanz und eine Gewinn- und Verlustrechnung aufzustellen. Die Arcus GmbH hat als Kapitalgesellschaft die ergänzenden Vorschriften nach §§ 264 ff. HGB zu beachten. Nach § 264 Abs. 1 Satz 1 HGB müssen die gesetzlichen Vertreter der Arcus GmbH den Jahresabschluss (§ 242 HGB) um einen Anhang erweitern, der mit der Bilanz und der Gewinn- und Verlustrechnung eine Einheit bildet, sowie einen Lagebericht aufstellen. Jahresabschluss und Lagebericht sind dabei gemäß § 264 Abs. 1 Satz 3 HGB von den gesetzlichen Vertretern in den ersten drei Monaten des Geschäftsjahres für das vergangene Geschäftsjahr aufzustellen. Aufgrund der Ausgangsdaten handelt es sich bei der Arcus GmbH um eine große Kapitalgesellschaft i. S. d. § 267 Abs. 3 HGB, so dass die Befreiungsvorschrift hinsichtlich des Lageberichts bzw. die Erleichterungsvorschrift hinsichtlich der Aufstellungsfrist gemäß § 264 Abs. 1 Satz 4 HGB nicht einschlägig ist.
- Dietrich GmbH & Co. KG, Regensburg: Die Dietrich GmbH & Co. KG hat zunächst nach § 242 HGB eine Bilanz und eine Gewinn- und Verlustrechnung aufzustellen. Die Dietrich GmbH & Co. KG hat als Kommanditgesellschaft i. S. d. § 264 a HGB (keine natürliche Person als persönlich haftender Gesellschafter) die ergänzenden Vorschriften nach §§ 264 ff. HGB zu beachten. Nach § 264 Abs. 1 Satz 1 HGB müssen die gesetzlichen Vertreter der Dietrich GmbH & Co. KG den Jahresabschluss (§ 242 HGB) um einen Anhang erweitern, der mit der Bilanz und der Gewinn- und Verlustrechnung eine Einheit bildet, sowie einen Lagebericht aufstellen. Jahresabschluss und Lagebericht sind dabei gemäß § 264 Abs. 1 Satz 3 HGB von den gesetzlichen Vertretern in den ersten drei Monaten des Geschäftsjahres für das vergangene Geschäftsjahr aufzustellen. Aufgrund der Ausgangsdaten handelt es sich bei der Dietrich GmbH & Co. KG um eine große Gesellschaft i. S. d. § 267 Abs. 3 HGB, so dass die Befreiungsvorschrift hinsichtlich des Lageberichts bzw. die Erleichterungsvorschrift hinsichtlich der Aufstellungsfrist gemäß § 264 Abs. 1 Satz 4 HGB nicht einschlägig ist.
- Epsilon AG, Augsburg: Ergänzend zu den bei der Arcus GmbH als Kapitalgesellschaft gemachten Ausführungen (Pflicht zur Aufstellung von Bilanz, Gewinn- und Verlustrechnung, Anhang und Lagebericht) ist hier die Kapitalmarktorientierung der Epsilon AG (§ 264 d HGB) zu berücksichtigen. Sofern die Epsilon AG als kapitalmarktorientierte Kapitalgesellschaft mangels Konzernstruktur nicht zur Aufstellung eines Konzernabschlusses verpflichtet sein sollte, hat sie gemäß § 264 Abs. 1 Satz 2 HGB den Jahresabschluss um eine Kapitalflussrechnung und einen Eigenkapitalspiegel zu erweitern, die mit der Bilanz, Gewinn- und Verlustrechnung und dem Anhang eine Einheit bilden (freiwillig könnte der Jahresabschluss zudem um eine Segmentberichterstattung erweitert werden).

1.3 Prüfungs- und Offenlegungspflichten

Sachverhalt

Es liegen für

- den buchführungspflichtigen Einzelunternehmer Bante e. K., Nürnberg,
- die Caesar OHG, Mainz,
- die Arcus-GmbH, München,
- die Dietrich GmbH & Co. KG, Regensburg, und
- die an der Frankfurter Wertpapierbörse im regulierten Markt notierte Epsilon AG, Augsburg,

einheitlich folgende Ausgangsdaten vor:

Bilanzstichtag	Bilanzsumme in €	Umsatz in €	Arbeitnehmer
31.12.00	24 120 343	47 983 754	265
31.12.01	26 320 568	49 727 232	280

Aufgabe

Beurteilen Sie die Pflichten zur Prüfung des Jahresabschlusses (und ggf. des Lageberichts) und zur Offenlegung für das Jahr 01.

Lösung

Die **Pflicht zur Prüfung** des Jahresabschlusses und des Lageberichts ist in § 316 HGB geregelt. Nach § 316 Abs. 1 HGB ist der Jahresabschluss und der Lagebericht von Kapitalgesellschaften, die nicht kleine Gesellschaften i. S. d. § 267 Abs. 1 HGB sind, durch einen Abschlussprüfer zu prüfen. § 316 HGB gilt dabei nicht nur für Kapitalgesellschaften, sondern gemäß § 264 a HGB auch für bestimmte Personenhandelsgesellschaften. Die Dietrich GmbH & Co. KG ist eine Personenhandelsgesellschaft i. S. d. § 264 a HGB, da keine natürliche Person persönlich haftender Gesellschafter ist. Aufgrund der angegebenen Ausgangsdaten (jeweils große Gesellschaften nach § 267 Abs. 3 HGB) unterliegen

- die Arcus-GmbH,
- die Dietrich GmbH & Co. KG und
- die Epsilon AG

der Prüfungspflicht nach § 316 HGB.

Die Caesar OHG und der Einzelunternehmer fallen nicht in den Anwendungsbereich des § 316 HGB. Aufgrund Unterschreitung der Größenmerkmale des § 1 Abs. 1 PublG ist auch eine Prüfungspflicht nach dem Publizitätsgesetz (§ 6 PublG) nicht einschlägig.

Die **Verpflichtung zur Offenlegung** ist in §§ 325 ff. HGB geregelt. Jahresabschluss und Lagebericht sowie die weiteren im Gesetz genannten Informationen bzw. Unterlagen sind von Kapitalgesellschaften beim Betreiber des elektronischen Bundesanzeigers spätestens vor Ablauf des zwölften Monats des dem Abschlussstichtag nachfolgenden Geschäftsjahres elektronisch einzureichen. Für die kapitalmarktorientierte Epsilon AG gilt gemäß § 325 Abs. 4 HGB eine kürzere Frist von vier Monaten. § 325 HGB gilt nicht nur für Kapitalgesellschaften, sondern gemäß § 264 a HGB auch für bestimmte Personenhandelsgesellschaften. Die Dietrich GmbH & Co.

KG ist eine Personenhandelsgesellschaft i. S. d. § 264 a HGB, da keine natürliche Person persönlich haftender Gesellschafter ist. Der Verpflichtung zur Offenlegung unterliegen damit

- die Arcus-GmbH,
- die Dietrich GmbH & Co. KG und
- die Epsilon AG.

Die Caesar OHG und der Einzelunternehmer fallen nicht in den Anwendungsbereich der §§ 325 ff. HGB. Aufgrund Unterschreitung der Größenmerkmale des § 1 Abs. 1 PublG ist auch eine Offenlegungspflicht nach dem Publizitätsgesetz (§ 9 PublG) nicht einschlägig.

1.4 Grundsatz der Unternehmensfortführung

Sachverhalt

Die Malus GmbH ist im Laufe des Geschäftsjahres 01 in erhebliche wirtschaftliche Schwierigkeiten geraten. Einige bedeutende Großkunden haben im Herbst 01 Aufträge storniert, so dass Liquiditätsengpässe eingetreten sind. Seitens der Banken wurden keine Kredite gewährt. Aufgrund der im Dezember eingetretenen Zahlungsunfähigkeit hat der Geschäftsführer die Eröffnung des Insolvenzverfahrens beantragt. Von der Fortführung des Unternehmens kann nicht mehr ausgegangen werden; der Geschäftsbetrieb soll eingestellt werden.

Aufgabe

Beurteilen Sie die grundsätzlichen Auswirkungen für die Bilanzierung nach HGB und IFRS!

Lösung

Nach § 252 Abs. 1 Nr. 2 HGB ist bei der Bewertung der im Jahresabschluss ausgewiesenen Vermögensgegenstände und Schulden von der Fortführung der Unternehmenstätigkeit auszugehen, sofern dem nicht tatsächliche oder rechtliche Gegebenheiten entgegenstehen. Die Fortführung der Unternehmenstätigkeit ist der vom HGB unterstellte Regelfall, bei dem dann die allgemeinen Bewertungsvorschriften (insbesondere §§ 252 bis 256 a HGB mit Regelungen z. B. zu planmäßigen Abschreibungen etc.) anzuwenden sind (Winkeljohann/Büssow, in: Ellrott u. a., Beck'scher Bilanzkommentar, 7. Aufl., § 252, Rz. 17 ff.). Zu beurteilen ist, ob der Annahme der Unternehmensfortführung (sog. Going-Concern-Prämisse) tatsächliche oder rechtliche Gegebenheiten entgegenstehen. Aufgrund der massiven wirtschaftlichen Schwierigkeiten und der beabsichtigten Einstellung des Geschäftsbetriebs ist bei der Malus GmbH von einem Wegfall der Going-Concern-Prämisse auszugehen.

Die Auswirkungen des Wegfalls dieser Prämisse auf die Bilanzierung und Bewertung sind im HGB nicht geregelt. Nach herrschender Meinung (IDW Stellungnahme zur Rechnungslegung RS HFA 17: »Auswirkungen einer Abkehr von der Going-Concern-Prämisse auf den handelsrechtlichen Jahresabschluss«) besteht das vorrangige Ziel der Rechnungslegung dann in der Feststellung des zum Abschlussstichtag vorhandenen Reinvermögens. Die Bewertung der Vermögensgegenstände erfolgt unter Veräußerungsgesichtspunkten; es sind auch Verpflichtungen zu berücksichtigen, die durch den Wegfall der Going-Concern-Prämisse verursacht wurden.

Auch im IFRS-Abschluss ist der Grundsatz der Unternehmensfortführung zu beachten (Framework F.23, IAS 1.25 f.). Die Going-Concern-Prämisse stellt eine Grundannahme der Rechnungslegung dar. Bei der Malus GmbH ist diese Basisannahme nicht mehr gerechtfertigt, so dass mit entsprechender Offenlegung im Anhang eine abweichende Bilanzierung und Bewertung anzuwenden ist (abhängig von den Umständen des Einzelfalles, wobei in hohem Maße die Regeln des IFRS 5 Anwendung finden).

1.5 Grundsatz der Stetigkeit

Sachverhalt

Die Reich AG hat nach vorläufiger betriebswirtschaftlicher Auswertung in 01 das beste Ergebnis der Unternehmensgeschichte erzielt. Der Vorstand der Reich AG möchte mittels gezielter Bilanzpolitik das Ergebnis für 01 mindern. Insbesondere im Hinblick auf die Bilanzadressaten »Arbeitnehmer« und »Kunden« erscheint es dem Vorstand sinnvoll, ein möglichst niedriges Ergebnis zu präsentieren. Konkret beabsichtigt der Vorstand folgende Bilanzierungsmaßnahmen:

- In den Vorjahren hatte die Reich AG das Aktivierungswahlrecht des § 248 Abs. 2 HGB für selbst erstelltes immaterielles Anlagevermögen stets in Anspruch genommen. Für 01 soll hiervon abgewichen werden; die entsprechenden Entwicklungskosten für selbst erstellte immaterielle Vermögensgegenstände des Anlagevermögens i. H.v. 300 000 GE sollen in 01 als Aufwand erfasst und dadurch das Ergebnis gemindert werden.
- In den Vorjahren hatte die Reich AG bei der Ermittlung der Herstellungskosten der fertigen und unfertigen Erzeugnisse stets auch die Verwaltungskosten einbezogen. Dieses Wahlrecht nach § 255 Abs. 2 Satz 3 HGB soll in 01 anders ausgeübt werden. Die Verwaltungskosten i. H.v. 60 000 GE sollen in 01 nicht aktiviert, sondern als Aufwand erfasst werden.
- Deutlich vorsichtiger möchte der Vorstand auch die Gewährleistungsrückstellungen bewerten. Bislang wurden diese auf Grundlage von Erfahrungen der Vergangenheit bewertet; der Vorstand möchte die Gewährleistungsrückstellung in 01 verdoppeln, da nach seiner Einschätzung die Kunden immer kritischer werden und deswegen vermehrt mit Gewährleistungsfällen zu rechnen sei. Diese persönliche Einschätzung des Vorstands ist nicht durch objektiv geänderte Gegebenheiten wie z. B. erhöhte Reklamationen der Kunden fundiert.

Aufgabe

Beurteilen Sie die angedachten Bilanzierungsmaßnahmen des Vorstands nach HGB. Gilt der Stetigkeitsgrundsatz auch im IFRS-Abschluss?

Lösung

In § 246 Abs. 3 HGB ist die Ansatzstetigkeit verankert. Hiernach sind die auf den vorhergehenden Jahresabschluss angewandten Ansatzmethoden beizubehalten. Von diesem Grundsatz darf nach § 246 Abs. 3 Satz 2 i. V. m. § 252 Abs. 2 HGB nur in begründeten Ausnahmefällen abgewichen werden.

§ 252 Abs. 1 Nr. 6 HGB regelt die Bewertungsstetigkeit und stellt klar, dass die auf den vorhergehenden Jahresabschluss angewandten Bewertungsmethoden beizubehalten sind. Auch von diesem Grundsatz darf nur in begründeten Ausnahmefällen abgewichen werden (§ 252 Abs. 2 HGB).

§ 246 Abs. 3 HGB und § 252 Abs. 1 Nr. 6 HGB gelten rechtsformunabhängig für alle Kaufleute. Die Reich AG als Kapitalgesellschaft hat darüber hinaus gemäß § 284 Abs. 2 Nr. 3 HGB evtl. vorgenommene Abweichungen von Bilanzierungs- und Bewertungsmethoden im Anhang anzugeben und zu begründen und deren Einfluss auf die Vermögens-, Finanz- und Ertragslage gesondert darzustellen. Zunächst ist aber zu untersuchen, ob die angedachten Änderungen überhaupt zulässig sind:

- Das Ansatzwahlrecht für selbst erstelltes immaterielles Anlagevermögen (§ 248 Abs. 2 HGB) ist gemäß § 246 Abs. 3 HGB stetig auszuüben. Eine Abweichung vom Stetigkeitsgebot muss sachlich gerechtfertigt sein (§ 252 Abs. 2 HGB). Ein angemessener Rechtfertigungsgrund wie z. B. die Anpassung an konzerneinheitliche Bilanzierungsrichtlinien oder die bessere Vermittlung eines den tatsächlichen Verhältnissen entsprechenden Bildes der Vermögens-, Finanz- und Ertragslage ist im Sachverhalt nicht erkennbar, so dass die Abweichung vom Stetigkeitsgrundsatz nicht gerechtfertigt und damit unzulässig ist. Die Ansatzmethode des Vorjahres ist beizubehalten.
- Das Bewertungswahlrecht bei der Ermittlung der Herstellungskosten nach § 255 Abs. 2 Satz 3 HGB ist gemäß § 252 Abs. 1 Nr. 6 HGB stetig auszuüben. Eine Abweichung vom Stetigkeitsgebot muss sachlich gerechtfertigt sein. Ein angemessener Rechtfertigungsgrund ist im Sachverhalt nicht erkennbar, so dass die Abweichung vom Stetigkeitsgrundsatz nicht gerechtfertigt und damit unzulässig ist. Die beabsichtigte Ergebnisminderung im Hinblick auf die Bilanzadressaten »Arbeitnehmer« und »Kunden« ist nicht als begründeter Ausnahmefall gemäß § 252 Abs. 2 HGB zu werten. Die Bewertungsmethode des Vorjahres ist beizubehalten.
- Die Bewertung der Gewährleistungsrückstellung unterliegt Schätzungen bzw. Ermessensentscheidungen. Rückstellungen sind nach § 253 Abs. 1 Satz 2 HGB i. H.d. nach vernünftiger kaufmännischer Beurteilung notwendigen Erfüllungsbetrages anzusetzen. Das Gebot der Bewertungsstetigkeit bezieht sich nicht nur auf im Gesetz definierte »echte« Bewertungswahlrechte, sondern auch auf »unechte« Wahlrechte (Verfahren und Vorgehensweisen bei Schätzungen oder Ermessensentscheidungen). Die Verdoppelung der Rückstellung ohne sachliche Fundierung widerspricht dem Grundsatz der Bewertungsstetigkeit, entspricht zudem auch nicht der nach § 253 Abs. 1 Satz 2 HGB geforderten vernünftigen kaufmännischen Beurteilung und ist insofern unzulässig.

Auch im IFRS-Abschluss ist das Stetigkeitsgebot zu beachten. Nach IAS 8.13 hat ein Unternehmen seine Rechnungslegungsmethoden für ähnliche Geschäftsvorfälle, sonstige Ereignisse und Bedingungen stetig auszuwählen und anzuwenden, es sei denn, ein Standard erlaubt bzw. schreibt die Kategorisierung von Sachverhalten vor, für die andere Rechnungslegungsmethoden zutreffend sind. Änderungen von Rechnungslegungsmethoden sind nach IAS 8.14 nur unter engen Voraussetzungen zulässig. Die Beurteilung der genannten Sachverhalte erfolgt damit analog wie im HGB-Abschluss.

2 Grundsätze ordnungsmäßiger Buchführung

2.1 Realisationsprinzip, Imparitätsprinzip

Die Pflaster GmbH erwirbt am 01.07.01 ein Paket Wertpapiere zu Spekulationszwecken. Das Paket beinhaltet 200 Aktien der Teer AG und wurde für 30 GE/Aktie erworben. Der Jahresabschluss zum Ende des Geschäftsjahres wurde bereits vorbereitet und enthält folgende zusammengefasste GuV:

GuV der Pflaster GmbH (in GE)	**01.01.01-31.12.01**
Umsatzerlöse	24 000
./. Materialaufwand	8 000
./. Personalaufwand	9 000
./. Abschreibungen	3 000
Ergebnis vor Steuern	**4 000**
./. Ertragsteuern	1 000
Jahresüberschuss	**3 000**

Der Jahresüberschuss der Pflaster GmbH soll vollständig an die Gesellschafter ausgeschüttet werden.

Aufgabe

a) Am Bilanzstichtag sinkt der Kurs der Aktien auf 25 GE/Aktie. Wie wirkt sich der Kursverfall auf den Jahresabschluss nach HGB aus?

b) Am Bilanzstichtag steigt der Kurs der Aktien auf 40 GE/Aktie. Wie wirkt sich der Kursanstieg auf den Jahresabschluss nach HGB aus?

c) Wie sind die Aktien für beide Fälle nach IFRS zu bewerten und wie wirkt sich die Bewertung auf den Jahresabschluss aus?

Lösung

a) Bewertung der Aktien bei einem Kurswert von 25 GE/Aktie

Das Vorsichtsprinzip fordert eine vorsichtige Bewertung von Vermögensgegenständen und Schulden. Durch die Anwendung des Vorsichtsprinzips soll einerseits den Gläubigern keine zu optimistische Lage des Unternehmens vermittelt und andererseits die Kapitalerhaltung gesichert werden.

Das Vorsichtsprinzip ist in § 252 Abs. 1 Nr. 4 HGB kodifiziert. Aus dem Vorsichtsprinzip lassen sich das Realisationsprinzip und das Imparitätsprinzip ableiten. Das Realisationsprinzip besagt, dass Gewinne erst erfolgswirksam erfasst werden dürfen, wenn sie auch tatsächlich realisiert sind. Die Verbuchung »lockender« Gewinne ist demnach verboten. Hingegen fordert das Imparitätsprinzip des § 252 Abs. 1 Nr. 4 HGB die Berücksichtigung von bereits drohenden Verlusten. Diese asymmetrische (imparitätische) Behandlung von Chance und Risiko entspringt dem Gedanken einer vorsichtigen, verlustantizipierenden Ermittlung des Erfolgs. Aus dem Imparitätsprinzip wird bei der Bewertung von Vermögensgegenständen das Niederstwertprinzip (§ 253 Abs. 3 und 4 HGB) und das Höchstwertprinzip für Schulden abgeleitet. Ebenso folgt aus dem Imparitätsprinzip der Ansatz von Rückstellungen für drohende Verluste aus schwebenden Geschäften.

Bei der Bewertung von Vermögensgegenständen des Umlaufvermögens ist das strenge Niederstwertprinzip nach § 253 Abs. 3 HGB zu beachten. Dies fordert die erfolgswirksame Korrektur von Vermögenswerten, wenn deren tatsächlicher Wert am Bilanzstichtag unter dem aktuellen Buchwert liegt.

Für den vorliegenden Fall ist demnach eine Abschreibung i. H.d. Kursverlustes vorzunehmen: (30 GE/Aktie ./. 25 GE/Aktie) × 200 Aktien = 1 000 GE.

Der Wertpapierposten ist in der Bilanz mit 5 000 GE bewertet.

Bei einem angenommenen Steuersatz von 25 % ist die GuV zusammengefasst wie folgt aufzustellen (aus Vereinfachungsgründen soll in diesem Beispiel von einer Differenzierung zwischen tatsächlichen und latenten Steuern abgesehen werden):

GuV der Pflaster GmbH (in GE)	**01.01.01-31.12.01**
Umsatzerlöse	24 000
./. Materialaufwand	8 000
./. Personalaufwand	9 000
./. Abschreibungen	4 000
Ergebnis vor Steuern	**3 000**
./. Ertragsteuern	750
Jahresüberschuss	**2 250**

Durch die verrechnete Abschreibung bleibt das Kapital im Unternehmen und kann nicht an das Finanzamt und die Gesellschafter ausgeschüttet werden.

b) Bewertung der Aktien bei einem Kurswert von 40 GE/Aktie

Für den Fall der Kurssteigerung greift das Realisationsprinzip des § 252 Abs. 1 Nr. 4 HGB. Demnach dürfen Gewinne im Jahresabschluss nur berücksichtigt werden, wenn sie am Abschlussstichtag bereits realisiert sind. Aus dem Realisationsprinzip kann weiterhin das Anschaffungswertprinzip abgeleitet werden, welches nach § 253 Abs. 1 HGB als Bewertungsobergrenze die Anschaffungs- oder Herstellungskosten vorsieht.

Für den vorliegenden Fall ergäbe sich ein »lockender« Gewinn i. H.v.:

(40 GE/Aktie ./. 30 GE/Aktie) × 200 Aktien = 2 000 GE.

Da sich die Aktien am Bilanzstichtag noch im Bestand der Pflaster GmbH befinden, ist der Gewinn nicht realisiert und darf nicht erfolgswirksam berücksichtigt werden. Aus diesem Grund muss in dem Jahresabschluss keine weitere Korrektur vorgenommen werden; der Jahresüberschuss bleibt bei 3 000 GE.

c) Regelungen nach IFRS

Die allgemeinen Grundsätze, die bei der Rechnungslegung nach IFRS zu beachten sind, finden sich im Framework (Rahmenkonzept) für die Aufstellung und Darstellung von Abschlüssen. Die zentrale Zielsetzung des Jahresabschlusses besteht darin, Informationen über die Vermögens-, Finanz- und Ertragslage zu geben, die für die Adressaten bei wirtschaftlichen Entscheidungen von

Nutzen sind (decision usefulness, F.12). Als Grundannahmen der Bilanzierung (underlying assumptions) gilt die periodengerechte Erfolgsermittlung (accrual basis) und die Unternehmensfortführung (going concern, F.23).

Durch den Fokus auf die Periodenabgrenzung ist auch das Realisationsprinzip nach IFRS weiter gefasst. Für die ergebniswirksame Berücksichtigung von Erträgen ist nicht der Zeitpunkt des Gefahrenübergangs maßgeblich, sondern sie werden in der Periode ausgewiesen, der sie auch zuzurechnen sind (F.22). Dies bedeutet, dass auch künftige Zahlungsverpflichtungen und Zahlungsmittelzuflüsse zu berücksichtigen sind. Dies hat hier zur Folge, dass neben tatsächlich realisierten Erträgen auch mit gewisser Wahrscheinlichkeit realisierbare Erträge erfolgswirksam erfasst werden.

Die Wertpapiere, die zu Spekulationszwecken erworben wurden, sind nach IAS 39.9 der Kategorie »financial instrument at fair value through profit or loss« zuzuordnen. Die Folgebewertung richtet sich nach IAS 39.46 und regelt für diese Wertpapierkategorie die Bewertung zum beizulegenden Zeitwert (fair value). Für den Fall a) des Kursverlusts ergibt sich demnach keine andere Lösung als nach HGB.

Für den Fall b) der Kurssteigerung muss die Bewertung ebenfalls zum fair value vorgenommen werden. Die Zuschreibung i. H.d. Kursgewinns von 2 000 GE wirkt sich auf die GuV wie folgt aus (auch für dieses Beispiel soll von einer Differenzierung zwischen tatsächlichen und latenten Steuern abgesehen werden):

GuV der Pflaster GmbH (in GE)	**01.01.01-31.12.01**
Umsatzerlöse	24 000
./. Materialaufwand	8 000
./. Personalaufwand	9 000
./. Abschreibungen	3 000
+ Zuschreibung	2 000
Ergebnis vor Steuern	**6 000**
./. Ertragsteuern	1 500
Jahresüberschuss	**4 500**

2.2 Grundsatz der wirtschaftlichen Betrachtungsweise

Sachverhalt

Für die folgenden Posten stellt sich für die Kreisel AG die Frage der Bilanzierung dem Grunde nach.

1. Am 12.10.01 wird eine Maschine im Wert von 200 000 GE zur Sicherheit an die Bittel Bank übereignet. Nach dem Sicherungsvertrag verbleibt die Maschine zur weiteren Nutzung bei der Kreisel AG. Die Bank verpflichtet sich, das Sicherungsrecht nur im Falle ausbleibender Tilgung auszuüben. Die Tilgung erfolgt ordnungsgemäß.
2. Die Kreisel AG mietet am 01.01.01 von der Loose AG eine Standardmaschine. Die unkündbare Grundmietzeit beträgt 4 Jahre, die Nutzungsdauer 8 Jahre. Nach Ablauf der Grundmietzeit ist die Maschine zurückzugeben.
3. Die Kreisel AG least am 01.01.01 eine Spezialmaschine von der Lease GmbH. Die unkündbare Grundmietzeit beträgt 5 Jahre, die Nutzungsdauer 10 Jahre. Die Maschine ist nach Ablauf der Grundmietzeit zurückzugeben.

4. Die Liefer AG liefert am 01.12.01 Waren für 10 000 GE unter Eigentumsvorbehalt an die Kreisel AG. Weitere Verfügungsbefugnisse, die über den Sicherungszweck hinausreichen, bestehen nicht.
5. Die Kreisel AG verkauft einen Teil ihrer Spielwaren auf Kommission. Hierzu hat sie von dem Auftraggeber (Kommittent) Kampus GmbH am 31.12.01 Spielwaren i. H.v. 20 000 GE auf Lager, die bisher nicht verkauft werden konnten.
6. Die Kreisel AG tritt ebenfalls als Einkaufskommissionär auf dem Markt auf. Sie kauft für die Elektra GmbH Spielwaren i. H.v. 40 000 GE. Am 20.12.01 informiert die Kreisel AG die Elektra GmbH über den Kauf; die Waren sind am Bilanzstichtag noch im Lager der Kreisel AG.

Aufgabe

Wie sind die vorliegenden Sachverhalte nach HGB und IFRS zu bilanzieren?

Lösung

Das Vollständigkeitsgebot des § 246 Abs. 1 Satz 1 HGB verlangt die Bilanzierung sämtlicher Vermögensgegenstände. Da rechtliches und wirtschaftliches Eigentum meist zusammenfallen, ist die Frage der Zuordnung von Vermögensgegenständen zum rechtlichen oder wirtschaftlichen Eigentümer häufig nicht zu thematisieren.

Für die Fälle, in denen rechtliches und wirtschaftliches Eigentum auseinanderfallen, sieht das HGB die Bilanzierung beim wirtschaftlichen Eigentümer vor. Dieser Grundsatz des wirtschaftlichen Eigentums wurde durch das Bilanzrechtsmodernisierungsgesetz (BilMoG) im § 246 Abs. 1 Satz 2 HGB kodifiziert. Jedoch galt er auch vor Inkrafttreten des BilMoG als nicht kodifizierter Grundsatz ordnungsgemäßiger Buchführung.

Für die folgenden Fälle ist das wirtschaftliche Eigentum festzustellen und die Bilanzierung zu klären.

1. Durch den Sicherungsvertrag wird die Bittel Bank zwar rechtlicher Eigentümer. Die Maschine bleibt aber im Besitz der Kreisel AG (Sicherungsgeber). Dadurch kann sie die Maschine weiterhin nutzen und bleibt wirtschaftlicher Eigentümer. Als wirtschaftlicher Eigentümer hat sie die Maschine zu bilanzieren.
2. Bei Verträgen mit einer unkündbaren Grundmietzeit werden die Vermögensgegenstände dem Leasinggeber zugerechnet, wenn die Grundmietzeit mindestens 40 % und höchstens 90 % der betriebsgewöhnlichen Nutzungsdauer beträgt (Förschle/Kroner, in: Ellrott u. a., Beck'scher Bilanzkommentar, 7. Aufl., § 246, Rz. 42). Dies ist hier der Fall und damit ist die Standardmaschine beim rechtlichen und wirtschaftlichen Eigentümer, der Loose AG, zu bilanzieren.
3. Bei Spezial-Leasing-Verträgen wird der Leasinggegenstand stets dem Leasingnehmer zugerechnet (Förschle/Kroner, in: Ellrott u. a., Beck'scher Bilanzkommentar, 7. Aufl., § 246, Rz. 46). Die Kreisel AG ist wirtschaftlicher Eigentümer und hat die Spezialmaschine zu aktivieren.
4. Die Liefer AG bleibt zwar rechtlicher Eigentümer der Waren, jedoch ist das wirtschaftliche Eigentum am 01.12.01 auf die Kreisel AG übergegangen. Die Bilanzierung erfolgt deshalb beim Sicherungsgeber, der Kreisel AG.
5. Bei der Verkaufskommission verbleibt das wirtschaftliche Eigentum an dem Kommissionsgut bis zum Verkauf beim Kommittenten (Kampus GmbH). Der Kommissionär erwirbt weder das rechtliche noch das wirtschaftliche Eigentum. Die Bilanzierung muss daher im Vorratsvermögen der Kampus GmbH erfolgen.

6. Die Kreisel AG wird zwar mit dem Bezug der für Rechnung der Elektra GmbH (Kommittent) erworbenen Ware rechtlicher Eigentümer. Das wirtschaftliche Eigentum ging jedoch sofort mit dem Kauf an den Kommittenten über. Da die Elektra GmbH über den Kauf informiert wurde, hat sie die Ware als wirtschaftlicher Eigentümer zu aktivieren.

Der Grundsatz der wirtschaftlichen Betrachtungsweise (substance over form) gilt auch nach IFRS. Er ist ausdrücklich in F.35 festgehalten. Für die obigen Sachverhalte 1, 4, 5 und 6 ergibt sich deshalb keine andere Lösung.

Für die Klassifizierung und Bilanzierung von Leasingverträgen bestehen umfangreiche Regelungen in IAS 17. Grundsätzlich gilt auch hier, dass das Leasinggut dem wirtschaftlichen Eigentümer zuzurechnen ist. Ein Leasingverhältnis wird nach IAS 17.8 als finance lease klassifiziert, wenn es im Wesentlichen alle mit dem Eigentum verbundenen Risiken und Chancen überträgt; die Bilanzierung des Leasinggutes erfolgt dann beim Leasingnehmer. Ist die vorstehende Bedingung nicht erfüllt, handelt es sich um operating lease mit der entsprechenden Bilanzierung beim Leasinggeber. IAS 17.10 und 17.11 enthalten Beispiele (IAS 17.10) und Kriterien (IAS 17.11) für die Zurechnung von Leasingverhältnissen zum Finanzierungsleasing.

Für den obigen 2. Fall ist eine Einstufung als finance lease nicht gegeben, da die Vertragslaufzeit nicht den überwiegenden Teil der Nutzungsdauer umfasst (IAS 17.10 c). Die Bilanzierung erfolgt demnach bei der Loose AG. Hingegen ist der Spezial-Leasing-Vertrag des 3. Falles nach IAS 17.10 e als finance lease einzustufen mit der entsprechenden Bilanzierung bei der Kreisel AG.

2.3 Höchstwertprinzip

Die Gobrit AG hat in England am 06.10.01 eine Anleihe mit einem Nennwert von 10 Mio. britische Pfund (GBP) ausgegeben. Der Zinssatz beträgt 5 %, die Gesamtlaufzeit 10 Jahre. Die relevanten Umrechnungskurse lauten:

06.10.01: 1 GBP = 0,80 GE
31.12.01: 1 GBP = 0,90 GE

Aufgabe

Wie ist die Anleihe am 31.12.01 zu bilanzieren und bewerten
a) nach HGB,
b) nach IFRS?

Lösung

a) HGB

Die Anleihe ist unter den Verbindlichkeiten (§ 266 Abs. 3 C.1 HGB) separat auszuweisen und zum Erfüllungsbetrag (§ 253 Abs. 1 Satz 2 HGB) zu bewerten. Der Gesamtbetrag der Verbindlichkeiten mit einer Restlaufzeit von mehr als fünf Jahren ist im Anhang anzugeben (§ 285 Nr. 1 a HGB). Die Verbindlichkeit wird mit dem Kurs zum Entstehungszeitpunkt am 06.10.01 (1 GBP =0,80 GE) eingebucht:

Bank	8 000 000	
an Anleihen		8 000 000

Am Bilanzstichtag sind die Fremdwährungsverbindlichkeiten nach § 256 a HGB zum Devisenkassamittelkurs umzurechnen. Die Umrechnung ergibt am Bilanzstichtag eine Verbindlichkeit von: 10 000 000 GBP × 0,90 GE = 9 000 000 GE.

Der Erfüllungsbetrag der Verbindlichkeit liegt am Bilanzstichtag über dem Buchwert. Für diesen Fall fordert das Höchstwertprinzip den Ansatz des höheren Wertes. Das Höchstwertprinzip ist im HGB nicht explizit geregelt. Es ergibt sich in Analogie zum strengen Niederstwertprinzip für Forderungen auf der Aktivseite (§ 253 Abs. 4 HGB).

Die zugehörige Buchung lautet wie folgt:

Sonstiger betrieblicher Aufwand	1 000 000	
an Anleihen		1 000 000

Anzumerken ist hier, dass nach § 277 Abs. 5 Satz 2 HGB die Aufwendungen aus der Währungsumrechnung gesondert unter dem Posten »Sonstige betriebliche Aufwendungen« auszuweisen sind.

Für den Fall, dass der Erfüllungsbetrag der Verbindlichkeit durch die Währungsumrechnung unter dem Buchwert liegen sollte, muss der höhere bereits eingebuchte Wert beibehalten werden. Für den Fall kurzfristiger Verbindlichkeiten regelt § 256 a Satz 2 HGB die Umrechnung mit Stichtagskursen; Imparitäts- und Anschaffungskostenprinzip sind hier außer Kraft gesetzt.

b) IFRS

IAS 21 regelt die Auswirkungen von Wechselkursänderungen. Demnach sind monetäre Posten, wie Anleihen, zum Stichtagskurs umzurechnen (IAS 21.23(a)). Damit ergibt sich auch nach IFRS ein Wertansatz der Anleihe von 9 Mio. GE. Für den Fall sinkender Kurse müsste nach IFRS die Anleihe mit dem niedrigeren Betrag bewertet werden. Ein entsprechender Erfolgsausweis wäre die Folge.

2.4 Stichtagsprinzip und Werterhellung

Sachverhalt

Der Bilanzstichtag der Mockel AG ist der 31.12.01. Während der Jahresabschlusserstellung werden noch folgende Sachverhalte bekannt:

1. Die Mockel AG weist in ihrer Bilanz eine Forderung gegen die Zucker GmbH i. H.v. 59 500 GE aus. Sie erfährt am 15.01.02, dass gegen die Zucker GmbH am 23.12.01 das Insolvenzverfahren eröffnet wurde. Nach Auskunft des Insolvenzverwalters ist mit einer Einstellung des Verfahrens mangels Masse zu rechnen.
2. Die Mockel AG hat mit Wirkung zum 01.01.02 die Tochtergesellschaft Tetris GmbH für 750 000 GE verkauft. Der Buchwert des Anteils lag bei 500 000 GE.
3. Ein Aktienpaket der Intro AG wurde am 01.03.01 für 15 000 GE zu Spekulationszwecken erworben. Am Bilanzstichtag beträgt der Kurswert noch 12 000 GE. Anfang Februar 02 meldet die Intro AG Insolvenz an.
4. Am 12.01.02 brennt aufgrund einer Brandstiftung ein Teil einer Fabrikhalle ab. Der Schaden beträgt nur 5 000 GE, weil das Feuer rechtzeitig gelöscht werden konnte. Eine Feuerversicherung bestand nicht.

5. Ein Grundstück der Mockel AG, welches vor vielen Jahren für 400 000 GE erworben wurde, wird in der Gemeinderatssitzung vom 17.12.01 als Bauland ausgewiesen und erfährt dadurch eine Wertsteigerung von 100 000 GE. Die Mockel AG erfährt am 12.01.02 von dem Ergebnis der Gemeinderatssitzung.
6. Im Februar 02 steht die Auslieferung einer bereits hergestellten Maschine an. Der zugehörige Vertrag mit der Schlau GmbH wurde im November 01 geschlossen; als Verkaufspreis wurden 30 000 GE vereinbart. Am 03.01.02 erfährt die Buchhaltung, dass aufgrund im Dezember gestiegener Materialpreise die Herstellungskosten bei 40 000 GE liegen werden.

Aufgabe

Wie sind diese Sachverhalte in dem Jahresabschluss der Mockel AG nach HGB und IFRS zum 31.12.01 zu berücksichtigen?

Lösung

Die Bilanz ist auf einen bestimmten Stichtag aufzustellen (**Stichtagsprinzip,** § 252 Abs. 1 Nr. 3 und Nr. 4 sowie § 242 Abs. 2 HGB). Zu diesem Tag werden die Wertansätze des Vermögens und der Schulden ermittelt. Zur Aufstellung des Jahresabschlusses haben Kapitalgesellschaften nach § 264 Abs. 1 HGB drei Monate, kleine Kapitalgesellschaften sogar sechs Monate Zeit. Zwischen dem Bilanzstichtag und dem Tag der Bilanzaufstellung können Informationen bekannt werden, die evtl. noch im Jahresabschluss des vergangenen Jahres zu berücksichtigen sind. Man unterscheidet wertaufhellende und wertbegründende Ereignisse.

Wertaufhellende Tatsachen werden nach dem Bilanzstichtag, jedoch vor dem Tag der endgültigen Bilanzaufstellung bekannt; sie betreffen Ereignisse vor dem Bilanzstichtag. Wertaufhellende Tatsachen sind nach § 252 Abs. 1 Nr. 4 HGB im Jahresabschluss des vergangenen Jahres zu berücksichtigen. Tatsachen, die erst nach dem Bilanzstichtag eintreten, sog. wertbegründende Ereignisse, werden hingegen nicht mehr berücksichtigt. § 289 Abs. 2 Nr. 1 HGB fordert jedoch, im Lagebericht auf Vorgänge von besonderer Bedeutung einzugehen, die nach Schluss des Geschäftsjahres eingetreten sind. Vorgänge von besonderer Bedeutung müssen geeignet sein, das tatsächliche Bild der Vermögens-, Finanz- und Ertragslage, welches der Jahresabschluss vermitteln soll, zu beeinflussen (Förschle/Heinz, in: Ellrott u. a., Beck'scher Bilanzkommentar, 7. Aufl., § 289, Rz. 63).

Für die obigen Sachverhalte bedeutet dies im Einzelnen:

1. Die Zahlungsunfähigkeit der Zucker GmbH bestand bereit im Geschäftsjahr 01. Damit handelt es sich um eine wertaufhellende Tatsache, die im Jahresabschluss noch zu berücksichtigen ist. Die Forderung gegenüber der Zucker GmbH ist in voller Höhe abzuschreiben.
2. Die Tochtergesellschaft wurde erst zum 01.01.02 verkauft. Es handelt sich damit um ein wertbegründendes Ereignis, welches im Jahresabschluss 01 nicht mehr zu berücksichtigen ist. Allerdings ist aufgrund der besonderen Bedeutung dieses Geschäftsvorfalls eine Angabe im Lagebericht geboten.
3. Das Aktienpaket der Intro AG hat am Bilanzstichtag einen Wert von 12 000 GE. Auf Grund des strengen Niederstwertprinzips ist auf diesen niedrigeren Tageswert abzuschreiben. Die Insolvenz der Intro AG tritt erst im neuen Geschäftsjahr ein und war am Bilanzstichtag noch nicht zu erwarten (wertbegründende Tatsache). Aus diesem Grund bleibt es bei der Bewertung mit 12 000 GE. Eine Angabe im Lagebericht ist geboten, wenn das tatsächliche Bild der Vermögens-, Finanz- und Ertragslage beeinflusst wird. Hiervon ist bei diesem Sachverhalt nicht auszugehen, da das Aktienpaket einen vergleichsweise geringen Wert hat.

4. Die Fabrikhalle brennt erst am 12.01.02 ab, der Sachverhalt betrifft damit das Geschäftsjahr 02. Dieses wertbegründende Ereignis wird im Jahresabschluss 01 nicht mehr berücksichtigt. Eine Angabe im Lagebericht ist aufgrund des geringen Schadens nicht geboten.
5. Bei dem Ausweis eines eigenen Grundstücks als Bauland handelt es sich um eine wertaufhellende Tatsache, die im Jahresabschluss 01 zu berücksichtigen ist. Schließlich ist die Wertsteigerung bereits am 17.12.01 verursacht worden. Allerdings verbietet das Anschaffungskostenprinzip des § 253 Abs. 1 HGB eine Bewertung über die Anschaffungskosten hinaus. Es bleibt bei dem Wertansatz von 400 000 GE.
6. Beim Kaufvertrag mit der Schlau GmbH handelt es sich um ein schwebendes Geschäft, da am Bilanzstichtag weder Leistung noch Gegenleistung erbracht wurden. Zwar erfährt die Buchhaltung erst am 03.01.02 von den höheren Herstellungskosten; der Sachverhalt war am Bilanzstichtag aber bereits eingetreten. Er ist somit als werterhellende Tatsache im Abschluss 01 zu berücksichtigen. In diesem Fall ist nach § 249 Abs. 1 Satz 1 HGB eine Rückstellung für drohende Verluste aus schwebenden Geschäften i. H.v. 10 000 GE zu bilden.

Die Regelungen nach IFRS unterscheiden sich nicht von den Regelungen des HGB. IAS 10.3 unterscheidet zwischen berücksichtigungspflichtigen und nicht zu berücksichtigenden Ereignissen nach dem Abschlussstichtag. Alle Ereignisse, die zum Abschlussstichtag eingetreten sind, sind zu berücksichtigen, wohingegen Ereignisse, die erst nach dem Abschlussstichtag eingetreten sind, nicht berücksichtigt werden dürfen. Analog zu den HGB-Regelungen sind auch nach IAS 10.21 wesentliche, nicht zu berücksichtigende Ereignisse im Anhang anzugeben. Dabei hat das Unternehmen die Art des Ereignisses und eine Schätzung der finanziellen Auswirkung anzugeben. Vor diesem Hintergrund ergibt sich für die obigen Sachverhalte nach IFRS keine andere Lösung. Es werden lediglich die Angabepflichten statt im Lagebericht im Anhang erfüllt.

2.5 Saldierungsverbot

Sachverhalt

Die Saldo AG stellt sich zum Geschäftsjahresende die Frage, ob diese Geschäftsvorfälle gegeneinander aufgerechnet werden dürfen:

1. Die gesamten Forderungen aus Lieferungen und Leistungen der Saldo AG betragen am Bilanzstichtag 1 500 000 GE; die gesamten Verbindlichkeiten aus Lieferungen und Leistungen liegen bei 2 000 000 GE.
2. Die Saldo AG hat gegenüber der Partner AG eine ausstehende Forderung aus einer Warenlieferung i. H.v. 20 000 GE. Gleichzeitig zeigt das Kreditorenkonto eine Verbindlichkeit i. H.v. 30 000 GE.
3. Die Saldo AG hat im Geschäftsjahr 01 bei ihrer Geschäftsbank ein zehnjähriges Darlehen über 50 000 GE aufgenommen. Gleichzeitig hält sie festverzinsliche Wertpapiere i. H.v. 100 000 GE mit einer Restlaufzeit von drei Jahren.
4. Für das Darlehen zahlt die Saldo AG jährlich 4 % Zinsen; auf die festverzinslichen Wertpapiere werden am Ende des Jahres 3 % Zinsen gutgeschrieben.
5. Der Bestand an fertigen Erzeugnissen der Produktgruppe 1 hat sich im abgelaufenen Geschäftsjahr um 15 000 GE erhöht, wohingegen sich derjenige der Produktgruppe 2 um 2 000 GE

vermindert hat. Gleichzeitig weisen die unfertigen Erzeugnisse eine Bestandserhöhung von 40 000 GE auf. Die Saldo AG wendet das Gesamtkostenverfahren an.

Aufgabe

Prüfen Sie, ob in den vorliegenden Fällen eine Saldierung nach HGB und IFRS vorgenommen werden darf.

Lösung

Das Verrechnungsverbot des § 246 Abs. 2 HGB verbietet grundsätzlich die Saldierung von Aktiv- und Passivposten. Dieses Prinzip wird jedoch u. a. für Forderungen und Verbindlichkeiten durchbrochen, wenn es sich bei Gläubiger und Schuldner um die gleiche Person handelt und die Forderungen und Verbindlichkeiten gleichartig und gleichfällig sind (Förschle/Kroner, in: Ellrott u. a., Beck'scher Bilanzkommentar, 7. Aufl., § 246, Rz. 106). Für diese Fälle ist eine Aufrechnung zulässig. Damit sind die Sachverhalte 1. bis 3. wie folgt zu lösen:

1. Eine Saldierung ist nicht erlaubt, da nicht Forderungen und Verbindlichkeiten einer Person aufgerechnet werden sollen, sondern vielmehr der gesamte Forderungs- und Verbindlichkeitenbestand. Das Saldierungsverbot muss beachtet werden.
2. Eine Saldierung ist für diesen Fall erlaubt. Es handelt sich erstens um Forderung und Verbindlichkeit gegenüber derselben Person. Zweitens sind beide Positionen Verpflichtungen aus Lieferungen und Leistungen; somit ist Gleichartigkeit gegeben. Auch besteht drittens gleiche Fristigkeit, da es sich um kurzfristige Zahlungsverpflichtungen handelt.
3. Es handelt sich bei den beiden Positionen zwar um Verbindlichkeit und Forderung gegenüber einer Person. Jedoch ist eine Gleichartigkeit nicht gegeben, da es sich einerseits um ein Darlehen und andererseits um ein festverzinsliches Wertpapier handelt. Ebenso ist durch die unterschiedlichen Restlaufzeiten eine gleichartige Fristigkeit nicht gegeben.

Die Saldierung von Aufwendungen und Erträgen ist nach § 246 Abs. 2 HGB ebenfalls verboten. Jedoch gibt es auch hier Ausnahmen. So ergibt sich beispielsweise aus dem § 275 Abs. 2 Nr. 2 HGB, dass bei Anwendung des Gesamtkostenverfahrens Bestandserhöhungen an fertigen und unfertigen Erzeugnissen mit Bestandminderungen derselbigen verrechnet werden dürfen.

4. Für diesen Fall gilt das Saldierungsverbot. Die Zinsaufwendungen von 2 000 GE dürfen nicht mit den Zinserträgen von 3 000 GE verrechnet werden. Die Saldierung würde den Eindruck entstehen lassen, dass lediglich Zinserträge von 1 000 GE angefallen sind.
5. Diese Saldierung ist erlaubt, da das Gliederungsschema der GuV bei Anwendung des Gesamtkostenverfahrens den saldierten Ausweis der Bestandsveränderungen vorsieht. Damit werden lediglich Bestandsveränderungen von 15 000 GE ./. 2 000 GE + 40 000 GE = 53 000 GE ausgewiesen.

Auch nach IFRS gilt grundsätzlich das Saldierungsverbot. Nach IAS 1.32 dürfen Vermögenswerte und Schulden nicht miteinander saldiert werden, es sei denn, dass die Saldierung von einem Standard vorgeschrieben oder gestattet wird. So ist nach IAS 1.33 eine Saldierung geboten, wenn dadurch die korrekte Abbildung des Geschäftsvorfalls gesichert ist (Förschle/Kroner, in: Ellrott u. a., Beck'scher Bilanzkommentar, 7. Aufl., § 246, Rz. 185). In der Folge sollte nach IFRS eine Saldierung in dem obigen zweiten Fall ebenso vorgenommen werden, wohingegen für die Fälle 1 und 3 eine Saldierung nicht sachgemäß ist.

Für die Saldierung von Aufwendungen und Erträgen regelt IAS 1.35, dass diese zu saldieren sind, wenn sie auf dem gleichen Sachverhalt beruhen wie z. B. Gewinne und Verluste aus der Währungsumrechnung. Damit ist auch für den Fall 4 eine Saldierung nach IFRS nicht erlaubt, da die Erträge und Aufwendungen auf unterschiedlichen Sachverhalten beruhen. Auch nach IFRS ist die Aufstellung der GuV nach dem Gesamtkostenverfahren möglich (IAS 1.99), jedoch gibt es kein Gliederungsschema, wie es im HGB enthalten ist. Die Gestaltungshinweise des IAS 1.102 sehen auch hier einen separaten Ausweis der Bestandsveränderungen an fertigen und unfertigen Erzeugnissen vor. Wie auch im HGB ist diese Position bereits im Gliederungsvorschlag saldiert und so ergibt sich auch hier der Nettoausweis. Somit ist auch dieser Fall nach IFRS nicht anders zu lösen.

3 Bilanzierung

3.1 Kategorisierung des Vermögens

Sachverhalt

Die Block OHG hat im Jahr 01 verschiedene Anschaffungen getätigt: Sie kauft am 12.03.01 Rohstoffe für die Produktion von Holzblöcken. Diese Lieferung ist zur Ausnutzung von Mengenrabatten sehr umfangreich und reicht für 18 Monate. Zur Bearbeitung der Blöcke ist die Anschaffung einer neuen Maschine nötig. Diese Maschine wird am 10.02.01 gekauft und am 15.03.01 geliefert. Zur kurzfristigen Geldanlage erwirbt die OHG Wertpapiere am 15.10.01, die beim Erreichen eines bestimmten Kurses wieder verkauft werden sollen. Für den Bau einer neuen Halle wird ein Grundstück am 04.05.01 erworben. Einer der Gesellschafter kauft sich am 12.07.01 eine neue Armbanduhr aus Mitteln der Gesellschaft. Für eine neue Produktlinie wird am 01.09.01 ein Patent erworben. Um Mittel langfristig anzulegen, werden Aktien am 01.08.01 gekauft. Die OHG erwirbt am 15.03.01 ein kleines Mietshaus zur langfristigen Geldanlage.

Aufgabe

a) Kreuzen Sie in der Tabelle an, welcher Sachverhalt nach dem HGB vorliegt.
b) Erläutern Sie die Gliederungsprinzipien.
c) Welche Besonderheiten ergeben sich bei der Bilanzgliederung bzw. Kategorisierung des Vermögens nach IFRS?

	Rohstoffe	Maschine	Wertpapiere	Grundstück	Armbanduhr	Patent	Aktien	Mietshaus
Anlagevermögen								
Umlaufvermögen								
Immaterielles Vermögen								
Sachanlagevermögen								
Finanzanlagevermögen								
Notwendiges Betriebsvermögen								
Gewillkürtes Betriebsvermögen								
Notwendiges Privatvermögen								

Lösung

a) Lösung nach dem HGB

	Roh-stoffe	Maschine	Wert-papiere	Grund-stück	Arm-banduhr	Patent	Aktien	Miets-haus
Anlagevermögen		X		X		X	X	X
Umlaufvermögen	X		X					
Immaterielles Vermögen						X		
Sachanlage-vermögen		X		X				X
Finanz-anlagevermögen							X	
Notwendiges Betriebsvermögen	X	X		X		X		
Gewillkürtes Betriebsvermögen			X				X	X
Notwendiges Privatvermögen					X			

b) Gliederungsprinzipien

Gliederung nach der Zweckbestimmung

Die Rohstoffe sind dem Umlaufvermögen zuzuordnen, da sie nicht dauernd dem Geschäftsbetrieb dienen sollen. Dies folgt aus dem Umkehrschluss des § 247 Abs. 2 HGB: Zum Anlagevermögen zählt nur, was dauernd dem Geschäftsbetrieb dienen soll. Somit ist dem Umlaufvermögen zuzuordnen, was im Rahmen des Betriebsprozesses weiterverarbeitet und umgesetzt werden soll. Die Zuordnung zum Anlagevermögen oder Umlaufvermögen richtet sich nach der Zweckbestimmung und kann nicht generell erfolgen. Dabei ist anzunehmen, dass Vermögensgegenstände, die nicht länger als ein Jahr im Betriebsvermögen erfasst sind, grundsätzlich zum Umlaufvermögen gerechnet werden. Auch die Wertpapiere sind zum Verkauf bestimmt, sobald ein festgelegter Kurs erreicht wird. Damit sind auch sie nicht dazu bestimmt, dauernd dem Geschäftsbetrieb zu dienen und zählen zum Umlaufvermögen. Die anderen Vermögensgegenstände des Betriebsvermögens sind dem Anlagevermögen zuzurechnen.

Gliederung nach der Art

Aus der Gliederung der Bilanz nach § 266 HGB ergeben sich drei Klassen von Anlagevermögen:

Immaterielles Vermögen ist nicht physisch greifbar, sondern mit Ausnahme rein wirtschaftlicher Güter rechtlich konstituiert. Hierzu zählt das Patent.

Sachanlagevermögen sind die physisch greifbaren Gegenstände, wie z. B. Grundstücke und Gebäude sowie Maschinen.

Finanzanlagen dienen nicht der eigenen Leistungserstellung, sondern der Finanzierung des Produktionsprozesses anderer Unternehmen und sind Mittel der langfristigen Geldanlage. Hierzu zählen die Aktien.

Gliederung nach der Zurechnung
Der Kaufmann darf nur sein Betriebsvermögen in die Bilanz aufnehmen (Folgerung aus § 5 Abs. 4 PublG). Vermögensgegenstände, die weder zum notwendigen Betriebsvermögen (z. B. Maschinen) noch zum notwendigen Privatvermögen (z. B. Armbanduhren) gehören, können als gewillkürtes Betriebsvermögen (z. B. Wertpapiere zur Geldanlage, Mietshäuser) in die Bilanz aufgenommen werden. Bei Kapitalgesellschaften kann diese Thematik nicht auftreten, da sie keinen Privatbereich haben.

c) Besonderheiten nach IFRS
Nach IFRS kann die Bilanz entweder nach der Fristigkeit in langfristige und kurzfristige Positionen gegliedert werden oder nach der Liquidität geordnet werden, wenn dies aussagekräftiger ist (IAS 1.60). Bei der Gliederung nach der Fristigkeit sind als kurzfristig solche Bilanzposten einzuordnen, die sich innerhalb von zwölf Monaten bzw. innerhalb eines Geschäftszyklusses realisieren bzw. erfüllt werden. Der Geschäftszyklus ist dabei der Zeitraum von der Materialbeschaffung bis zur Auslieferung und kann kürzer oder länger als ein Jahr sein. Die Rohstoffe und Wertpapiere sind als kurzfristig einzuordnen, die anderen bilanzierungsfähigen Sachverhalte als langfristig.

Die (grobe) Gliederung nach der Liquiditätsnähe soll nur in Ausnahmefällen gewählt werden, z. B. bei Finanzdienstleistern oder bei Konzernunternehmen, wenn eine Vielzahl von Geschäftszyklen sich überlappen. Bei der Liquidierbarkeit werden Wertpapiere, Aktien und Rohstoffe als liquiditätsnah und Patent, Grundstück und Gebäude als liquiditätsfern und die Maschinen dazwischen liegend einzuordnen sein.

Die Abgrenzung des Sachanlagevermögens und des immateriellen Vermögens (nach IAS 38.8 gilt: »An intangible asset is an identifiable non-monetary asset without physical substance.«) stimmt im Wesentlichen mit dem HGB überein. Die Bilanzierung der Wertpapiere weicht jedoch erheblich von der HGB-Bilanzierung ab. Nach IAS 39.9 sind die Wertpapiere als »trading assets« zu deklarieren, die Aktien als »available for sale«.

Aus der Definition des Vermögenswertes (F.49(a)) lässt sich ableiten, dass die IFRS-Bilanz kein Privatvermögen enthalten kann, da Vermögen unter der Kontrolle des Unternehmens stehen muss.

Das Mietshaus ist nach IAS 40 als eine als Finanzinvestition gehaltene Immobilie einzuordnen.

3.2 Kategorisierung des Fremdkapitals

Sachverhalt
Zur Finanzierung ihrer diversen Investitionen nimmt die Block OHG am 20.02.01 einen zehnjährigen Kredit bei ihrer Hausbank auf. Weiterhin hat sie eine Erhöhung des Kontokorrentkredits genehmigt bekommen, der voll ausgeschöpft wird. Die Lieferungen zahlt die Block OHG mit einer vierwöchigen Zahlungsfrist. Da erfahrungsgemäß ca. 2 % der Blöcke Fehler ausweisen, muss die Block OHG für Gewährleistungen einen Passivposten ansetzen. Die OHG hat eine Bürgschaft für die Schulden eines wichtigen Geschäftspartners übernommen. Mit einer Inanspruchnahme aus der Bürgschaft wird aktuell nicht gerechnet. Eine Maschine wurde auf 10 Jahre mittels eines sog. Operating Leasing geleast.

Aufgabe

a) Kreuzen Sie in der Tabelle an, welcher Sachverhalt nach dem HGB vorliegt.
b) Erläutern Sie diese Zuordnung.
b) Welche Besonderheiten ergeben sich nach IFRS?

	Bankkredit	Konto-korrentkredit	Gewähr-leistungen	Lieferungen	Leasing	Bürgschaft
Langfristige Bank-verbindlichkeiten						
Kurzfristige Bankverbindlichkeiten						
Verbindlichkeiten aus Lieferungen und Leistungen						
Rückstellungen						
Haftungsverhältnis						
Sonstige finanzielle Verpflichtungen						
Bilanzierungspflichtig						
Nicht bilanzierungsfähig						

Lösung

a) Lösung nach dem HGB

	Bankkredit	Konto-korrentkredit	Gewähr-leistungen	Lieferungen	Leasing	Bürgschaft
Langfristige Bank-verbindlichkeiten	X					
Kurzfristige Bankverbindlichkeiten		X				
Verbindlichkeiten aus Lieferungen und Leistungen				X		
Rückstellungen			X			
Haftungsverhältnis						X
Sonstige finanzielle Verpflichtungen					X	
Bilanzierungspflichtig	X	X	X	X		
Nicht bilanzierungsfähig					X	X

b) Erläuterung

Bilanzierungsfähiges Fremdkapital sind die Verbindlichkeiten und Rückstellungen. Rückstellungen werden für unsichere Schulden wie z. B. Gewährleistungen gebildet (§ 249 HGB), Verbindlichkeiten sind hingegen in Höhe und Existenz sicher.

Haftungsverhältnisse wie z. B. Bürgschaften sind nach §§ 251 und 268 Abs. 7 HGB unter der Bilanz bzw. im Anhang anzugeben. Die sonstigen finanziellen Verpflichtungen sind gemäß § 285 Nr. 3 a HGB ebenfalls im Anhang anzugeben. Beide Sachverhalte sind also außerhalb der Bilanz auszuweisen.

Der Bankkredit ist gem. § 266 Abs. 3 HGB i. V. m. § 268 Abs. 5 HGB unter den Verbindlichkeiten gegenüber Kreditinstituten mit einer Restlaufzeit von über einem Jahr auszuweisen, der Kontokorrentkredit als Verbindlichkeit gegenüber Kreditinstituten (Restlaufzeit bis zu einem Jahr). Die Lieferantenschulden sind als Verbindlichkeiten aus Lieferungen und Leistungen zu bilanzieren.

c) Besonderheiten nach IFRS

Die Gliederung auf der Passivseite der IFRS-Bilanz ist nach der Fristigkeit oder der Liquidierbarkeit möglich, sofern damit eine bessere Darstellung erreicht werden kann (IAS 1.60). Eine Mindestgliederung gibt IAS 1.54 vor. Die Bilanzierung der Bankschulden erfolgt als lang- bzw. kurzfristige Bankverbindlichkeit. Bei Darlehensverbindlichkeiten erfolgt eine Aufspaltung in den Tilgungsanteil der nächsten zwölf Monate (kurzfristig) und den längerfristigen Teil des Darlehens.

Bei Leasingverhältnissen ist zwischen Finanzierungs- und Operating-Leasing zu unterscheiden. »Ein Finanzierungsleasing ist ein Leasingverhältnis, bei dem im Wesentlichen alle mit dem Eigentum verbundenen Risiken und Chancen eines Vermögenswertes übertragen werden. ... Ein Operating-Leasingverhältnis ist ein Leasingverhältnis, bei dem es sich nicht um ein Finanzierungsleasing handelt« (IAS 17.4). Würde ein Finanzierungsleasing vorliegen, so müsste die Block OHG die Maschine im Anlagevermögen erfassen und zudem eine Verbindlichkeit aus dem Leasingverhältnis auf der Passivseite bilanzieren.

Nach IAS 37.86 sind Eventualschulden dann im Anhang anzugeben, wenn sie nicht gänzlich unwahrscheinlich (remote) sind. Sie umfassen neben den nach HGB anzugebenden Sachverhalten (z. B. Bürgschaften, Wechsel, Garantieverträge) auch mögliche Inanspruchnahmen aus unerlaubten Handlungen.

3.3 Bilanzierungswahlrechte und -verbote: Forschung und Entwicklung

Sachverhalt

Die Rhein AG hat in 01 für das neue Herstellungsverfahren zur Produktion kleiner Blöcke ein Patent angemeldet. Für die Forschung an neuen Materialien fielen Aufwendungen von 400 000 GE an. Die Entwicklung eines Prototypen und diverser Musterformen verursachte einen Aufwand von 500 000 GE. Für weitere Entwicklungsmaßnahmen wurden nochmals 300 000 GE aufgewendet.

Die Rhein AG kaufte von einem in Schwierigkeiten geratenen Konkurrenten (Klotz KG) einen gut eingeführten Markennamen für 50 000 GE; der Wert der Marke wird auf 100 000 GE geschätzt.

Aufgabe

a) Welche Beträge wird die Rhein AG im Jahresabschluss nach HGB erfassen, wenn ein hoher bzw. geringer Gewinnausweis im Jahr der Entwicklung ausgewiesen werden soll?

b) Welche Beträge wird die Rhein AG im Jahresabschluss nach IFRS erfassen, wenn ein hoher bzw. geringer Gewinnausweis im Jahr der Entwicklung ausgewiesen werden soll?

(Hinweis: Lassen Sie Stetigkeitsvorschriften außer Acht.)

Lösung

a) Welche Beträge wird die Rhein AG im Jahresabschluss nach HGB erfassen, wenn ein hoher bzw. geringer Gewinnausweis im Jahr der Entwicklung ausgewiesen werden soll?

Nach § 248 Abs. 2 HGB dürfen auch selbst erstellte immaterielle Vermögensgegenstände des Anlagevermögens als Aktivposten bilanziert werden. Hierbei handelt es sich um ein Aktivierungswahlrecht. Nach § 255 Abs. 2 a HGB dürfen hierbei nur die Entwicklungskosten aktiviert werden. Entwicklung wird dort als Anwendung von Forschungsergebnissen oder von anderem Wissen für die Neuentwicklung von Gütern oder Verfahren oder die Weiterentwicklung von Gütern oder Verfahren mittels wesentlicher Änderungen definiert.

Forschungsaufwand ist nach § 255 Abs. 2 Satz 4 HGB nicht aktivierungsfähig.

Die Aufwendungen im Zusammenhang mit dem Markennamen sind wegen des Vollständigkeitsgebotes (§ 246 Abs. 1 HGB) mit den Anschaffungskosten von 50 000 GE zu aktivieren und in den Folgejahren planmäßig abzuschreiben. Das Bilanzierungsverbot in § 248 Abs. 2 HGB greift nur bei selbst erstellten Markennamen.

Hoher Gewinnausweis: Will die AG im Jahr 01 einen hohen Gewinn erzielen, so wird sie den Entwicklungsaufwand in die Bilanz als Vermögensgegenstand aufnehmen und 500 000 GE + 300 000 GE = 800 000 GE aktivieren. Dadurch wird der bereits entstandene Aufwand durch eine Erfassung in der Bilanz »neutralisiert« und mindert nicht in der Gewinn- und Verlustrechnung den Jahreserfolg. In den Folgejahren wird der Gewinn dann wegen der Abschreibungen c.p. niedriger ausfallen. Da eine Aktivierung im Steuerrecht nicht zulässig ist, fällt das handelsrechtliche Ergebnis c.p. höher aus als das steuerrechtliche. Daher sind passive latente Steuern nach § 274 Abs. 1 HGB zu berücksichtigen.

Geringer Gewinnausweis: Soll in 01 ein geringer Gewinn gezeigt werden, wird die AG das Aktivierungswahlrecht für den Entwicklungsaufwand nicht nutzen und den Aufwand gewinnmindernd erfassen.

b) Welche Beträge wird die Rhein AG im Jahresabschluss nach IFRS erfassen, wenn ein hoher bzw. geringer Gewinnausweis im Jahr der Entwicklung ausgewiesen werden soll?

Auch nach IFRS ist der Forschungsaufwand nicht bilanzierungsfähig (IAS 38.54). Für den Entwicklungsaufwand besteht eine Aktivierungspflicht, sofern die Aktivierungsvoraussetzungen erfüllt sind (IAS 38.57).

Der Aufwand für den Markennamen ist aktivierungspflichtig, wenn die Ansatzkriterien (IAS 38.21) erfüllt sind (wahrscheinlicher Nutzen, Aufwand verlässlich zu ermitteln). Selbst erstellte Markennamen sind hingegen nicht aktivierungsfähig (IAS 38.63).

Ist die Nutzungsdauer der Marke begrenzt, z. B. weil sie nur für eine bestimmte Zeit genutzt werden kann, muss sie über diesen Zeitraum planmäßig abgeschrieben werden (IAS 38.88). Andernfalls erfolgt keine planmäßige Abschreibung, sondern ein jährlicher Test auf Wertminderung.

3.4 Bilanzierungswahlrecht: Disagio

Sachverhalt

Die Rhein AG nimmt einen Kredit über 500 000 GE auf. Der Zinssatz beträgt 5 %, es wird ein Disagio i. H.v. 3 % vereinbart. Stetigkeitsvorschriften sind nicht zu beachten.

Aufgabe

a) Welche Beträge wird die Rhein AG im Jahresabschluss nach HGB erfassen, wenn ein hoher bzw. geringer Gewinnausweis im Jahr der Kreditaufnahme ausgewiesen werden soll?
b) Welche Beträge wird die Rhein AG im Jahresabschluss nach IFRS erfassen, wenn ein hoher bzw. geringer Gewinnausweis im Jahr der Kreditaufnahme ausgewiesen werden soll?

Lösung

a) Welche Beträge wird die Rhein AG im Jahresabschluss nach HGB erfassen, wenn ein hoher bzw. geringer Gewinnausweis im Jahr der Kreditaufnahme ausgewiesen werden soll?
Das Disagio ist seiner Natur nach eine Art von Zinszahlung für den Kredit. Es resultiert daraus, dass der Auszahlungsbetrag der Kreditsumme geringer ist als der Rückzahlungsbetrag. Die Rhein AG erhält von der Kreditsumme von 500 000 GE einen Betrag von 485 000 GE ausbezahlt. Die Differenz von 15 000 GE ist das Disagio.

Das HGB erlaubt zwei Alternativen bei der Behandlung des Disagios: Es kann entweder unter den Rechnungsabgrenzungsposten aktiviert oder sofort als Aufwand erfasst werden (§ 250 Abs. 3 HGB). Wird das Disagio aktiviert, so ist es durch planmäßige jährliche Abschreibungen zu tilgen. Die Abschreibungen können auf die gesamte Laufzeit der Verbindlichkeit verteilt werden.

Bei **hohem Gewinnausweis**: Die AG wird das Disagio unter den Rechnungsabgrenzungsposten aktivieren und über die Laufzeit des Kredites durch Abschreibungen auflösen. Dadurch werden die Ergebnisse zukünftiger Perioden bis zur vollständigen Tilgung des Disagios um die Abschreibungsbeträge geringer ausfallen.

Bei **geringem Gewinnausweis**: Die AG wird das Disagio nicht aktivieren, sondern sofort als Zinsaufwand erfassen. Da steuerrechtlich eine Aktivierung des Disagios vorgeschrieben ist, fällt in diesem Fall der handelsrechtliche Gewinn geringer aus als das steuerrechtliche Ergebnis. Daher können hierfür aktive latente Steuern nach § 274 Abs. 1 HGB angesetzt werden.

b) Welche Beträge wird die Rhein AG im Jahresabschluss nach IFRS erfassen, wenn ein hoher bzw. geringer Gewinnausweis im Jahr der Kreditaufnahme ausgewiesen werden soll?
Nach IFRS ist die Verbindlichkeit mit dem Auszahlungsbetrag von 485 000 GE anzusetzen. Ein Wahlrecht zur Aktivierung des Disagio gibt es nicht. Mittels des sog. Effektivzinsverfahrens wird der Wert der Verbindlichkeit jährlich erhöht, so dass zum Ende der Laufzeit der Rückzahlungsbetrag passiviert ist.

3.5 Bilanzierungswahlrecht, -pflicht und -verbot

Sachverhalt

Die Rhein AG legt Ihnen eine Reihe von Sachverhalten zur Beurteilung vor:

1. Die AG erwirbt die Holz KG. Dabei entsteht ein Geschäftswert i. H.v. 200 000 GE.
2. Ein Patent wird für 80 000 GE gekauft.
3. Für eine FuE-Maßnahme werden insgesamt 2 Mio. GE aufgewendet. Das Unternehmen schätzt, dass davon ca. 20 % auf die Forschung und ca. 80 % auf die Entwicklung entfallen. Eine genaue Trennung ist nicht möglich.
4. Für eine Erweiterung des Geschäftsbetriebes fallen 1 Mio. GE an Aufwand an.
5. Ein Kredit über 5 Mio. GE wird aufgenommen, die Auszahlungsquote ist 98 %.
6. Die selbst geschaffenen Kundenlisten der AG werden auf einen Wert von 400 000 GE geschätzt.

Aufgabe

Beurteilen Sie nach HGB und IFRS, ob in den Sachverhalten ein Bilanzierungswahlrecht, eine Bilanzierungspflicht oder ein Bilanzierungsverbot vorliegt.

Lösung

1. Ein derivativer Geschäfts- oder Firmenwert unterliegt einer Bilanzierungspflicht (§ 246 Abs. 1 Satz 4 HGB, IFRS 3.32), er gilt nach HGB als zeitlich begrenzt nutzbarer Vermögensgegenstand. Nach IFRS 3 ist der Goodwill nicht planmäßig abzuschreiben, sondern muss regelmäßig auf Wertminderung geprüft werden.
2. Das Patent ist ein entgeltlich erworbener Vermögensgegenstand, der einen wirtschaftlichen Vorteil verkörpert und einzelverkehrsfähig ist. Das Vollständigkeitsgebot (§ 246 Abs. 1 HGB) und die allgemeinen Bilanzierungsgrundsätze fordern eine Aktivierung unter den immateriellen Vermögensgegenständen, es herrscht eine Aktivierungspflicht. Dies gilt gleichfalls für die IFRS, sofern die Ansatzvorschriften erfüllt sind (IAS 38.21).
3. Zwar sind Entwicklungskosten nach § 248 Abs. 2 HGB i. V. m. § 255 Abs. 2 a HGB grundsätzlich aktivierungsfähig. Können Forschung und Entwicklung allerdings nicht verlässlich voneinander unterschieden werden, ist eine Aktivierung nicht zulässig (§ 255 Abs. 2 a Satz 4 HGB). Daher herrscht hier ein Aktivierungsverbot. Dies gilt ebenso im Bereich der IFRS (IAS 38.53).
4. Für Erweiterungsaufwand darf eine Bilanzierungshilfe nicht gebildet werden. Es herrscht ein Aktivierungsverbot. Dies gilt gleichfalls für die IFRS (IAS 38.69).
5. Es liegt ein Disagio i. H.v. 5 Mio. GE × 0,02 = 100 000 GE vor. Es unterliegt nach HGB einem Bilanzierungswahlrecht und darf laut § 250 Abs. 3 HGB unter den aktiven Rechnungsabgrenzungsposten ausgewiesen werden. Steuerlich besteht eine Ansatzpflicht. Wird das Disagio in der Handelsbilanz nicht angesetzt, so käme der Ansatz aktiver latenter Steuern in Betracht (§ 274 Abs. 1 HGB). Die IFRS erlauben keine Aktivierung des Disagios, sondern fordern eine Passivierung der Verbindlichkeit mit dem Auszahlungsbetrag. Dieser Auszahlungsbetrag wird dann jährlich mittels der Effektivzinsmethode erhöht, bis er dem Rückzahlungsbetrag entspricht.
6. Selbst geschaffene Kundenlisten unterliegen nach § 248 Abs. 2 HGB bzw. IAS 38.63 einem Bilanzierungsverbot.

4 Bewertung

4.1 Anschaffungskosten

Sachverhalt

Die Rohr AG kauft am 21.11.01 einen Kompressor, der eine betriebsgewöhnliche Nutzungsdauer von 12 Jahren hat. Die AG erhält folgende Rechnung:

Kompressor netto	25 000 GE
zuzüglich 19 % Umsatzsteuer	4 750 GE
Rechnungsbetrag (brutto)	29 750 GE

Die Rohr AG bezahlt die Rechnung am 01.12.01 per Banküberweisung.

Aufgabe

Ermitteln Sie die Anschaffungskosten des Kompressors und buchen Sie die obigen Vorgänge
a) nach HGB,
b) nach IFRS.

Lösung

a) HGB

Der Kompressor zählt zum Sachanlagevermögen, da er dauernd dem Geschäftsbetrieb dienen soll (§ 247 Abs. 2 HGB). Er verkörpert einen wirtschaftlichen Vorteil und ist einzelverwertbar und fällt somit als Vermögensgegenstand unter das Vollständigkeitsgebot des § 246 Abs. 1 HGB. Ein Bilanzierungsverbot ist nicht gegeben (§ 248 HGB). Somit ist der Kompressor in die Bilanz aufzunehmen.

Die Anschaffungskosten bilden die Wertobergrenze und den Zugangswert des Kompressors (§ 255 Abs. 1 HGB). Als Anschaffungskosten sind die Aufwendungen anzusetzen, die geleistet werden, um einen Vermögensgegenstand zu erwerben und in einen betriebsbereiten Zustand zu versetzen, soweit sie einzeln zurechenbar sind. Die abziehbare Vorsteuer ist nicht Bestandteil der Anschaffungskosten. Der Zeitpunkt der Zahlung ist für die Buchung der Anschaffung unerheblich. Mit der Lieferung ist die Rohr AG wirtschaftlicher Eigentümer geworden, auch wenn die Zahlung noch nicht erfolgt ist.

Buchung am 21.11.01:		
Technische Anlagen und Maschinen	25 000	
Vorsteuer	4 750	
an Verbindlichkeiten Lieferungen und Leistungen		29 750
Buchung am 01.12.01:		
Verbindlichkeiten Lieferungen und Leistungen	29 750	
an Guthaben bei Kreditinstituten		29 750

b) IFRS

Der Kompressor erfüllt die Ansatzkriterien der IFRS: Er ist ein **Vermögenswert**, da er eine Ressource in der Verfügungsmacht des Unternehmens darstellt, die einen wirtschaftlichen Vorteil verkörpert (F. 49 a), d. h. in der Lage ist, Cashflows z. B. durch Verkauf oder durch die Produktion veräußerbarer Vermögenswerte zu generieren. Er erfüllt auch die **Voraussetzungen für den Ansatz**, da der Nutzenzufluss wahrscheinlich ist und die Anschaffungskosten verlässlich ermittelt werden können (F. 83). Er ist somit als langfristiges Vermögen in die Bilanz aufzunehmen und zu den Anschaffungskosten zu bewerten. Die Höhe der Anschaffungskosten nach IAS 16 unterscheidet sich hier nicht von den Anschaffungskosten nach HGB.

4.2 Anschaffungskosten und Nebenkosten

Sachverhalt

Die Rohr AG kauft am 15.03.01 eine Schadstoffmessanlage für 59 500 GE einschließlich 19 % Umsatzsteuer. Die Lieferung erfolgt am 20.04.01 und wird am 20.05.01 per Banküberweisung bezahlt. Für die Anlage muss ein Fundament gelegt werden. Die Kosten hierfür betragen 2 500 GE zuzüglich 19 % Umsatzsteuer, der Handwerker wird am Tag der Lieferung bzw. Leistung bar bezahlt. Für den Transport berechnet der Spediteur 3 000 GE zuzüglich 570 GE Umsatzsteuer, diese Zahlung erfolgt in bar bei Lieferung. Die Frachtversicherung berechnet der Spediteur mit 500 GE (hierfür fällt keine Umsatzsteuer an) zusätzlich, die Rohr AG überweist den Betrag am 20.05.01. Für den Bestellvorgang fallen bei der Rohr AG Verwaltungsgemeinkosten an, die sich aus der Kostenrechnung als Normalkosten ergeben und mit 500 GE angesetzt werden.

Aufgabe

Ermitteln Sie die Anschaffungskosten der Schadstoffmessanlage nach HGB und IFRS und buchen Sie die obigen Vorgänge. Lassen Sie die Versicherungssteuer unberücksichtigt.

Lösung

Die Anschaffungskosten sind nach § 255 Abs. 1 HGB »die Aufwendungen, die geleistet werden, um einen Vermögensgegenstand zu erwerben und ihn in einen betriebsbereiten Zustand zu versetzen, soweit sie dem Vermögensgegenstand einzeln zugeordnet werden können«. Sie umfassen hier also den Anschaffungspreis und die Anschaffungsnebenkosten. Die Fundamentarbeiten und die Transportkosten sind somit auch als Anschaffungskosten zu erfassen. Die Gemeinkosten der Bestellung sind per Definition nicht einzeln zurechenbar. Daher sind sie kein Bestandteil der Anschaffungskosten.

Anschaffungspreis netto	50 000 GE
+ Kosten Fundament netto	2 500 GE
+ Transportkosten netto	3 000 GE
+ Frachtversicherung	500 GE
Anschaffungskosten	56 000 GE

Lieferung der Maschine

Technische Anlagen und Maschinen	50 000	
Vorsteuer	9 500	
an Verbindlichkeiten aus Lieferungen und Leistungen		59 500

Fundament

Technische Anlagen und Maschinen	2 500	
Vorsteuer	475	
an Kasse		2 975

Fracht

Technische Anlagen und Maschinen	3 000	
Vorsteuer	570	
an Kasse		3 570

Versicherung

Technische Anlagen und Maschinen	500	
an Verbindlichkeiten aus Lieferungen und Leistungen		500

Bezahlung

Verbindlichkeiten aus Lieferungen und Leistungen	59 500	
an Guthaben bei Kreditinstituten		59 500
Verbindlichkeiten aus Lieferungen und Leistungen	500	
an Guthaben bei Kreditinstituten		500

Die Höhe der Anschaffungskosten unterscheidet sich nach IAS 16.22 hier nicht von der Höhe nach HGB. Auch nach IFRS sind die Anschaffungsnebenkosten zu aktivieren, die Gemeinkosten sind nicht aktivierungsfähig.

4.3 Anschaffungskosten und Finanzierungskosten

Sachverhalt

Die Rohr AG kauft am 10.01.01 eine neue Ausrüstung für Materialprüfungen für 500 000 GE zuzüglich 19 % Umsatzsteuer. Die Bezahlung erfolgt bei Lieferung am 15.01.01 durch Banküberweisung. Die AG nimmt zur Bezahlung am 02.01.01 einen zehnjährigen Bankkredit über 400 000 GE zu einem Zinssatz von 5 % auf.

Aufgabe

Berechnen Sie die Anschaffungskosten und buchen Sie die Geschäftsvorfälle
a) nach HGB,
b) nach IFRS.

Lösung

a) HGB

Finanzierungkosten dürfen nicht in die Anschaffungskosten einbezogen werden. Im Gegensatz zu den Herstellungskosten fehlt eine dem § 255 Abs. 3 HGB vergleichbare Regelung. Die Kosten der Finanzierung sind somit Aufwand des jeweiligen Geschäftsjahres. Somit sind Anschaffungskosten i. H.v. 500 000 GE zu verbuchen.

Technische Anlagen und Maschinen	500 000	
Vorsteuer	95 000	
an Verbindlichkeiten aus Lieferungen und Leistungen		595 000
Verbindlichkeiten aus Lieferungen und Leistungen	595 000	
an Guthaben bei Kreditinstituten		595 000
Guthaben bei Kreditinstituten	400 000	
an Verbindlichkeiten gegenüber Kreditinstituten		400 000
Zinsaufwand	20 000	
an Guthaben bei Kreditinstituten		20 000

b) IFRS

Im Gegensatz zu § 255 Abs. 1 HGB sind nach IFRS auch die Finanzierungskosten, die zwischen Anschaffungszeitpunkt und Herstellung der Betriebsbereitschaft anfallen, aktivierungspflichtig (IAS 23.8), sofern es sich um einen qualifizierten Vermögenswert handelt. Ein solcher liegt vor, wenn ein beträchtlicher Zeitraum zwischen Herstellungsbeginn und Fertigstellung liegt. Nach IAS 23.7 sind Vermögenswerte, die beim Kauf bereits betriebsbereit sind, keine qualifizierten Vermögenswerte. Aus den Umständen kann nicht auf das Vorliegen eines qualifizierten Vermögenswerts geschlossen werden. Die Aktivierung der Zinsen muss daher unterbleiben und es ergibt sich kein Unterschied zu den Anschaffungskosten nach HGB.

4.4 Anschaffungskosten und Nachlässe

Sachverhalt

Die Rohr AG kauft einen neuen Kopierer zum Preis von netto 2 000 GE, der Transport kostet 100 GE netto. Die Beschaffungsabteilung kann einen Rabatt von 5 % auf den Wert des Kopierers heraushandeln. Die Lieferung erfolgt am 12.03.01, die Rechnung weist ein Zahlungsziel von vier Wochen aus mit einem Skonto von 2 % auf den Rechnungsbetrag bei Zahlung nach sieben Tagen. Die Rohr AG bezahlt am 16.03.01 und nimmt das Skonto in Anspruch.

Aufgabe

Berechnen Sie die Anschaffungskosten nach HGB und IFRS und buchen Sie die Geschäftsvorfälle.

Lösung

Anschaffungspreisminderungen wie Rabatte und Skonti sind von den Anschaffungskosten abzuziehen (§ 255 Abs. 1 HGB). Ein Rabatt ist sofort zu berücksichtigen, ein Skonto nur, wenn es in Anspruch genommen wird.

Anschaffungspreis	2 000 GE
+ Anschaffungsnebenkosten	100 GE
./. Rabatt (5 % auf 2 000 GE)	100 GE
= vorläufige Anschaffungskosten	2 000 GE

Betriebs- und Geschäftsausstattung	2 000	
Vorsteuer	380	
an Verbindlichkeiten aus Lieferungen und Leistungen		2 380

Bei der Bezahlung mit Skontoabzug müssen die Anschaffungskosten und die Vorsteuer korrigiert werden:

2 % von 2 000 GE	= 40,00 GE
19 % von 40 GE	= 7,60 GE

Die Anschaffungskosten werden somit um 40 GE gemindert, ebenso nimmt die Vorsteuer um 7,60 GE ab.

Verbindlichkeiten aus Lieferungen und Leistungen	2 380	
an Betriebs- und Geschäftsausstattung		40,00
an Vorsteuer		7,60
an Guthaben bei Kreditinstituten		2 332,40

Auch nach IAS 16.16 a sind Preisnachlässe von den Anschaffungskosten abzuziehen. Die Höhe der Anschaffungskosten nach IFRS unterscheidet sich daher hier nicht von den Anschaffungskosten nach HGB.

4.5 Nachträgliche Anschaffungskosten

Sachverhalt

Die Rohr AG hat am 01.08.01 eine neue Pressmaschine für ihre Rohrproduktion zum Preis von 1 190 000 GE (einschl. 19 % Umsatzsteuer) vom Hersteller H geliefert bekommen. Für Transport, Montage und Justierung berechnet H zusätzlich 45 000 GE netto. Die Rechnung des H ist bereits verbucht. Für Fundamentierungs- und Armierungsarbeiten wurde von dem Bauunternehmen B eine Rechnung über 60 000 GE (netto) ausgestellt, die ebenfalls bereits verbucht und zudem sofort per Scheck bezahlt wurde. Der Hersteller H gewährt 1 % Skonto auf den Anschaffungspreis der Pressmaschine, wenn die Zahlung innerhalb von 14 Tagen nach der Lieferung erfolgt. Die Rohr AG bezahlt die Rechnung des H am 05.08.01 per Banküberweisung. Am 20.02.04 liefert der Hersteller H einen zusätzlichen Presskopf für die Maschine zum Preis von netto 10 000 GE, mit dem andersartige Rohre bearbeitet werden können. Zudem nimmt er die regelmäßige Instandhaltungsmaßnahme vor, um Störungen und Mängel der Maschine zu beheben, und berechnet hierfür 5 000 GE netto. Die Rohr AG bezahlt die Rechnung sofort per Banküberweisung.

Aufgabe

Berechnen Sie die Anschaffungskosten in 01 und 04

a) nach HGB,
b) nach IFRS,

und buchen Sie alle noch nicht verbuchten Geschäftsvorfälle. Hinweis: Abschreibungen sind zu vernachlässigen.

Lösung

a) HGB

Die aktivierungspflichtigen Anschaffungskosten im Jahr 01 setzen sich aus dem Anschaffungspreis und den Anschaffungsnebenkosten zusammen, das Skonto ist abzuziehen (§ 255 Abs. 1 HGB).

Nettopreis (1 190 000 GE : 1,19 =)	1 000 000 GE
+ Transport/Montage/Justierung	45 000 GE
+ Fundament/Armierung	60 000 GE
./. Skonto (1 % von 1 000 000 GE)	10 000 GE
= Anschaffungskosten	1 095 000 GE

Aufgrund des Skontoabzugs ist der Vorsteuerabzug um 19 % von 10 000 GE = 1 900 GE zu mindern.

Bezahlung der Rechnung am 05.08.01:

Verbindlichkeiten Lieferungen und Leistungen	1 243 550	
an Technische Anlagen und Maschinen		10 000
an Vorsteuer		1 900
an Guthaben bei Kreditinstituten		1 231 650

Nebenrechnung zur Ermittlung des Zahlungsbetrages:

Nettopreis:	1 000 000 GE
+ Transport/Montage/Justierung	45 000 GE
Netto	1 045 000 GE
+ 19 % Vorsteuer	198 550 GE
Verbindlichkeiten aus LuL	1 243 550 GE
./. Skonto	./. 10 000 GE
./. Vorsteuer-Korrektur	./. 1 900 GE
= Zahlung	1 231 650 GE

Im Jahr 04 sind zum einen nachträgliche Anschaffungskosten zu verbuchen. Diese liegen vor, wenn eine Maßnahme an der Maschine der Erweiterung ihres Potentials dient. Dies ist bei dem neuen Presskopf gegeben, der nachträgliche Anschaffungskosten darstellt. In Bezug auf die Instandhaltungsarbeiten liegen keine nachträglichen Anschaffungskosten vor, denn es handelt sich hierbei um Erhaltungsaufwand.

Technische Anlagen und Maschinen	10 000	
Fremdinstandhaltung	5 000	
Vorsteuer	2 850	
an Verbindlichkeiten aus Lieferungen und Leistungen		17 850

Verbindlichkeiten aus Lieferungen und Leistungen	17 850	
an Guthaben bei Kreditinstituten		17 850

b) IFRS

Auch nach IFRS sind nachträgliche Anschaffungskosten zu aktivieren (IAS 16.10), wenn ein Vermögenswert dadurch erweitert, teilweise ersetzt oder in Betrieb gehalten wird. Hierzu zählen somit auch Großinspektionen und -instandhaltungen, sofern die allgemeinen Ansatzkriterien für einen Vermögenswert erfüllt sind (IAS 16.7: verlässliche Ermittlung, wirtschaftlicher Nutzen). Die Kosten der Instandhaltungsmaßnahme sind als regelmäßige Servicemaßnahme zu betrachten (day-to-day-service), die nicht als nachträgliche Anschaffungskosten verbucht werden dürfen (IAS 16.12).

4.6 Anschaffungskosten und Inzahlungnahme

Sachverhalt

Am 31.05.03 wurde bei der Rohr GmbH wegen dringender Aufträge ein neuer Lkw gekauft, für den 60 000 GE zuzüglich 19 % Umsatzsteuer zu zahlen sind. Es wurde eine vierwöchige Zahlungsfrist vereinbart, wobei ein alter Lkw zum Buchwert von 5 000 GE in Zahlung genommen wurde.

Aufgabe

Geben Sie die Buchungen der Geschäftsvorfälle an.

Lösung

Kauf des neuen Lkw:

Fuhrpark	60 000	
Vorsteuer	11 400	
an Verbindlichkeiten aus Lieferungen und Leistungen		71 400

Inzahlunggabe des alten Lkw:

Verbindlichkeiten aus Lieferungen und Leistungen	5 950	
an Sonstige Erlöse		5 000
an Umsatzsteuer		950

Ausbuchung des alten Lkw:

Sonstige Erlöse	5 000	
an Fuhrpark		5 000

Bezahlung des neuen Lkw:

Verbindlichkeiten aus Lieferungen und Leistungen	65 450	
an Guthaben bei Kreditinstituten		65 450

Die grundsätzliche Vorgehensweise unterscheidet sich nicht vom Vorgehen nach IFRS.

4.7 Herstellungskosten und Wertuntergrenze

Sachverhalt

Die Glas GmbH stellt im Laufe des Geschäftsjahres 01 Glaslampen her. Bei der Herstellung fallen folgende Aufwendungen pro Stück an (GE/Stück):

Fertigungsmaterial	10,00
Fertigungslöhne	12,50
Materialgemeinkosten	12,00
Fertigungsgemeinkosten	11,50
Allgemeine Verwaltungskosten	11,00
Fertigungsbedingte Abschreibung	0,10
anteilige Kosten für soziale Einrichtungen	0,05
anteilige Kosten für freiwillige Sozialleistungen	0,05
Vertriebskosten	1,50

Die Kosten für allgemeine Verwaltung, soziale Einrichtungen und freiwillige Sozialleistungen der Glas GmbH sind angemessen anteilig zugerechnet worden.

Zum Bilanzstichtag (31.12.01) befinden sich noch 10 000 Stück Lampen auf Lager.

Aufgabe

Mit welchem Wert werden die Lampen bilanziert, wenn die Glas GmbH in 01 einen geringen Gewinnausweis wünscht und keine Stetigkeitsvorgaben zu beachten wären
a) nach HGB,
b) nach IFRS?

Lösung

a) HGB

Herstellungskosten sind nach § 255 Abs. 2 HGB »die Aufwendungen, die durch den Verbrauch von Gütern und die Inanspruchnahme von Diensten für die Herstellung eines Vermögensgegenstands ... entstehen«.

Wird ein geringer Gewinnausweis angestrebt, so erfolgt die Bilanzierung zur Wertuntergrenze. Diese umfasst die Einzelkosten und die fertigungsnahen Gemeinkosten, sofern diese angemessen sind. Dies sind die Material- und Fertigungsgemeinkosten sowie die fertigungsbedingten Abschreibungen. Weitere Kosten dürfen eingerechnet werden (z. B. die Kosten der allgemeinen Verwaltung, der sozialen Einrichtungen und der freiwilligen sozialen Leistungen). Bei einem Ansatz mit der Wertuntergrenze wird man dieses Wahlrecht jedoch nicht nutzen. Die Vertriebsgemeinkosten unterliegen einem Ansatzverbot (§ 255 Abs. 2 HGB).

Somit berechnen sich die Herstellungskosten (GE/Stück):

Fertigungsmaterial	10,00
Fertigungslöhne	12,50
Materialgemeinkosten	12,00
Fertigungsgemeinkosten	11,50
Fertigungsbedingte Abschreibung	0,10
Herstellungskosten	**46,10**

Der Bilanzansatz erfolgt mit 46,10 GE/Stück × 10 000 Stück = 461 000 GE.

Die Wahl der Wertuntergrenze unterliegt der Bewertungsmethodenstetigkeit nach § 252 Abs. 1 Nr. 6 HGB und ist somit nicht von Jahr zu Jahr neu möglich.

b) IFRS

Nach IAS 2.12 gilt auch für die IFRS ein Vollkostenansatz. So sind neben den Einzelkosten auch die produktionsnahen Gemeinkosten, insbesondere die Material- und Fertigungsgemeinkosten anzusetzen. Die Fertigungsgemeinkosten umfassen dabei als variable Bestandteile z. B. Energiekosten und als fixe Gemeinkosten z. B. die Abschreibungen. Im Gegensatz zu § 255 Abs. 2 HGB dürfen Gemeinkosten nur dann aktiviert werden, wenn sie produktionsnah sind (IAS 2.16 c). Ein Beispiel für aktivierungspflichtige produktionsnahe Verwaltungskosten ist die Lohnbuchhaltung für den Fertigungsbereich in Abgrenzung zur Buchhaltung anderer Bereiche, deren Aufwand nicht aktivierungsfähig ist. Eine hohe Praxisrelevanz hat diese Unterscheidung nicht. Die Vertriebsgemeinkosten sind nicht aktivierungsfähig (IAS 2.16).

4.8 Herstellungskosten und Wertobergrenze

Sachverhalt

Im Dezember 01 hat die Glas GmbH 30 optische Prüfgeräte fertiggestellt, die im Januar 02 ausgeliefert werden sollen. Die Betriebsabrechnung weist dafür folgende Aufwendungen aus:

Eingekaufte und weiterverarbeitete Materialien	450 000 GE
Materialgemeinkosten	15 000 GE
Kosten für fremdbezogene Bauteile	35 000 GE
Fertigungslöhne	375 000 GE
Fertigungsgemeinkosten	50 000 GE
Verwaltungsgemeinkosten	65 000 GE
Fertigungsbezogene Abschreibungen	8 000 GE
Anteilige angemessene Kosten sozialer Einrichtungen	2 000 GE
Vertriebsgemeinkosten	50 000 GE
Gesamt	1 050 000 GE

Der Verkaufspreis je Gerät beträgt netto 45 000 GE.

Aufgabe

Mit welchem Wert werden die Geräte bilanziert, wenn die Glas GmbH in 01 einen hohen Gewinnausweis wünscht und keine Stetigkeitsvorgaben zu beachten wären

a) nach HGB,
b) nach IFRS?

Lösung

a) HGB

Die Prüfgeräte gehören zum Umlaufvermögen, da sie nicht längerfristig dem Geschäftsbetrieb dienen (Umkehrschluss aus § 247 Abs. 2 HGB). Sie stellen Fertigerzeugnisse dar, die mit ihren Herstellungskosten zu bewerten sind (§ 253 Abs. 1 HGB, § 255 Abs. 2 HGB).

Ein Ansatz mit dem Verkaufspreis kommt nicht in Betracht. Wegen des Realisationsprinzips (§ 252 Abs. 1 Nr. 4 HGB) darf ein Gewinn erst vereinnahmt werden, wenn er realisiert ist, d. h. wenn die Lieferung bzw. Leistung erfolgt ist und die Gefahr übergegangen ist.

Ein c. p. hoher Gewinnausweis wird erreicht, wenn zur Wertobergrenze bilanziert wird. Dadurch werden weitere Gemeinkosten aktiviert und damit der korrespondierende Aufwand neutralisiert. Aktivierungsfähig sind nach § 255 Abs. 2 HGB zusätzlich zur Wertuntergrenze die angemessenen Teile der Verwaltungsgemeinkosten (65 000 GE) und der Kosten sozialer Einrichtungen (2 000 GE). Die Kosten des Vertriebs unterliegen einem Aktivierungsverbot.

Eingekaufte und weiterverarbeitete Materialien	450 000 GE
Materialgemeinkosten	15 000 GE
Kosten für fremdbezogene Bauteile	35 000 GE
Fertigungslöhne	375 000 GE
Fertigungsgemeinkosten	50 000 GE
Verwaltungsgemeinkosten	65 000 GE
Fertigungsbezogene Abschreibungen	8 000 GE
Anteilige angemessene Kosten sozialer Einrichtungen	2 000 GE
Herstellungskostenobergrenze	**1 000 000 GE**

b) IFRS

Für die IFRS gelten grundsätzlich ähnliche Vorschriften (IAS 2.12). Allerdings sind Gemeinkosten nur dann aktivierungsfähig, wenn sie produktionsnah angefallen sind. So sind Kosten der allgemeinen Verwaltung nicht aktivierungsfähig, es sei denn, sie sind für den Produktionsprozess an sich angefallen. Sind Gemeinkosten jedoch produktionsnah einzuordnen, so ergibt sich eine Aktivierungspflicht, ein Wahlrecht zwischen Herstellungskostenunter- und -obergrenze kennen die IFRS nicht. Im vorliegenden Fall sind sowohl die Verwaltungsgemeinkosten als auch die Kosten sozialer Einrichtungen mangels näherer Beschreibung nicht aktivierungsfähig. Nach IFRS ergeben sich damit folgende Herstellungskosten:

Eingekaufte und weiterverarbeitete Materialien	450 000 GE
Materialgemeinkosten	15 000 GE
Kosten für fremdbezogene Bauteile	35 000 GE
Fertigungslöhne	375 000 GE
Fertigungsgemeinkosten	50 000 GE
Fertigungsbezogene Abschreibungen	8 000 GE
Herstellungskosten	**933 000 GE**

4.9 Herstellungskosten und Leerkosten

Sachverhalt

Bei der Glas GmbH wurde im Januar 01 zur Auslastung freier Kapazitäten ein Glasschreibtisch für das Besprechungszimmer gefertigt, der zur Herstellungskostenuntergrenze i. H.v. 650 GE aktiviert wurde. Die GmbH aktiviert ihre Eigenleistungen stets zur Wertuntergrenze. Die Herstellungskosten setzten sich wie folgt zusammen: Fertigungsmaterial: 200 GE, Fertigungslohn: 100 GE, die Materialgemeinkosten wurden mit 100 % und die Fertigungsgemeinkosten mit 150 % ermittelt (jeweils bezogen auf die Einzelkosten). Allerdings beruhten diese Werte auf der schwachen Kapazitätsauslastung, angemessen wären 20 % bzw. 100 % gewesen.

Aufgabe

Ermitteln Sie die Herstellungskosten
a) nach HGB,
b) nach IFRS.

Lösung

a) HGB

Der Schreibtisch ist ein einzelverkehrsfähiger Vermögensgegenstand und damit als Betriebs- und Geschäftsausstattung unter dem Sachanlagevermögen auszuweisen (§§ 246 Abs. 1, 247 Abs. 2 HGB). Er muss mit den Herstellungskosten nach § 255 Abs. 2 HGB angesetzt werden. Aktivierungspflichtig sind die Einzelkosten und die fertigungsnahen Gemeinkosten. Allerdings dürfen nur angemessene Teile der Gemeinkosten aktiviert werden. Wenn die Ist-Gemeinkostensätze aufgrund Unterauslastung über den Normal-Sätzen liegen, sind Leerkosten (Kosten nicht genutzter Kapazitäten) entstanden. Diese Leerkosten dürfen nicht aktiviert werden.

Die Herstellungskosten hätten also wie folgt berechnet werden müssen:

Fertigungsmaterial	200 GE	
Fertigungslöhne	100 GE	
Angemessene Materialgemeinkosten	40 GE	(20 % von 200 GE)
Angemessene Fertigungsgemeinkosten	100 GE	(100 % von 100 GE)
Herstellungskosten (Untergrenze)	440 GE	

Es darf nur die um Leerkosten verminderte Untergrenze angesetzt werden. Die Differenz ist durch eine Korrekturbuchung auszubuchen:

650 GE ./. 440 GE = 210 GE

Andere aktivierte Eigenleistungen	210	
an Betriebs- und Geschäftsausstattung		210

b) IFRS

IAS 2.13 fordert ausdrücklich eine Verrechnung der Kosten bei Normalkapazität. Dies ist die durchschnittliche unter Normalbedingungen erzielbare Produktionsmenge. Unterscheiden sich Ist- und Normalkapazität nur unerheblich voneinander, so kann die Ist-Kapazität herangezogen werden. Auch nach IFRS bedarf es im vorliegenden Fall einer Korrektur und Ausbuchung der angesetzten Leerkosten.

4.10 Herstellungskosten und Sondereinzelkosten

Sachverhalt

Bei der Rohr GmbH liegen zum 31.12.01 versandfertige Rohre im Fertigwarenlager, die im Januar 02 an eine Bauunternehmung geliefert werden sollen. Die Rohre sind Spezialanfertigungen. Aus der Kosten- und Leistungsrechnung liegen dazu folgende Daten vor, die sich auf den gesamten Fertigungsauftrag beziehen:

Materialeinzelkosten	365 000 GE
Materialgemeinkosten	18 750 GE
Fertigungslöhne	300 000 GE
Fertigungsgemeinkosten	400 000 GE
Fertigungsbezogene Abschreibungen	10 000 GE
Verwaltungsgemeinkosten (produktionsnah)	75 000 GE
Vertriebsgemeinkosten	125 000 GE

Für die Herstellung wurde ein Prototyp benötigt, dessen Anfertigung 11 250 GE gekostet hat. Die Rohre benötigen eine Spezialverpackung, für die 15 000 GE an Aufwand entstanden sind.

Aufgabe
Ermitteln Sie die Herstellungskostenunter- und -obergrenze.

Lösung
Die Herstellungskosten nach § 255 Abs. 2 HGB umfassen auch die Sondereinzelkosten der Fertigung. Die Aufwendungen für den Prototypen sind daher bei der Berechnung als Pflichtbestandteil der Herstellungskosten mit anzusetzen. Die Kosten der Spezialverpackung sind hingegen Sondereinzelkosten des Vertriebs und ebenso wie Vertriebsgemeinkosten nicht aktivierungsfähig.

Materialeinzelkosten	365 000 GE
Materialgemeinkosten	18 750 GE
Fertigungslöhne	300 000 GE
Fertigungsgemeinkosten	400 000 GE
Fertigungsbezogene Abschreibungen	10 000 GE
Aufwand für Prototyp	11 250 GE
Herstellungskostenuntergrenze	1 105 000 GE
Verwaltungsgemeinkosten	75 000 GE
Herstellungskostenobergrenze	1 180 000 GE

Nach IFRS wäre die Herstellungskostenobergrenze einschließlich der produktionsnahen Verwaltungskosten anzusetzen (IAS 2.12).

4.11 Herstellungskosten und Forschung und Entwicklung

Sachverhalt
Die Rohr GmbH arbeitete im Jahr 01 an einem neuen Fertigungsverfahren für flexible Spezialrohre. Das Verfahren ist am 01.12.01 fertiggestellt. An Forschungsaufwand sind 500 000 GE entstanden, Kosten der Entwicklung (Löhne, Material) fielen i. H.v. 192 000 GE an. Mit dem neuen Verfahren hergestellte Produkte werden mit hoher Wahrscheinlichkeit einen großen Erfolg am Markt erzielen.

Der selbst geschaffene Markenname Flexo wird am 15.12.01 eingetragen. Aufwendungen hierfür entstanden i. H.v. 50 000 GE. Die Nutzungsdauer des Verfahrens wird auf acht Jahre geschätzt, es wird linear abgeschrieben.

Aufgabe

Mit welchem Wert gehen das Verfahren und der Markenname in den Jahresabschluss zum 31.12.01 ein? Wie lauten die Buchungen bei Aktivierung und Abschreibung

a) nach HGB,
b) nach IFRS?

Stetigkeitserwägungen sind zu vernachlässigen. In 01 soll ein c. p. hoher Gewinn ausgewiesen werden.

Lösung

a) HGB

Das Verfahren stellt einen selbst geschaffenen immateriellen Wert des Anlagevermögens dar. Es verkörpert einen wirtschaftlichen Vorteil und ist einzelverkehrsfähig. Nach § 248 Abs. 2 HGB besteht für das Verfahren ein Aktivierungswahlrecht. Die Herstellungskosten bemessen sich im Fall der Aktivierung nach § 255 Abs. 2 a HGB, der auf § 255 Abs. 2 HGB verweist. Aktivierungsfähig sind nur Kosten der Entwicklung, Forschungskosten unterliegen einem Aktivierungsverbot (§ 255 Abs. 2 Satz 4 HGB). Soll im Jahr 01 ein c.p. höherer Gewinn ausgewiesen werden, wird das Aktivierungswahlrecht in Anspruch genommen und 192 000 GE als Vermögensgegenstand erfasst. Dieser Vermögensgegenstand ist planmäßig über acht Jahre abzuschreiben (§ 253 Abs. 3 HGB). Die Abschreibung beträgt für 01 anteilig 1/12 der Jahresabschreibung:

192 000 GE : 8 = 24 000 GE
24 000 GE × 1/12 = 2 000 GE.

Ein Bilanzansatz für den selbstgeschaffenen Markennamen ist nach § 248 Abs. 2 HGB unzulässig.
Die Buchungen lauten:

Selbst geschaffene immaterielle Vermögensgegenstände	192 000	
an Andere aktivierte Eigenleistungen		192 000
Abschreibungen auf selbst geschaffene immaterielle Vermögensgegenstände	2 000	
an Selbst geschaffene immaterielle Vermögensgegenstände		2 000

b) IFRS

Nach IFRS ist zu prüfen, ob die Kriterien aus IAS 38.57 erfüllt sind: technische Umsetzbarkeit, Nutzungsabsicht und -fähigkeit, Schaffung von wirtschaftlichem Nutzen, Fertigstellungsfähigkeit und verlässliche Ermittlung der Ausgaben. Diese Voraussetzungen können als erfüllt angesehen werden. Somit ist das Verfahren als Vermögenswert aktivierungspflichtig, ein explizites Wahlrecht besteht nicht. Für Forschungskosten besteht ein Aktivierungsverbot (IAS 38.54), auch für den selbst geschaffenen Markennamen darf kein Aktivposten angesetzt werden (IAS 38.63). Der Wert ist über die Nutzungsdauer abzuschreiben (IAS 38.97), beginnend mit der Herstellung der Einsatzfähigkeit. Die für immaterielles Vermögen ebenfalls zulässige Neubewertungsmethode scheidet aus, da ein aktiver Markt nicht vorliegt (IAS 38.75). Ein solcher aktiver Markt setzt voraus, dass die gehandelten Güter homogen sind, Preise öffentlich verfügbar sind und Verkäufer und Käufer jederzeit gefunden werden können (IAS 38.8). Diese Bedingungen sind für dieses Fertigungsverfahren allesamt zu verneinen. Das Ergebnis entspricht somit betrags- und buchungsmäßig dem HGB, wenn die lineare Abschreibung den wirtschaftlichen Nutzenverlauf am besten abbildet.

4.12 Herstellungskosten und Finanzierungskosten

Sachverhalt

Die Rohr GmbH hat seit Januar 01 eine große Anzahl von Spezialrohren produziert und dabei folgende Aufwendungen verbucht:

Materialeinzelkosten	200 000 GE
Materialgemeinkosten	40 000 GE
Fertigungseinzelkosten	400 000 GE
Fertigungsgemeinkosten	480 000 GE
Kosten für Verwaltung	30 000 GE (davon 10 000 GE produktionsnah)
Vertriebskosten	75 000 GE

Die Rohre sind am 31.12.01 noch nicht fertiggestellt. Die Rohr GmbH musste die Produktion vollständig vorfinanzieren. Hierfür nahm sie im Januar 01 einen Kredit über 800 000 GE zu einem Zinssatz von 6 % auf.

Aufgabe

Mit welchem Wert gehen die Rohre in den Jahresabschluss zum 31.12.01 ein, wenn die Rohr GmbH in 01 einen hohen bzw. niedrigen Gewinn ausweisen will (vernachlässigen Sie das Stetigkeitsgebot)

a) nach HGB,
b) nach IFRS?

Lösung

a) HGB

Die Zinsen für Fremdkapital sind keine Herstellungskosten (§ 255 Abs. 3 Satz 1 HGB). Allerdings sind Zinsen für Kredite, die der Finanzierung der Herstellung eines Vermögensgegenstandes dienen, aktivierungsfähig, soweit sie auf den Zeitraum der Herstellung entfallen (§ 255 Abs. 3 Satz 2 HGB). Die Zinsen gelten dann als Herstellungskosten. Dieses Wahlrecht wird die Rohr GmbH in Anspruch nehmen, wenn sie einen c.p. höheren Gewinnausweis erreichen will.

Die Zinsen des Jahres 01 entfallen auf den Zeitraum der Herstellung und sind damit aktivierungsfähig:

800 000 GE × 0,06 = 48 000 GE.

Pflichtbestandteile der Herstellungskosten sind die Einzelkosten sowie die angemessenen Teile der Fertigungs- und Materialgemeinkosten. Neben den Zinsen dürfen auch die Verwaltungsgemeinkosten aktiviert werden, sofern sie angemessen sind. Die Vertriebskosten dürfen nicht aktiviert werden (§ 255 Abs. 2 HGB).

Soll ein c.p. geringerer Gewinnausweis erreicht werden, wird sie auf die Ausübung dieses Wahlrechts verzichten. Dabei ist zu beachten, dass das Stetigkeitsgebot einen Wechsel der Bewertungsmethoden nicht zulässt.

Materialeinzelkosten	200 000 GE
Materialgemeinkosten	40 000 GE
Fertigungseinzelkosten	400 000 GE
Fertigungsgemeinkosten	480 000 GE
Herstellungskostenuntergrenze	**1 120 000 GE**
Kosten für Verwaltung	30 000 GE
Zinsen, die auf den Herstellungszeitraum entfallen	48 000 GE
Herstellungskostenobergrenze	**1 198 000 GE**

b) IFRS

Ebenso wie bei den Anschaffungskosten sind Zinsen nach IFRS bei qualifizierten Vermögensgegenständen ansatzpflichtig, wenn sie auf den Zeitraum der Herstellung entfallen (IAS 23.8). Ein Wahlrecht existiert nicht. Der Wertansatz nach IFRS erfolgt daher unter Einbezug der auf den Herstellungszeitraum entfallenden Zinsen. Die Kosten der allgemeinen Verwaltung sind gem. IAS 2 nur aktivierungsfähig, wenn sie für produktionsnahe Leistungen angefallen sind (z. B. Lohnbuchhaltung für den Fertigungsbereich). Hiermit ergibt sich folgende Ermittlung der Herstellungskosten nach IFRS:

Materialeinzelkosten	200 000 GE
Materialgemeinkosten	40 000 GE
Fertigungseinzelkosten	400 000 GE
Fertigungsgemeinkosten	480 000 GE
Kosten für allgemeine Verwaltung (produktionsnah)	10 000 GE
Zinsen, die auf den Herstellungszeitraum entfallen	48 000 GE
Herstellungskosten	**1 178 000 GE**

4.13 Lineare Abschreibung

Sachverhalt

Die Stahl AG erhält am 02.01.01 einen neuen Firmenwagen geliefert und bezahlt sofort per Banküberweisung. Der Wagen kostet 55 000 GE zuzüglich 19 % Umsatzsteuer. Der Händler gewährt einen Rabatt von 6 000 GE (netto). Die Überführungs- und Zulassungskosten belaufen sich auf 1 000 GE (netto). Die betriebsgewöhnliche Nutzungsdauer des Wagens beträgt fünf Jahre. Die Stahl AG will eine lineare Abschreibung vornehmen.

Aufgabe

Berechnen und buchen Sie die Anschaffungskosten und die Abschreibung im Jahr 01. Mit welchem Wert geht der Wagen in den Jahresabschluss zum 31.12.01 ein

a) nach HGB,
b) nach IFRS?

Lösung

a) HGB

Die Anschaffungskosten ermitteln sich gemäß § 255 Abs. 1 HGB aus dem Anschaffungspreis zuzüglich der Nebenkosten (Überführungs- und Zulassungskosten) und abzüglich des Rabattes:

55 000 GE + 1 000 GE ./. 6 000 GE = 50 000 GE

Fuhrpark	50 000	
Vorsteuer	9 500	
an Guthaben bei Kreditinstituten		59 500

Vermögensgegenstände, deren Nutzung zeitlich begrenzt ist (abnutzbare Vermögensgegenstände) sind mit den um die Abschreibung verminderten Anschaffungs- bzw. Herstellungskosten (fortgeführte AHK) zu bilanzieren (§ 253 Abs. 1 HGB). Die Abschreibung muss planmäßig erfolgen und die AHK auf den Zeitraum der voraussichtlichen Nutzung verteilen (§ 253 Abs. 3 HGB). Eine bestimmte Methode ist nicht vorgeschrieben, jedoch muss die Abschreibung den Grundsätzen ordnungsmäßiger Buchführung (GoB) entsprechen (§§ 243 Abs. 3 und 264 Abs. 2 HGB). Eine lineare Abschreibung, die die AHK gleichmäßig über den Zeitraum der Nutzung verteilt, erfüllt diese Voraussetzungen.

50 000 GE : 5 Jahre = 10 000 GE/Jahr.

Abschreibungen auf Sachanlagen	10 000	
an Fuhrpark		10 000

Der Wertansatz des Wagens erfolgt zu den fortgeführten AHK:

50 000 GE ./. 10 000 GE = 40 000 GE.

b) IFRS

Die IFRS sehen für Sachanlagen ein Wahlrecht vor, die Folgebewertung zu fortgeführten AHK oder durch die Neubewertung zum beizulegenden Zeitwert vorzunehmen (IAS 16.29). Wird die Bilanzierung zu fortgeführten AHK gewählt, so ist der Wertansatz abnutzbarer Vermögenswerte durch planmäßige Abschreibungen zu vermindern (IAS 16.50). Dabei ist die unternehmensspezifische Nutzungsdauer anzusetzen (IAS 16.57). Explizit genannt sind die lineare, degressive und leistungsbezogene Abschreibung (IAS 16.62). Die Abschreibung im vorliegenden Fall unterscheidet sich nicht von der Abschreibung nach HGB.

4.14 Zeitanteilige lineare Abschreibung und Veräußerung

Sachverhalt

Die Stahl AG hat am 01.07.01 eine CNC-Maschine für 119 000 GE (einschließlich 19 % Umsatzsteuer) auf Ziel geliefert bekommen. Die Rechnung wird am 01.08.01 per Banküberweisung beglichen. Die gewöhnliche Nutzungsdauer beträgt 10 Jahre. Die Maschine wird am 28.02.03 wieder verkauft, da die Produkte, die mit der Maschine produziert werden, schwer verkäuflich sind und die Produktlinie eingestellt wird. Der Verkaufserlös (netto) der CNC-Maschine beträgt 50 000 GE. Die Abschreibung erfolgt linear. Der Verkaufspreis wird unmittelbar durch Banküberweisung beglichen.

Aufgabe

Wie lauten die Buchungen bei
a) Anschaffung,
b) Bezahlung,
c) Abschreibung in 01 und
d) Verkauf in 03?

Lösung

a) Anschaffung

Die CNC-Maschine ist ein beweglicher, abnutzbarer Vermögensgegenstand des Anlagevermögens (§ 247 Abs. 2 HGB). Sie ist mit den Anschaffungskosten (§ 255 Abs. 1 HGB) einzubuchen (§ 246 Abs. 1 HGB):

Technische Anlagen und Maschinen	100 000	
Vorsteuer	19 000	
an Verbindlichkeiten Lieferungen und Leistungen		119 000

b) Bezahlung

Verbindlichkeiten Lieferungen und Leistungen	119 000	
an Guthaben bei Kreditinstituten		119 000

c) Abschreibung

Die Anschaffung der Maschine erfolgt unterjährig. Da steuerrechtlich eine monatsgenaue Abschreibung (sog. Pro-rata-temporis-Regel) gefordert ist, wird aus Gründen der Praktikabilität auch in der Handelsbilanz eine monatsgenaue Berechnung vorgenommen. Im Jahr 01 werden daher die Monate Juli bis Dezember für die Berechnung herangezogen (6/12):

100 000 GE : 10 Jahre = 10 000 GE = volle Jahresabschreibung
10 000 GE × 6 Monate : 12 Monate = 5 000 GE = Abschreibung in 01

Abschreibung auf Sachanlagen	5 000	
an Technische Anlagen und Maschinen		5 000

d) Verkauf
Im Abgangsjahr ist ebenfalls zeitanteilig abzuschreiben:
10 000 GE × 2 Monate : 12 Monate = 1 666,67 GE = Abschreibung in 03.
Der Buchwert der Maschine beträgt zum Verkaufszeitpunkt:
100 000 GE ./. 5 000 GE (Abschreibung 01) ./. 10 000 GE (Abschreibung 02) ./. 1 666,67 GE (Abschreibung 03) = 83 333,33 GE.

Der Verkauf führt somit zu einem Verlust aus dem Abgang von Vermögensgegenständen des Anlagevermögens i. H.v.

83 333,33 GE ./. 50 000 GE = 33 333,33 GE.

Verkauf

Guthaben bei Kreditinstituten	59 500	
an Sonstige Erlöse		50 000
an Umsatzsteuer		9 500

Ausbuchung

Sonstige Erlöse	50 000,00	
Verluste aus dem Abgang von Vermögensgegenständen des Anlagevermögens	33 333,33	
an Fuhrpark		83 333,33

Nach IFRS beginnt die Abschreibung mit der Herstellung der Betriebsbereitschaft, wobei es hierbei auf die Absicht ankommt, die das Management mit dem Vermögenswert verfolgt (IAS 16.55): Ist der Vermögenswert in dem Zustand, den das Management beabsichtigt hat, beginnt die Abschreibung. Diese erfolgt dann monatsgenau. Die Abschreibung endet, wenn der Vermögenswert zum Verkauf bestimmt wird oder ausgebucht wird (IAS 16.55). Im vorliegenden Fall ergibt sich kein Unterschied zum HGB.

4.15 Geometrisch-degressive Abschreibung

Sachverhalt

Die Stahl AG hatte für ihren Geschäftsführer Anfang Januar 01 einen Pkw zum Anschaffungspreis von 35 700 GE einschließlich 19 % Umsatzsteuer erworben. Für das Fahrzeug wurde die degressive Abschreibung gewählt (Abschreibungssatz 25 %) und die Nutzungsdauer mit 5 Jahren angenommen. Am 02.01.06 wurde das Fahrzeug für 5 000 GE netto veräußert. Der Kaufpreis wurde am 15.01.06 überwiesen.

Aufgabe

a) Berechnen Sie die Abschreibung für die Jahre 01 bis 05.
b) Buchen Sie den Verkauf und die Bezahlung.
c) Wie ist der Sachverhalt nach IFRS zu beurteilen?

Lösung

a) Berechnen Sie die Abschreibung für die Jahre 01 bis 05

Der Pkw gehört zum beweglichen, abnutzbaren Sachanlagevermögen (§§ 246 Abs. 1, 247 Abs. 2 HGB), da er dauernd dem Geschäftsbetrieb dienen soll.

Zunächst sind die Anschaffungskosten des Pkw für die Zugangsbewertung zu ermitteln:

Der Anschaffungspreis beträgt netto 30 000 GE. Die degressive Abschreibung ist handelsrechtlich unabhängig von den steuerrechtlichen Vorgaben zulässig, da sie eine planmäßige Abschreibungsmethode ist und den GoB entspricht, sofern der Nutzenverlauf zutreffend abgebildet wird.

Die Berechnung der Abschreibung erfolgt hierbei jeweils vom letzten Restbuchwert. Legt man einen degressiven Abschreibungssatz von 25 % zugrunde, so ergibt sich folgende Abschreibungstabelle.

Jahr	Buchwert*	Degressive Abschreibung*
01	30 000	**25 % × 30 000 = 7 500**
02	22 500	**25 % × 22 500 = 5 625**
03	16 875	25 % × 16 875 = 4 219
04	12 656	25 % × 12 656 = 3 164
05	9 492	9 492

* gerundet

Da bei der geometrisch-degressiven Abschreibung stets ein Restbuchwert verbleibt, ist der Übergang auf die lineare Abschreibung trotz des Stetigkeitsgebotes in § 252 Abs. 1 Nr. 6 HGB zulässig. Abhängig vom Gewinnziel ist dieser Wechsel ggf. sinnvoll, und zwar dann, wenn der Quotient aus Restbuchwert und Restnutzungsdauer größer als die degressive Jahresabschreibung ist. Es ergibt sich dann für die Jahre 03 bis 06 jeweils eine Abschreibung i. H. v. 5 625 GE.

b) Buchen Sie den Verkauf und die Bezahlung

Forderungen aus Lieferungen und Leistungen	5 950	
an Sonstige Erlöse		5 000
an Umsatzsteuer		950
Sonstige Erlöse	5 000	
an Erträge aus dem Abgang von Vermögensgegenständen		5 000
Bank	5 950	
an Forderungen aus Lieferungen und Leistungen		5 950

c) Wie ist der Sachverhalt nach IFRS zu beurteilen?
Die degressive Abschreibung ist auch nach IFRS zulässig (IAS 16.62). Allerdings ist die Abschreibung zu wählen, die den wirtschaftlichen Nutzungsverlauf am besten abbildet (IAS 16.60). Ein Wechsel von der degressiven Abschreibung zur linearen allein aus steuerlichen Gründen ist wie nach HGB nicht zulässig. Ein Wechsel der Abschreibungsmethode ist jedoch gefordert, wenn ein anderes Verfahren den Nutzungsverlauf besser abbildet. Daher ist am Geschäftsjahresende zu prüfen, ob das gewählte Verfahren den Nutzungsverlauf noch am besten abbildet. Eine Änderung des Verfahrens ist dann gemäß IAS 8.36 vorzunehmen.

Sofern ein Übergang zur linearen Abschreibung nicht wirtschaftlich begründet werden kann, muss die Stahl AG weiterhin degressiv abschreiben. Ein Unterschied zum HGB ergibt sich dann nicht.

4.16 Leistungsabschreibung

Sachverhalt
Am 10.03.01 wurde ein Lkw für 100 000 GE zuzüglich 19 % Umsatzsteuer gekauft. Der Lkw soll nach gefahrenen km abgeschrieben werden. Die Gesamtleistung wird mit 400 000 km geschätzt. Die betriebsgewöhnliche Nutzungsdauer beträgt 8 Jahre. Im Jahr 01 wurden 100 000 km zurückgelegt, in 02 150 000 km.

Aufgabe
Berechnen Sie die Abschreibung in 01 und 02 und geben Sie den Buchungssatz für das Jahr 01 an.

Lösung
Der Lkw gehört zum abnutzbaren, beweglichen Sachanlagevermögen (§ 247 Abs. 2 HGB). Er ist mit seinen fortgeführten Anschaffungskosten (§§ 253 Abs. 1, 255 Abs. 1 HGB) zu bilanzieren. § 253 Abs. 3 HGB bestimmt, dass die Vermögensgegenstände des Anlagevermögens, sofern sie abnutzbar sind, um planmäßige Abschreibungen zu vermindern sind. Eine leistungsbezogene Abschreibung ist GoB-konform, wenn die Abschreibungsursache in der Inanspruchnahme liegt, sich die Gesamtleistung hinreichend genau schätzen lässt und die Jahresleistung gemessen werden kann. Bei einem Lkw ist dies gegeben. Somit ist die Leistungsabschreibung anwendbar. Die Abschreibung beträgt für:

01	100 000 GE : 400 000 km × 100 000 km = 25 000 GE
02	100 000 GE : 400 000 km × 150 000 km = 37 500 GE

Abschreibung für 01

Abschreibungen auf Sachanlagevermögen	25 000	
an Fuhrpark		25 000

Die Leistungsabschreibung ist nach § 7 Abs. 1 EStG auch steuerlich zulässig, wenn sie wirtschaftlich gerechtfertigt ist.

Die Leistungsabschreibung ist auch nach IAS 16 zulässig. Bildet sie den Nutzenverlauf am besten ab, so ist sie anzuwenden.

4.17 Außerplanmäßige Abschreibung auf den Börsen- oder Marktwert

Sachverhalt

Bei der Stahl AG liegen zum 31.12.01 versandfertige Stahlbauteile im Fertigwarenlager, die im Januar 02 an eine Automobilfirma geliefert werden sollen. Aus der Kosten- und Leistungsrechnung liegen dazu folgende Daten vor, die sich auf den gesamten Fertigungsauftrag beziehen:

Materialeinzelkosten	375 000 GE
Materialgemeinkosten	18 750 GE
Sondereinzelkosten der Fertigung	11 250 GE
Fertigungslöhne	300 000 GE
Fertigungsgemeinkosten	400 000 GE
Verwaltungsgemeinkosten	75 000 GE (davon 15 000 GE produktionsnah)

Der marktübliche Verkaufspreis der Stahlbauteile am 31.12.01 beträgt 980 000 GE, an Verkaufskosten fallen noch 30 000 GE an.

Aufgabe

Mit welchem Wert sind die Stahlbauteile zu aktivieren, wenn ein geringer Gewinn bzw. hoher Gewinn ausgewiesen werden soll und keine Stetigkeitsanforderungen zu beachten wären

a) nach HGB,
b) nach IFRS?

Lösung

a) HGB

Die Stahlbauteile zählen zum Umlaufvermögen (Umkehrschluss aus § 247 Abs. 2 HGB), da sie nicht dauerhaft dem Betriebszweck dienen sollen. Im Umlaufvermögen gilt das strenge Niederstwertprinzip (§ 253 Abs. 4 HGB): Abschreibungen sind vorzunehmen, um den niedrigeren Börsen- oder Marktpreis anzusetzen. Zunächst sind die Herstellungskosten als Ausgangswert der Stahlbauteile zu ermitteln.

Geringer Gewinn

Soll ein c.p. geringer Gewinn ausgewiesen werden, so werden nur die Pflichtbestandteile der Herstellungskosten angesetzt. Dies sind die Einzelkosten und die angemessenen Teile der fertigungsnahen Gemeinkosten (§ 255 Abs. 2 HGB):

Materialeinzelkosten	375 000 GE
Materialgemeinkosten	18 750 GE
Sondereinzelkosten der Fertigung	11 250 GE
Fertigungslöhne	300 000 GE
Fertigungsgemeinkosten	400 000 GE
Wertuntergrenze	**1 105 000 GE**

Der Vergleichswert wird aus dem Marktpreis abgeleitet, da es sich um absatzmarktbestimmte Güter handelt: 980 000 GE ./. 30 000 GE Verkaufskosten = 950 000 GE.

Wegen des strengen Niederstwertprinzips ist i. H.d. Differenz (155 000 GE) eine Abschreibung vorzunehmen. Der Bilanzansatz zum 31.12.01 beträgt somit 950 000 GE.

Hoher Gewinn
Ein c.p. höherer Gewinnausweis ergibt sich bei Ansatz der Wertobergrenze. Die Wertobergrenze enthält zusätzliche die angemessenen Teile der Verwaltungsgemeinkosten (Wahlrecht nach § 255 Abs. 2 HGB):

Materialeinzelkosten	375 000 GE
Materialgemeinkosten	18 750 GE
Sondereinzelkosten der Fertigung	11 250 GE
Fertigungslöhne	300 000 GE
Fertigungsgemeinkosten	400 000 GE
Verwaltungsgemeinkosten	75 000 GE
Wertobergrenze	**1 180 000 GE**

Der Buchwert liegt auch hier über dem vom Marktpreis hergeleiteten Vergleichswert. Wegen des strengen Niederstwertprinzips ist i. H.d. Differenz (230 000 GE) eine Abschreibung vorzunehmen. Der Bilanzansatz zum 31.12.01 beträgt somit 950 000 GE. Beide Alternativen führen hier also zu einem identischen Bilanzansatz und Gewinnausweis.

Die Vertriebskosten sind gemäß § 255 Abs. 2 HGB nicht aktivierungsfähig.

b) IFRS
Die Stahlbauteile zählen nach IFRS zu den Vorräten (IAS 2.6), da sie für den Verkauf im gewöhnlichen Geschäftsprozess bestimmt sind. Die Herstellungskosten sind nach IAS 2.12 ff. zu bestimmen und beinhalten neben den Einzelkosten auch die produktionsnahen Gemeinkosten; Wahlrechte bestehen nicht und damit auch kein Ansatz zur Gewinngestaltung. Vertriebskosten sind nicht ansatzfähig. Es ergeben sich folgende Herstellungskosten:

Materialeinzelkosten	375 000	GE
Materialgemeinkosten	18 750	GE
Sondereinzelkosten Fertigung	11 250	GE
Fertigungslöhne	300 000	GE
Fertigungsgemeinkosten	400 000	GE
Produktionsnahe Verwaltungsgemeinkosten	15 000	GE
Herstellungskosten	**1 120 000**	**GE**

Auch bei den IFRS gilt das Niederstwertprinzip (IAS 2.9). Als Vergleichswert ist absatzmarktorientiert der Nettoveräußerungswert (net realisable value) zu bestimmen (IAS 2.28 ff.).

Der Nettoveräußerungswert ergibt sich durch Subtraktion voraussichtlich noch anfallender Produktionskosten und geschätzter Vertriebskosten vom Verkaufspreis ohne Umsatzsteuer.

Der Nettoveräußerungswert beträgt:
980 000 GE ./. 30 000 GE (Verkaufskosten) = 950 000 GE.

Das Niederstwertprinzip in IAS 2 ist grundsätzlich als ein strenges Niederstwertprinzip formuliert. Liegt der Nettoveräußerungswert unter dem Buchwert, so muss eine Abschreibung vorgenommen werden:

1 120 000 GE ./. 950 000 GE = 170 000 GE = Abwertungsbetrag nach IAS 2.

Bilanzansatz und Gewinnausweis entsprechen damit dem HGB.

4.18 Außerplanmäßige Abschreibung bei vorübergehender Wertminderung

Sachverhalt

Die Stahl AG hat am 01.07.01 eine CNC-Fräsmaschine für 200 000 GE (netto) angeschafft. Die gewöhnliche Nutzungsdauer beträgt 10 Jahre. Durch den Aufprall eines Gabelstaplers am 28.12.07 war die Maschine beschädigt worden und besitzt zum 31.12.07 nur noch einen Verkaufswert von 20 000 GE. Nutzungsdauer und Nutzbarkeit der Maschine bleiben von dem Unfall unberührt. Es ist abzusehen, dass eine Reparatur den Schaden vollständig beheben kann. Diese Reparatur soll nach Beendigung dringender Fertigungsaufträge erst im März 08 erfolgen, wenn die Maschine eine Woche stillgelegt werden kann.

Aufgabe

Mit welchem Wert geht die Maschine in den Jahresabschluss zum 31.12.07 ein, wenn linear abgeschrieben wird

a) nach HGB,
b) nach IFRS?

Lösung

a) HGB

Die Fräsmaschine ist ein abnutzbarer Vermögensgegenstand des Anlagevermögens (§ 247 Abs. 2 HGB). Sie ist mit den fortgeführten Anschaffungskosten, d. h. nach Abzug planmäßiger und ggf. außerplanmäßiger Abschreibungen zu bilanzieren (§ 253 Abs. 1 und 3 HGB). Im Anlagevermögen gilt das gemilderte Niederstwertprinzip. Abschreibungen sind, mit Ausnahme von Finanzanlagevermögen (bei dem ein Abschreibungswahlrecht bei vorübergehender Wertminderung herrscht), nur bei einer dauerhaften Wertminderung vorzunehmen. Dies ist im Fall der Fräsmaschine nicht gegeben, da eine Reparatur möglich und bereits geplant ist und der Wertverlust damit nur vorübergehend ist. Daher darf eine außerplanmäßige Abschreibung nicht erfolgen (§ 253 Abs. 3 Satz 3 HGB).

Für den Wertansatz zum 31.12.07 ist insofern nur die planmäßige Abschreibung zu berücksichtigen. Der Abschreibungsbetrag pro Jahr beträgt 200 000 GE/10 Jahre = 20 000 GE/Jahr.

Im ersten Jahr ist monatsgenau abzuschreiben, da die Anschaffung unterjährig erfolgte: 20 000 GE × 6/12 Monate = 10 000 GE.

Jahr	Abschreibung (GE)	Restbuchwert (GE)
01	10 000	190 000
02	20 000	170 000
03	20 000	150 000
04	20 000	130 000
05	20 000	110 000
06	20 000	90 000
07	20 000	70 000

Die Maschine geht mit 70 000 GE in den Jahresabschluss zum 31.12.07 ein.

b) IFRS
Die Ermittlung eines Wertminderungsbedarfs bei Sachanlagen (IAS 16) erfolgt nach den Vorschriften von IAS 36. Ob ein Wertminderungstest durchgeführt werden muss, wird aus dem Vorliegen von externen und internen Indikatoren geschlossen (IAS 36.12). Hierzu zählen z. B. signifikante Verminderungen des Marktwertes von Vermögenswerten, über das normale Maß (z. B. wegen Alterung) hinaus oder wenn Hinweise auf eine Überalterung oder physische Schäden vorliegen. Zwar ist unzweifelhaft ein physischer Schaden entstanden. Da jedoch eine Reparatur den Schaden wieder beheben kann (und wird) und die Nutzbarkeit nicht beeinträchtigt ist, ist eine außerplanmäßige Abschreibung nicht notwendig.

4.19 Abschreibung und Abgang von Vermögensgegenständen

Sachverhalt
Am 01.01.06 verunglückt ein Liefer-Lkw der Stahl AG bei einem Verkehrsunfall auf glatter Fahrbahn. Der Abschleppunternehmer kauft den Lkw sofort vor Ort zum Schrottpreis von 2 499 GE (einschließlich 19 % Umsatzsteuer) in bar. Der Wagen war von der Stahl AG am 01.10.04 zum Preis von 50 000 GE (netto) erworben und aktiviert worden. Die betriebsgewöhnliche Nutzungsdauer war mit acht Jahren veranschlagt worden. Die Stahl AG strebt stets einen hohen Gewinn an und schreibt linear ab.

Aufgabe
Berechnen und buchen Sie den Vorgang am 01.01.06.

Lösung
Abschreibung:
Zunächst ist der Buchwert im Unfallzeitpunkt zu ermitteln:

Die Stahl AG schreibt linear ab:

Linearer Abschreibungssatz: 100 : 8 = 12,5 %

Anschaffungskosten	50 000,00 GE	
./. Abschreibung 04	1 562,50 GE	(12,5 % × 3/12 von 50 000 GE)
Restwert 31.12.04	48 437,50 GE	
./. Abschreibung 05	6 250,00 GE	(12,5 % von 50 000 GE)
Restwert 31.12.05	42 187,50 GE	

Verkaufsbuchung 01.01.06:

Kasse	2 499,00	
an Sonstige Erlöse		2 100,00
an Umsatzsteuer		399,00

Erfolgsbuchung:

Sonstige Erlöse	2 100,00	
Verluste aus Abgang von Vermögensgegenständen	40 087,50	
an Fuhrpark		42 187,50

4.20 Verlustfreie Bewertung und beizulegender Wert

Sachverhalt

Die Stahl AG stellt Spezialbaugruppen für die Steuerungselektronik in Flugzeugen her. Sie ist Zulieferer der Lufttrans AG, welche die Baugruppen in sämtlichen Flugzeugtypen verbaut. Im Lager der Stahl AG befindet sich am Ende des Jahres 06 noch eine Anzahl unfertiger Baugruppen (100 Stück), die erst im nächsten Jahr fertiggestellt werden sollen. Aus der Kostenrechnung ist bekannt, dass diese Baugruppen bisher aufwandsgleiche Stückkosten i. H.v. 1 500 GE verursacht haben. Bei der weiteren Bearbeitung der unfertigen Baugruppen werden noch 500 GE pro Stück anfallen. Für die Spezialverpackung werden 75 GE und für die Fracht einschließlich Versicherung 25 GE jeweils pro Stück veranschlagt. An anteiligen produktionsnahen Verwaltungsgemeinkosten rechnet die AG mit noch anfallenden 300 GE pro Stück.

Die Fertigerzeugnisse sollen wegen langfristiger Verträge zu einem Stückpreis von 2 618 GE (einschließlich 19 % Umsatzsteuer) an die Lufttrans AG verkauft werden. Wegen der angespannten Marktlage wird die Lufttrans AG wahrscheinlich eine Stückpreisminderung von 100 GE (netto) durchsetzen können.

Aufgabe

a) Unter welcher Bilanzposition der Stahl AG wird dieser Vorgang zum 31.12.06 (nach HGB bzw. IFRS) erfasst?
b) Mit welchem Betrag je Stück geht dieser Vorgang in den Jahresabschluss der Stahl AG zum 31.12.06 ein? Wie lautet eine ggf. nötige Buchung?

Lösung

a) Unter welcher Bilanzposition der Stahl AG wird dieser Vorgang zum 31.12.06 (nach HGB bzw. IFRS) erfasst?

Der Vorgang wird unter § 266 Abs. 2 B I Nr. 2 HGB unfertige Erzeugnisse bzw. nach IAS 1.54 Vorräte (Inventories) erfasst.

b) Mit welchem Betrag je Stück geht dieser Vorgang in den Jahresabschluss der Stahl AG zum 31.12.06 ein? Wie lautet eine ggf. nötige Buchung?

HGB

Die Baugruppen zählen zum Umlaufvermögen (Umkehrschluss aus § 247 Abs. 2 HGB) und unterliegen damit dem strengen Niederstwertprinzip, es ist verlustfrei zu bewerten. Es existiert kein Börsen-/Marktpreis für die unfertigen Baugruppen.

Nach § 253 Abs. 4 HGB ist in diesem Fall der beizulegende Wert als Vergleichswert heranzuziehen.

Der Vergleichswert kann retrograd ermittelt werden:

Voraussichtlicher Verkaufspreis brutto	2 618 GE
./. Umsatzsteuer 19 %	418 GE
./. Erlösschmälerungen	100 GE
Nettoerlös	2 100 GE
./. noch anfallende Herstellungskosten	500 GE
./. Spezialverpackung	75 GE
./. Fracht und Versicherung	25 GE
./. noch anfallende Verwaltungsgemeinkosten	300 GE
Beizulegender Wert am 31.12.06	1 200 GE

Am 31.12.06 ist der beizulegende Wert i. H.v. 1 200 GE anzusetzen, da er geringer als die bisherigen Herstellungskosten ist.

Herstellungskosten bisher	1 500 GE
./. Beizulegender Wert	1 200 GE
Abschreibungsbedarf	300 GE
300 GE ×100 Stück:	30 000 GE

Abschreibungen auf unfertige Erzeugnisse	30 000	
an Unfertige Erzeugnisse		30 000

IFRS

Das Vorgehen nach IAS 2 unterscheidet sich nicht grundlegend von der HGB-Bilanzierung. Es wird der Nettoveräußerungswert bestimmt. Ist dieser niedriger als der Buchwert, so ist auf den Nettoveräußerungswert abzuschreiben (IAS 2.9). Der Nettoveräußerungswert ist definiert als geschätzter Netto-Verkaufspreis abzüglich noch anfallender Herstellungs- und Verkaufskosten. Er entspricht hier dem beizulegenden Wert. Auf diesen Wert ist abzuschreiben.

4.21 Außerplanmäßige Abschreibung und Wertaufholung

Sachverhalt

Die Stahl AG besitzt ein unbebautes Grundstück, das vor zehn Jahren von der Chemie GmbH erworben wurde und das mit 2 Mio. GE in der Bilanz zum 31.12.01 erfasst ist. Die AG nutzt das Grundstück, um große Mengen an Altmetallen zwischenzulagern. Im Jahr 02 wird bekannt, dass das Grundstück früher von der Chemie GmbH zur Lagerung chemischer Abfälle genutzt wurde. Rückstände dieser Abfälle haben das Erdreich tiefgreifend verunreinigt. Ein von der Stahl AG beauftragter Sachverständiger beziffert den Wertverlust des Grundstücks am 15.09.02 auf 900 000 GE. Der Verkaufspreis würde bei 1,1 Mio. GE liegen, dieser soll auch dem beizulegenden Wert nach HGB entsprechen. An Verkaufskosten würden 20 000 GE anfallen. Als Nutzungswert berechnet die Stahl AG 1,5 Mio. GE. Nach einem Rechtstreit wird die Chemie GmbH verurteilt, das Grundstück auf eigene Kosten zu dekontaminieren. Im Jahre 06 sind diese Arbeiten abgeschlossen und der Wert des Grundstücks steigt auf 2,3 Mio. GE (31.12.06).

Aufgabe

Mit welchem Wert ist das Grundstück im Jahresabschluss zum 31.12.02 und 31.12.06 zu erfassen? Nehmen Sie die Buchung vor

a) nach HGB,
b) nach IFRS (bei Bewertung zu den fortgeführten Anschaffungskosten).

Lösung

a) HGB

Das Grundstück ist Anlagevermögen (§ 247 Abs. 2 HGB) und unterliegt damit dem gemilderten Niederstwertprinzip. Es handelt sich um einen Vermögensgegenstand, dessen Nutzung nicht zeitlich begrenzt ist; daher erfolgt keine planmäßige Abschreibung (§ 253 Abs. 3 Satz 1 HGB).

Bei einer voraussichtlich dauerhaften Wertminderung muss jedoch eine Abschreibung auf den niedrigeren beizulegenden Wert erfolgen (§ 253 Abs. 3 Satz 3 HGB). Durch das Gutachten ist diese Wertminderung bestätigt und der beizulegende Wert ermittelt. Somit beträgt der Wertverlust 900 000 GE und der Bilanzansatz zum 31.12.02 erfolgt noch mit 1,1 Mio. GE.

Außerplanmäßige Abschreibungen auf Sachanlagen	900 000	
an Unbebaute Grundstücke		900 000

Nach dem Wegfall des Grundes für die Abschreibung muss nach § 253 Abs. 5 HGB eine Zuschreibung vorgenommen werden. Hierbei darf die Wertaufholung allerdings maximal bis zu den (fortgeführten) Anschaffungskosten erfolgen (§ 253 Abs. 1 HGB). Bei abnutzbaren Vermögensgegenständen müssten die in der Zwischenzeit angefallenen planmäßigen Abschreibungen berücksichtigt werden. Dies ist bei einem Grundstück nicht relevant, somit erfolgt im Jahresabschluss zum 31.12.06 eine Zuschreibung auf den Ausgangswert von 2 Mio. GE.

Unbebaute Grundstücke	900 000	
an Ertrag aus Zuschreibung		900 000

b) IFRS

Die Frage der Wertminderung ist nach IAS 36 zu beurteilen. Nach IFRS ist ein Wertminderungstest durchzuführen, da ein Indikator für eine Wertminderung vorliegt (IAS 36.9 ff.). Hierzu ist der erzielbare Betrag zu ermitteln (IAS 36.6). Dieser ist definiert als das Maximum aus dem Nettoveräußerungspreis (fair value less costs to sell) und dem Nutzungswert (value in use). Der Nettoveräußerungspreis ist »der Betrag, der durch den Verkauf eines Vermögenswertes oder einer zahlungsmittelgenerierenden Einheit in einer Transaktion zu Marktbedingungen zwischen sachverständigen, vertragswilligen Parteien nach Abzug der Veräußerungskosten erzielt werden könnte« (IAS 36.6). Der Nutzungswert ist »der Barwert der künftigen Cashflows, der voraussichtlich aus einem Vermögenswert oder einer zahlungsmittelgenerierenden Einheit abgeleitet werden kann« (IAS 36.6).

Der erzielbare Betrag als Maximum aus Nettoveräußerungswert und Nutzungswert ergibt sich aus folgender Berechnung:

Nettoveräußerungswert: 1,1 Mio. GE ./. 0,02 Mio. GE = 1,08 Mio. GE.

Nutzungswert (lt. Angabe): 1,5 Mio. GE.

Der erzielbare Betrag ist somit 1,5 Mio. GE. Dieser liegt unter dem Buchwert. Daher ist eine Abschreibung auf den erzielbaren Betrag vorzunehmen (IAS 36.59) (2 Mio. GE ./. 1,5 Mio. GE = 500 000 GE).

Außerplanmäßige Abschreibungen auf Sachanlagen	500 000	
an Unbebaute Grundstücke		500 000

An jedem folgenden Bilanzstichtag ist zu prüfen, ob der Grund für die Wertminderung weiter besteht oder ob eine Zuschreibung in Frage kommt (IAS 36.110). Wenn ein Indikator auf einen Wegfall des Wertminderungsgrundes hindeutet, muss erneut der erzielbare Betrag ermittelt werden. Liegt dieser über dem Buchwert, so ist eine Zuschreibung vorzunehmen (IAS 36.114). Allerdings darf die Zuschreibung die fortgeführten Anschaffungskosten nicht überschreiten (IAS 36.117). Das Grundstück der Stahl AG ist daher im Jahresabschluss zum 31.12.06 mit dem ursprünglichen Betrag von 2 Mio. GE auszuweisen.

4.22 Außerplanmäßige Abschreibungen auf Finanzvermögen

Sachverhalt

Die Stahl AG hatte am 02.09.01 800 Aktien an der Blech AG zum Preis von 420 GE/Aktie erworben, um diese langfristig zu halten. Am Bilanzstichtag 31.12.01 war der Kurs auf 380 GE/Aktie gesunken. Zum Zeitpunkt der Aufstellung der Bilanz im Frühjahr 02 hat sich der Kurs bereits wieder erholt und beträgt am 31.03.02 430 GE/Aktie.

In der Bilanz werden auch 1 000 Aktien der Alu AG ausgewiesen, die bisher mit 18 GE/Aktie bewertet wurden. Diese Aktien sollen verkauft werden, sobald der Kurs 20 GE/Aktie erreicht. Am Bilanzstichtag sind die Aktien mit 15 GE/Aktie notiert. Die Stahl AG will einen möglichst hohen Gewinn ausweisen. Eine Beteiligungsabsicht liegt in beiden Fällen nachweislich nicht vor.

Aufgabe
Mit welchem Wert gehen die Aktien in den Jahresabschluss nach HGB der Stahl AG zum 31.12.01 ein?

Lösung
Aktien der Blech AG: Es handelt sich um Finanzanlagevermögen, da die Aktien dauerhaft dem Unternehmen dienen sollen (§ 247 Abs. 2 HGB). Aktien sind nicht zeitlich begrenzt nutzbar und unterliegen damit keiner planmäßigen Abschreibung (§ 253 Abs. 3 HGB). Allerdings sind sie ggf. außerplanmäßig abzuschreiben. Es gilt das gemilderte Niederstwertprinzip: Eine Abschreibung bei einer vorübergehenden Wertminderung ist bei Finanzanlagen zulässig, aber nicht notwendig (§ 253 Abs. 3 Satz 4 HGB). Am Bilanzstichtag liegt eine Wertminderung um 40 GE/Aktie vor. Allerdings ist diese laut Sachverhalt vorübergehend und damit ist eine Abschreibung nicht zwingend erforderlich. Da die Stahl AG einen möglichst hohen Gewinn ausweisen will, wird sie keine Abschreibung vornehmen und die Aktien gehen mit 800 × 420 GE = 336 000 GE in den Jahresabschluss ein.

Aktien der Alu AG: Diese Aktien sollen nur vorübergehend im Vermögen der Stahl AG verbleiben. Sie sind damit dem Umlaufvermögen zuzurechnen (Umkehrschluss aus § 247 Abs. 2 HGB). Damit gilt das strenge Niederstwertprinzip (§ 253 Abs. 4 HGB). Der Börsenkurs liegt am Bilanzstichtag unter dem Buchwert, es muss auf den niedrigeren Börsenkurs abgeschrieben werden. Die Abschreibung beträgt 1 000 × 3 GE = 3 000 GE. Die Aktien gehen mit 1 000 × 15 GE = 15 000 GE in den Jahresabschluss ein.

Abschreibungen auf Wertpapiere des Umlaufvermögens	3 000	
an Wertpapiere des Umlaufvermögens		3 000

4.23 Außerplanmäßige Abschreibung und Inzahlunggabe

Sachverhalt
Am 31.05.03 wurde bei der Stahl AG ein Lkw zu Schrott gefahren (Anschaffungskosten 110 000 GE netto, Anschaffungsdatum 01.07.01, Nutzungsdauer 5 Jahre). Wegen dringender Aufträge wurde am Folgetag bei der Auto GmbH für Ersatz gesorgt. Es wurde ein Lkw erworben, für den 120 000 GE zuzüglich 19 % Umsatzsteuer zu zahlen sind. Es wurde eine vierwöchige Zahlungsfrist vereinbart, wobei der verunfallte Lkw von der Auto GmbH mit 5 000 GE (netto) in Zahlung genommen wurde, obwohl der Lkw nur noch einen Verkehrswert von 1 000 GE hat. Die Kosten des Abtransportes i. H.v. 500 GE übernimmt die Auto GmbH.

Aufgabe
Geben Sie die Buchungen im Zusammenhang mit diesem Geschäftsvorfall im Jahr 03 an, wenn die Abschreibung linear erfolgt

a) nach HGB,

b) nach IFRS.

Lösung

a) HGB

Zunächst ist der Buchwert des Vermögensgegenstandes zum Zeitpunkt des Unfalls festzustellen:

Der Lkw ist im Anlagevermögen (§ 247 Abs. 2 HGB) zu bilanzieren und mit den fortgeführten Anschaffungskosten zu bewerten (§ 253 Abs. 1 und 3 HGB, § 255 Abs. 1 HGB), d. h. nach Abzug planmäßiger und ggf. außerplanmäßiger Abschreibungen.

Der lineare Abschreibungssatz beträgt 100 : 5 = 20 %. Im Jahr der Anschaffung und des Abgangs ist die Jahresabschreibung monatsgenau zu berücksichtigen. Somit ergibt sich folgender Abschreibungsverlauf:

»volle« Jahresabschreibung	=	22 000 GE	
Anschaffungskosten		110 000 GE	
Abschreibung 01	./.	11 000 GE	(6/12 Monate)
Abschreibung 02	./.	22 000 GE	
Abschreibung 03	./.	9 167 GE	(5/12 Monate, gerundet)
Buchwert 31.05.03		67 833 GE	

Buchung der planmäßigen Abschreibung für 03

Abschreibungen auf Sachanlagen	9 167	
an Fuhrpark		9 167

Buchung der außerplanmäßigen Abschreibung

Der beizulegende Wert beträgt 1 000 GE. Die Differenz von Buchwert und beizulegendem Wert ist abzuschreiben: 67 833 GE ./. 1 000 GE = 66 833 GE

Außerplanmäßige Abschreibungen auf Sachanlagen	66 883	
an Fuhrpark		66 833

Kauf des neuen Lkw

Fuhrpark	120 000	
Vorsteuer	22 800	
an Verbindlichkeiten aus Lieferungen und Leistungen		142 800

Inzahlunggabe des Schrott-Lkw

Verbindlichkeiten aus Lieferungen und Leistungen	5 950	
an Sonstige Erlöse		5 000
an Umsatzsteuer		950

Ausbuchung des Schrott-Lkw

Sonstige Erlöse	5 000	
an Fuhrpark		1 000
an Erträge aus dem Abgang von Vermögensgegenständen		4 000

Bezahlung des Lkw

Verbindlichkeiten aus Lieferungen und Leistungen	136 850	
an Guthaben bei Kreditinstituten		136 850

b) IFRS

Der Wertminderungstest ist nach IAS 36 durchzuführen. Daher ist der erzielbare Betrag zu ermitteln. Der Nettoveräußerungspreis entspricht dem Verkehrswert von 1 000 GE.

Dieser Wert wäre bei einem Verkauf ohne gleichzeitige Neuanschaffung wahrscheinlich vereinbart worden. Der Nutzungswert liegt bei 5 000 GE, da dies der Wert der Zahlungsströme ist, den der Lkw noch generieren konnte. Der erzielbare Betrag beläuft sich damit auf 5 000 GE, auf diesen Betrag ist der Lkw abzuschreiben.

Buchung der außerplanmäßigen Abschreibung

Außerplanmäßige Abschreibungen auf Sachanlagen	62 883	
an Fuhrpark		62 833

Ausbuchung des Schrott-Lkw

Sonstige Erlöse	5 000	
an Fuhrpark		5 000

Die übrigen Buchungen erfolgen analog zum HGB.

4.24 Ermittlung des erzielbaren Betrages

Sachverhalt

Die Anschaffungskosten einer Anlage, die die Stahl AG am 01.07.01 in Betrieb genommen hat, betrugen 1 150 000 GE netto. Die Abschreibung erfolgt linear über die Nutzungsdauer von 10 Jahren. Am 28.12.02 wird die Anlage durch einen Bedienfehler beschädigt. Dadurch beträgt der mögliche Verkaufspreis der Anlage 940 000 GE netto. Bei einer weiteren Nutzung der Anlage im Unternehmen würden ab dem 31.12.02 für vier Jahre jeweils am Jahresende Einzahlungsüberschüsse von 276 000 GE anfallen. Der relevante Zinssatz beträgt 5 %. Der nach HGB abgeleitete beizulegende Wert wird mit 950 000 GE ermittelt. Es liegt eine dauerhafte Wertminderung vor.

Aufgabe

a) Ermitteln Sie den vorläufigen Buchwert am 31.12.02 und buchen Sie die planmäßige Abschreibung für 02.
b) Ist eine Wertminderung nach HGB und nach IAS 36 zu verbuchen?

Lösung

a) Ermitteln Sie den vorläufigen Buchwert am 31.12.02 und buchen Sie die planmäßige Abschreibung für 02

Abschreibungen pro Jahr: 1 150 000 : 10 = 115 000 GE

In 01: 115 000 × 6/12 = 57 500 GE, in 02: 115 000 GE

Buchwert: 1 150 000 ./. 57 500 ./. 115 000 = 977 500 GE

Abschreibungen auf Sachanlagen	115 000	
an Technische Anlagen und Maschinen		115 000

b) Ist eine Wertminderung nach HGB und nach IAS 36 zu verbuchen?

HGB

Eine Abschreibung ist nach § 253 Abs. 3 Satz 3 HGB vorzunehmen, wenn der beizulegende Wert dauerhaft unterhalb des Buchwertes liegt. Dies ist hier gegeben. Der beizulegende Wert beträgt 950 000 GE. Daher ist eine außerplanmäßige Abschreibung auf diesen Wert vorzunehmen.

Außerplanmäßige Abschreibung auf Sachanlagen	27 500	
an Technische Anlagen und Maschinen		27 500

IFRS

Es ist ein Wertminderungstest nach IAS 36 durchzuführen, da ein Indikator für eine Wertminderung (physischer Schaden) erfüllt ist. Daher ist der erzielbare Betrag als Maximum von Nettoveräußerungspreis und Nutzungswert zu bestimmen:

Nettoveräußerungspreis: 940 000 GE.

Zur Ermittlung des Nutzungswerts ist der mit der Anlage erzielbare Zahlungsstrom auf den 31.12.02 abzuzinsen:

$276\,000 : 1{,}05 + 276\,000 : 1{,}05^2 + 276\,000 : 1{,}05^3 + 276\,000 : 1{,}05^4 = 978\,682{,}34$ GE.

Der erzielbare Betrag beläuft sich auf 978 682,34 GE. Daher ist eine Abschreibung nicht zulässig.

5 Bilanzierung und Bewertung des Anlagevermögens

5.1 Ansatz eines immateriellen Vermögenswertes

Sachverhalt

Die Kabel AG hat Ihnen folgende Sachverhalte zur Beurteilung vorgelegt:

1. Ein Entwicklungsvorhaben hat 200 000 GE gekostet. Es wurde abgebrochen, doch möchte die AG die Kosten aktivieren.
2. Es wurde ein Programm zur Führungskräfteentwicklung konzipiert, das 20 000 GE kostete und die Fähigkeiten der Mitarbeiter erheblich gesteigert hat. Dies führt nach Ansicht des Managements zu einem immateriellen Wert.
3. Ein Patent wird angemeldet, das aber von der Kabel AG mangels Vertriebskanal nicht verwertet werden kann (Entwicklungskosten 40 000 GE). Ein Verkauf ist nicht beabsichtigt.
4. Eine Marketingkampagne führt zu einer Erhöhung des Markenwertes auf 200 Mio. GE. Die Kampagne kostete 100 000 GE.
5. Für die eigene Forschung und Entwicklung eines neuen Herstellungsverfahrens wurden ca. 600 000 GE aufgewendet, genaue Zahlen liegen nicht vor.
6. Ein selbst geschaffener Markenname wird neu angemeldet, der Wert wird auf 20 000 GE geschätzt, die Eintragung kostete 1 000 GE.

Aufgabe

Wie sind diese Sachverhalte nach HGB und IFRS im Jahresabschluss der Kabel AG zu erfassen?

Lösung

Voraussetzung der Aktivierung von selbst erstelltem immateriellem Anlagevermögen nach HGB ist, dass ein Vermögensgegenstand vorliegt. Dies ist gegeben, wenn ein wirtschaftlicher Nutzen für das Unternehmen vorliegt, der einzelverkehrsfähig ist. Eine Aktivierung darf nur die Entwicklungskosten umfassen, nicht die Forschungskosten (§ 255 Abs. 2 a HGB). Das HGB eröffnet dem Bilanzierenden ein Aktivierungswahlrecht (§ 248 Abs. 2 HGB).

Die Prüfung der Aktivierungspflicht von immateriellem Anlagevermögen nach IFRS erfolgt zweistufig:

Es ist zu prüfen, ob die Kriterien eines Vermögenswertes erfüllt sind (IAS 38.9 ff.):

- Identifizierbarkeit, z. B. durch Einzelverkehrsfähigkeit oder rechtliche Konstituierung,
- Kontrolle durch das Unternehmen (Verfügungsmacht) und
- Verkörperung eines wirtschaftlichen Vorteils.

Ein Ansatz darf nur erfolgen, wenn der Nutzenzufluss wahrscheinlich ist und die Kosten hinreichend genau bestimmt werden können.

Selbst erstelltes immaterielles Vermögen darf zudem nur bilanziert werden, wenn

- die technische Realisierbarkeit sichergestellt ist;

- die Absicht besteht, den immateriellen Vermögenswert fertigzustellen sowie ihn zu nutzen oder zu verkaufen;
- die Fähigkeit besteht, den immateriellen Vermögenswert zu nutzen oder zu verkaufen;
- dargelegt wird, inwiefern voraussichtlicher künftiger wirtschaftlicher Nutzen entsteht;
- die Verfügbarkeit adäquater technischer, finanzieller und sonstiger Ressourcen nachgewiesen wird;
- die Fähigkeit besteht, die zurechenbaren Ausgaben verlässlich zu bewerten (IAS 38.57).

Daraus ergeben sich folgende Bilanzansätze:

1. Entwicklungsvorhaben: Da das Vorhaben abgebrochen wurde, kann kein wirtschaftlicher Nutzen vorliegen. HGB und IFRS: kein Vermögensgegenstand bzw. Vermögenswert, Erfassung als Aufwand.
2. Führungskräfteentwicklung: HGB: keine Einzelverkehrsfähigkeit, IFRS: keine Verfügungsmacht, jeweils Erfassung als Aufwand.
3. Patent: HGB: wirtschaftlicher Vorteil und Einzelverkehrsfähigkeit gegeben: Bilanzierungsfähigkeit, bei Ausübung des Bilanzierungswahlrechtes aber Abschreibung, da keine Werthaltigkeit, IFRS: keine Nutzungsabsicht, daher auch kein Bilanzansatz.
4. Marketingkampagne: HGB und IFRS: kein einzelverkehrsfähiger bzw. identifizierbarer Vermögensgegenstand bzw. Vermögenswert, insofern Erfassung als Aufwand.
5. Herstellungsverfahren: HGB und IFRS: keine verlässliche Bewertung möglich, insofern kein Ansatz in der Bilanz, sondern Erfassung als Aufwand.
6. Markenname: HGB und IFRS: Aktivierungsverbot (§ 248 Abs. 2 HGB, IAS 38.63), Erfassung als Aufwand.

5.2 Erworbenes immaterielles Vermögen

Sachverhalt

Die Kabel AG kauft am 15.03.01 eine Lizenz von der Elektro GmbH, deren patentierte und sehr erfolgreiche Erfindung zur Herstellung neuer Hochleistungskabel über zehn Jahre hinweg nutzen zu dürfen (Kaufpreis: 1 Mio. GE zuzüglich 19 % Umsatzsteuer, Banküberweisung).

Aufgabe

Welche Art von immateriellem Vermögen liegt vor? Wie ist es zu behandeln

a) nach HGB,
b) nach IFRS?

Geben Sie die Buchungssätze an!

Lösung

a) HGB

Eine Lizenz ist ein Nutzungsrecht an einem Recht. Sie stellt einen einzelverwertbaren wirtschaftlichen Vorteil dar und ist somit als Vermögensgegenstand in der Bilanz zu erfassen (§ 246 Abs. 1 HGB). Da die Lizenz zeitlich befristet erteilt wird, ist sie planmäßig linear abzuschreiben (§ 253 Abs. 3 HGB), die Nutzungsdauer ist durch die Laufzeit vorgegeben. Die Abschreibung erfolgt zeitanteilig:

1 000 000 GE : 10 Jahre × 10/12 Monate = 83 333,33 GE

b) IFRS

Die Behandlung nach IFRS ist zweistufig: Zunächst ist zu klären, ob die Kriterien eines Vermögenswertes erfüllt sind: Es handelt sich um einen Vermögenswert nach IAS 38.8-17, da die Lizenz wirtschaftlichen Nutzen verkörpert (IAS 38.17), identifizierbar ist (IAS 38.12) und unter der Kontrolle des Unternehmens steht (IAS 38.13).

Auf der zweiten Stufe muss geklärt werden, ob die Ansatzkriterien erfüllt sind: Der von dem Vermögenswert verkörperte finanzielle Nutzen muss wahrscheinlich zufließen und die Anschaffungs- bzw. Herstellungskosten müssen verlässlich bestimmt werden können (IAS 38.21). Beides ist laut Sachverhalt erfüllt (erfolgreiches Patent, bestimmter Kaufpreis), sofern die Einschätzungen über den Erfolg auf vernünftigen und nachvollziehbaren Erwägungen des Managements beruhen (IAS 38.22). Die Erfassung erfolgt zu Anschaffungskosten (IAS 38.24), die Folgebewertung ist zu fortgeführten Anschaffungskosten vorzunehmen (IAS 38.74). Eine Neubewertung kommt mangels aktiven Marktes nicht in Betracht (IAS 38.75).

Lizenzen	1 000 000	
Vorsteuer	190 000	
an Guthaben bei Kreditinstituten		1 190 000
Abschreibung auf immaterielles Vermögen	83 333,33	
an Lizenzen		83 333,33

5.3 Erworbenes immaterielles Vermögen und Wertminderung

Sachverhalt

Die Kabel AG hat mit der Elektro AG am 01.12.01 einen Vertrag über das ausschließliche Nutzungs- und Verwertungsrecht an einem neuen Patent geschlossen. Die Kabel AG verspricht sich viel von dem neuen Verfahren und vereinbart daher einen Preis i. H.v. 6 Mio. GE zuzüglich 19 % Umsatzsteuer, der unmittelbar per Banküberweisung beglichen wird. Das Nutzungsrecht läuft über 10 Jahre. Am Ende des Jahres 02 stellt sich heraus, dass das Verfahren ein Flop ist: Die Verkäufe liegen weit unter der angestrebten Zahl, eine Besserung ist nicht in Sicht. Realistisch ist ein beizulegender Wert von 1 Mio. GE für das Nutzungs- und Verwertungsrecht. Zukünftige Zahlungsströme aus dem Recht können abgezinst auf den 31.12.01 mit 1,5 Mio. GE geschätzt werden, der Verkaufswert wird auf 1 Mio. GE geschätzt.

Die Kabel AG schreibt stets linear ab und will einen hohen Gewinn ausweisen.

Aufgabe

Wie ist am 31.12.01 und 31.12.02 zu bewerten

a) nach HGB,

b) nach IFRS?

Geben Sie die Buchungssätze am 01.12.01, 31.12.01 und 31.12.02 an.

Lösung

a) HGB

Zugangsbewertung

Es liegt ein immaterieller Vermögensgegenstand des Anlagevermögens vor, da das Nutzungsrecht einen wirtschaftlichen Vorteil darstellt, der einzelverwertbar ist und eine dauernde Nutzung beabsichtigt ist (§ 247 Abs. 2 HGB). Der Vermögensgegenstand wurde entgeltlich erworben, daher ist eine Aktivierungspflicht gegeben (§ 246 Abs. 1 HGB). Der Vermögensgegenstand ist unter § 266 Abs. 2 A I 2 HGB zu erfassen.

Immaterielles Vermögen	6,00 Mio.	
Vorsteuer	1,14 Mio.	
an Guthaben bei Kreditinstituten		7,14 Mio.

Folgebewertung in 01

Da die Nutzungsdauer durch den Vertrag begrenzt ist, muss das Nutzungsrecht planmäßig abgeschrieben werden (§ 253 Abs. 3 HGB). Hierbei kommt die zeitanteilige lineare Abschreibung zur Anwendung:

Anschaffungskosten: 6 Mio. GE
Lineare Abschreibung jährlich: 6 Mio. GE : 10 = 0,6 Mio. GE p. a.
Monatsgenaue Abschreibung: 0,6 × 1/12 = 0,05 Mio. GE
Bilanzansatz: 6 Mio. GE ./. 0,05 Mio. GE = 5,95 Mio. GE

Abschreibungen auf immaterielles Vermögen	0,05 Mio.	
an Immaterielles Vermögen		0,05 Mio.

Folgebewertung in 02

Im Jahr 02 ist zunächst die planmäßige Abschreibung vorzunehmen: 0,6 Mio. GE.
Wert der Lizenz nach planmäßiger Abschreibung: 5,95 Mio. GE ./. 0,6 Mio. GE = 5,35 Mio. GE

Abschreibung auf immaterielles Vermögen	0,6 Mio.	
an Immaterielles Vermögen		0,6 Mio.

Laut Sachverhalt liegt eine dauerhafte Wertminderung vor. Es gilt das gemilderte Niederstwertprinzip (§ 253 Abs. 3 HGB). Der beizulegende Wert beläuft sich laut Angabe auf 1 Mio. GE. Diese Wertminderung ist dauerhaft, daher ist eine außerplanmäßige Abschreibung vorzunehmen:

5,35 Mio. GE ./. 1 Mio. GE = 4,35 Mio. GE
Bilanzansatz: 1 Mio. GE

Außerplanmäßige Abschreibungen auf immaterielles Vermögen	4,35 Mio.	
an Immaterielles Vermögen		4,35 Mio.

b) IFRS

Zugangsbewertung

Nach IFRS liegt ein immaterieller Vermögenswert vor, da ein wirtschaftlicher Nutzen (IAS 38.17) und Identifizierbarkeit (IAS 38.12) gegeben sind. Der Vermögenswert ist auch anzusetzen, da in

01 mit einem Nutzenzufluss gerechnet werden konnte und die Kosten verlässlich ermittelbar waren (IAS 38.21 f). Somit ist der Vermögenswert analog wie nach HGB mit den Anschaffungskosten zu bilanzieren (IAS 38.24).

Folgebewertung
Da kein aktiver Markt gegeben ist, erfolgt die Folgebewertung mit den fortgeführten Anschaffungskosten nach IAS 38.74. Bei der Bestimmung der Nutzungsdauer ist nach IAS 38.88 zwischen einer begrenzten Nutzungsdauer und einer unbestimmten Nutzungsdauer zu unterscheiden. Gibt es keine plausiblen Gründe für eine begrenzte Nutzungsdauer, ist diese als unbestimmt anzusehen, wobei unbestimmt nicht unendlich meint (IAS 38.91). Die Nutzungsdauer darf nicht die rechtlich vereinbarte Nutzungsfrist übersteigen, wohl aber aus wirtschaftlichen Gründen kürzer sein (IAS 38.94). Als Abschreibungsmethode ist die lineare Abschreibung zu wählen, wenn nicht nachweislich eine andere Methode den Nutzenverlauf besser abbildet (IAS 38.97). Damit entspricht der Abschreibungsbetrag dem Vorgehen nach HGB. Die Eignung des Abschreibungsverfahrens und die Nutzungsdauerschätzung sind jährlich zu prüfen (IAS 38.104).

In 01 und 02 ist die planmäßige Abschreibung in selber Höhe wie nach HGB zu verrechnen. Der Wertminderungstest richtet sich nach IAS 36 (IAS 38.111). Hierzu ist der erzielbare Betrag als Maximum aus Nettoveräußerungspreis (1 Mio. GE) und Nutzungswert (1,5 Mio. GE) zu bestimmen. Auf diesen erzielbaren Betrag (1,5 Mio. GE) ist das Patent abzuschreiben:

5,35 Mio. GE ./. 1,5 Mio. GE = 3,85 Mio. GE
Bilanzansatz: 1,5 Mio. GE

Außerplanmäßige Abschreibungen auf immaterielles Vermögen	3,85 Mio.	
an Immaterielles Vermögen		3,85 Mio.

5.4 Selbst erstelltes immaterielles Vermögen

Sachverhalt

Die Kabel AG hat in 02 ein neuartiges Herstellungsverfahren für Stahlrohre entwickelt und am 01.01.03 in Betrieb genommen. Es soll im Unternehmen selbst genutzt werden. Die Nutzungsdauer wird auf acht Jahre geschätzt. Forschung und Entwicklung hatten Einzelkosten i. H.v. 500 000 GE verursacht. Die zugehörigen Material- und Fertigungsgemeinkosten betragen 800 000 GE. Es fällt der Kabel AG schwer, Forschungs- und Entwicklungsaufwand zu trennen, eine grobe Schätzung kommt zu einer Aufteilung von 40 % : 60 %, wirklich nachvollziehbar ist dies aber nicht.

Aufgabe

Mit welchem Wert geht das Verfahren

a) nach HGB,
b) nach IFRS

in den Jahresabschluss der Kabel AG zum 31.12.03 ein?

Lösung

a) HGB

Das Verfahren stellt einen Wert dar, der nicht die durch ein Patent verbrieften Rechte besitzt. Dennoch ist es grundsätzlich aktivierungsfähig. § 248 Abs. 2 HGB gewährt ein Wahlrecht zur Aktivierung selbst erstellter immaterieller Vermögensgegenstände des Anlagevermögens. Aktivierungsfähig sind nach § 255 Abs. 2 a HGB die Entwicklungskosten, nicht hingegen die Forschungskosten. Können Forschungs- und Entwicklungskosten nicht zuverlässig getrennt werden, darf keine Aktivierung vorgenommen werden (§ 255 Abs. 2 a Satz 4 HGB). Ein Bilanzansatz für das Fertigungsverfahren ist daher nicht zulässig.

b) IFRS

Nach IFRS sind die Entwicklungskosten selbst erstellter immaterieller Vermögenswerte grundsätzlich aktivierungspflichtig, sofern die Voraussetzungen in IAS 38.57 (z. B. technische Realisierbarkeit, wahrscheinlicher Nutzenzufluss etc.) erfüllt sind und der Vermögenswert identifizierbar ist, einen wirtschaftlichen Vorteil darstellt, die Kosten verlässlich bestimmt werden können und er unter der Kontrolle des Unternehmens steht.

Können Entwicklungs- und Forschungskosten nicht getrennt werden, ist eine Aktivierung nach IAS 38.53 jedoch ausgeschlossen. Somit erfolgt auch nach IFRS keine Aktivierung, sondern eine Erfassung als Periodenaufwand.

5.5 Geschäfts- oder Firmenwert (Goodwill)

Sachverhalt

Die Kabel AG kauft zur Erweiterung der Produktpalette am 02.01.01 die Vermögensgegenstände und Schulden der Bildschirm OHG (»asset deal«), die Computermonitore herstellt. Die Bildschirm OHG soll zukünftig als unselbständiges Zweigwerk der Kabel AG bzw. als zahlungsmittelgenerierende Einheit 1 (CGU1) fungieren.

Nach kurzen Verhandlungen einigt man sich auf den Kaufpreis von 200 Mio. GE. Dabei wurde berücksichtigt, dass die Produkte der Bildschirm OHG einen hervorragenden Ruf genießen und die Belegschaft ein eingespieltes Team bildet. Die Buchwerte des Anlagevermögens der Bildschirm OHG betragen 120 Mio. GE, die des Umlaufvermögens 100 Mio. GE. Die Schulden (Verbindlichkeiten und Rückstellungen) betragen insgesamt 80 Mio. GE. Im Anlagevermögen sind stille Reserven i. H.v. 20 Mio. GE enthalten, im Umlaufvermögen i. H. v. 30 Mio. GE. Ein Geschäfts- oder Firmenwert hat eine Nutzungsdauer von fünf Jahren.

Aufgrund einer Veröffentlichung eines Verbraucherverbandes wird am 02.12.02 bekannt, dass die Bildschirme der vormaligen Bildschirm OHG gesundheitsgefährdende Schadstoffe enthalten. Der Wert der Marke sinkt erheblich.

Der Geschäftswert dürfte vollständig aufgebraucht sein. Der erzielbare Betrag der CGU1 beträgt nur noch 170 Mio. GE, während der Buchwert der CGU1 noch bei 180 Mio. GE liegt. Allerdings gelingt es der Kabel AG dann in 03 nachzuweisen, dass die Schadstoffmessung fehlerhaft war. Der Verbraucherverband nimmt daher die Warnung am 07.10.03 zurück.

Aufgabe

Berechnen Sie den Geschäfts- oder Firmenwert! Wie ist der Geschäfts- oder Firmenwert im Jahresabschluss zum 31.12.01, 31.12.02 und 31.12.03 zu behandeln

a) nach HGB,

b) nach IFRS?

Lösung

a) HGB

Bilanzansatz

Nach § 246 Abs. 1 Satz 4 HGB gilt der erworbene (derivative) Geschäfts- oder Firmenwert als zeitlich begrenzt nutzbarer Vermögensgegenstand. Er unterliegt einer Aktivierungspflicht und ist planmäßig abzuschreiben. Die Abschreibungsfrist ist betriebsgewöhnlich festzulegen, allerdings ist es im Anhang zu begründen, wenn diese Frist fünf Jahre übersteigt (§ 285 Nr. 13 HGB). Ein selbst geschaffener (originärer) Geschäfts- oder Firmenwert unterliegt hingegen einem Ansatzverbot.

Zugangsbewertung

Der Geschäfts- oder Firmenwert berechnet sich aus der Differenz zwischen Kaufpreis und Nettovermögen zu Zeitwerten, d. h. nach Aufdeckung stiller Reserven und Lasten. Das Nettovermögen setzt sich aus Anlage- und Umlaufvermögen abzüglich der Schulden zusammen.

200 Mio. GE ./. (120 Mio. GE + 20 Mio. GE + 100 Mio. GE + 30 Mio. GE ./. 80 Mio. GE)

Geschäfts- oder Firmenwert = 10 Mio. GE.

Folgebewertung

Der Geschäfts- oder Firmenwert ist mit 10 Mio. GE zu aktivieren und in jedem Jahr linear um 1/5 abzuschreiben:

10 Mio. GE : 5 Jahre = 2 Mio. GE/Jahr

Der Bilanzansatz zum 31.12.01 beträgt 8 Mio. GE.

Im Jahr 02 leidet der Ruf der Bildschirme und damit der Geschäfts- oder Firmenwert. Daher ist eine außerplanmäßige Abschreibung vorzunehmen, da die Wertminderung voraussichtlich von Dauer sein wird (§ 253 Abs. 3 HGB).

Der Bilanzansatz zum 31.12.02 beträgt 0 GE.

Im Jahr 03 wird bekannt, dass der Grund für diese Wertminderung weggefallen ist. Der Wert erholt sich wieder. Allerdings verbietet § 253 Abs. 5 Satz 2 HGB eine Wertaufholung beim Geschäfts- oder Firmenwert.

Der Bilanzansatz zum 31.12.03 beträgt 0 GE.

b) IFRS

Bilanzansatz und Zugangswert

Die Regelungen in IFRS 3 zum Goodwill unterscheiden nicht zwischen Einzel- und Konzernabschluss. Der Goodwill ist nach IFRS 3.32 zu aktivieren und ermittelt sich wie im HGB indirekt als Differenz zwischen Kaufpreis und Nettovermögen zum Marktwert. Es ergibt sich somit ein Betrag von 10 Mio. GE als Goodwill, der zu aktivieren ist und im Jahresabschluss zum 31.12.01 erfasst wird.

Folgebewertung

Der Goodwill wird nicht planmäßig abgeschrieben, sondern jährlich einem Wertminderungstest nach IAS 36 unterzogen (impairment only approach). Hierzu ist die zahlungsmittelgenerierende Einheit (cash generating unit, CGU) heranzuziehen, die den Goodwill enthält. Man vergleicht den Buchwert der Berichtseinheit (reporting unit, RU) einschließlich Goodwill mit ihrem erzielbaren Betrag. Liegt der Buchwert über dem erzielbaren Betrag, ist eine Wertberichtigung nötig. Dies ist hier der Fall: 180 Mio. GE ./. 170 Mio. GE = 10 Mio. GE.

Die Erfassung der Wertminderung erfolgt über eine Abschreibung des Goodwill, sodann über eine Abschreibung der Vermögenswerte der CGU1, sofern diese unter den Anwendungsbereich von IAS 36 fallen (IAS 36.104).

Der Bilanzansatz des Goodwill zum 31.12.02 beträgt 0 GE.

Eine Wertaufholung ist nach IAS 36.124 für den Goodwill ausgeschlossen, wenn der Grund für eine Abschreibung entfällt. Hintergrund ist, dass der derivative Goodwill in der Zwischenzeit wahrscheinlich durch den – nicht bilanzierungsfähigen originären – Goodwill ersetzt worden ist.

Der Bilanzansatz des Goodwill zum 31.12.03 beträgt 0 GE.

5.6 Wertminderung und Wertaufholung

Sachverhalt

Die Kabel AG erforscht und entwickelt ein neues Herstellungsverfahren für Glasfaserkabel und erhält hierfür am 02.05.01 ein Patent erteilt. An Forschungskosten ermittelt die AG 2 Mio. GE, Entwicklungsaufwand schlägt mit 4,8 Mio. GE zu Buche. Das Patent läuft über 20 Jahre, doch die wirtschaftliche Nutzungsdauer beträgt nur acht Jahre. Im Dezember 03 kündigt ein Konkurrent ein verbessertes Verfahren an. Der Verkaufswert des Patentes (der hier dem beizulegenden Wert nach HGB entsprechen soll) sinkt deswegen auf 20 % des Ausgangswertes, der Nutzungswert wird mit 0,5 Mio. GE berechnet. Überraschenderweise stellt sich im Dezember 05 heraus, dass das Konkurrenzverfahren qualitativ nicht überzeugen kann. Der Wert des Patentes der Kabel AG erholt sich und die Kabel AG erhält Angebote anderer Unternehmen, das Patent für 10 Mio. GE zu kaufen, was die Kabel AG aber ablehnt. Die Nutzungsdauer des Patents verlängert sich aus Sicht des Managements jedoch nicht.

Aufgabe

Wie ist dieser Sachverhalt im Jahresabschluss der Kabel AG zu berücksichtigen, wenn ein hoher Gewinn erzielt werden soll

a) nach HGB,
b) nach IFRS?

Lösung

a) HGB

Bilanzansatz und Zugangsbewertung

Die Kabel AG hat einen immateriellen Vermögensgegenstand selber hergestellt. Der Vermögensgegenstand ist dem Anlagevermögen zuzurechnen (§ 247 Abs. 2 HGB). Nach § 248 Abs. 2 HGB hat die Kabel AG ein Aktivierungswahlrecht. Sie will einen hohen Gewinn ausweisen und wird dieses Wahlrecht daher nutzen. Das Patent wird mit den Herstellungskosten in der Bilanz erfasst. Diese umfassen nach § 255 Abs. 2 a HGB nur die Entwicklungskosten, Forschungskosten sind nicht aktivierungsfähig. Das Patent wird somit mit einem Wert von 4,8 Mio. GE erfasst.

Werden selbst erstellte immaterielle Vermögensgegenstände des Anlagevermögens in der Bilanz erfasst, schreibt § 268 Abs. 8 HGB eine Ausschüttungssperre vor.

Folgebewertung

Das Patent ist ein abnutzbarer Vermögenswert, da zum einen der Patentschutz begrenzt ist und zum anderen eine wirtschaftliche Nutzungsdauer zu beachten ist. Diese kürzere Frist von acht Jahren ist der Abschreibungsberechnung zu Grunde zu legen und die Abschreibung im Zugangsjahr monatsgenau zu berechnen:

4,8 Mio. GE : 8 Jahre × 8/12 Monate = 0,4 Mio. GE.

Das Patent ist damit mit 4,8 Mio. GE ./. 0,4 Mio. GE = 4,4 Mio. GE im Jahresabschluss zum 31.12.01 zu erfassen und in den Folgejahren mit jährlich 0,6 Mio. GE planmäßig abzuschreiben.

Im Dezember 03 tritt eine außerordentliche Wertminderung ein, die dauerhaft zu sein scheint. Im Anlagevermögen gilt das gemilderte Niederstwertprinzip (§ 253 Abs. 3 HGB). Es ist eine Abschreibung auf den niedrigeren beizulegenden Wert vorzunehmen.

Der vorläufige Buchwert des Patents zum 31.12.03 beträgt:

4,8 Mio. GE ./. 0,4 Mio. GE ./. 2 × 0,6 Mio. GE = 3,2 Mio. GE.

Der beizulegende Wert beläuft sich auf:

4,8 Mio. GE × 0,2 = 0,96 Mio. GE.

Es ist zum 31.12.03 eine außerplanmäßige Abschreibung i. H.v. 3,2 Mio. GE ./. 0,96 Mio. GE = 2,24 Mio. GE vorzunehmen.

Wertaufholung

Der Grund für die Abschreibung ist in 05 weggefallen. Daher ist gemäß § 253 Abs. 5 HGB eine Zuschreibung (Wertaufholung) vorzunehmen. Allerdings darf diese Zuschreibung die fortgeführten Herstellungskosten nicht übersteigen. Ein Bilanzansatz mit 10 Mio. GE ist ebenso ausgeschlossen wie der Ansatz mit 3,2 Mio. GE. Es müssen die inzwischen angefallenen Abschreibungen berücksichtigt werden:

3,2 ./. 2 × 0,6 = 2,0 Mio. GE.

Es ist zum 31.12.05 auf den Wert von 2,0 Mio. GE zuzuschreiben.

b) IFRS

Bilanzansatz und Zugangsbewertung

Ein Vermögenswert ist nach IAS 38 anzusetzen, wenn die Vermögenswert- und Ansatzkriterien und die Bedingungen nach IAS 38.57 erfüllt sind. Dann handelt es sich um einen bilanzierungspflichtigen originären Vermögenswert. Diese Kriterien können mit der Patenterteilung als erfüllt angesehen werden:

- Der Vermögenswert ist identifizierbar, da er rechtlich verbrieft ist (IAS 38.12).
- Er verkörpert laut Angabe einen wirtschaftlichen Nutzen (IAS 38.17).
- Als Eigentümer des Patents hat die Kabel AG die Kontrolle über den Vermögenswert (IAS 38.13).

Die Bedingungen nach IAS 38.57 sind ebenfalls erfüllt:

- Die Kabel AG hat das Patent erteilt bekommen, die Erfindung ist daher technisch möglich.
- Sie hat die Fähigkeit und die Absicht, das Patent zu nutzen.
- Der wirtschaftliche Nutzen wird wahrscheinlich zufließen.
- Die Kabel AG hat die Mittel, die Erfindung zu nutzen.
- Die Kosten können verlässlich ermittelt werden.

Ansatzpflichtig sind nur die Entwicklungskosten, Forschungskosten dürfen nicht aktiviert werden (IAS 38.54). Die Zugangsbewertung erfolgt zu den Herstellungskosten i. H.v. 4,8 Mio. GE.

Folgebewertung
Für das Vorliegen eines aktiven Marktes gibt es keine Hinweise, daher ist die Folgebewertung mittels fortgeführter Herstellungskosten vorzunehmen. Der Vermögenswert hat eine begrenzte Nutzungsdauer. Die Nutzungsdauer eines Patents darf nicht länger als die Patentlaufzeit, wohl aber kürzer als diese sein (IAS 38.94). Daher kann die Nutzungsdauer von acht Jahren, sofern sie den tatsächlichen Gegebenheiten entspricht, zu Grunde gelegt werden. Die lineare Abschreibung ist anzuwenden, wenn das Management nicht nachweisen kann, dass eine andere Abschreibungsmethode den Nutzenverlauf besser abbildet. Das Ergebnis entspricht somit den Beträgen nach HGB.

Ein Wertminderungstest ist nach IAS 38.111 nach den Vorgaben von IAS 36 durchzuführen. Da ein Indikator für eine Wertminderung vorliegt, muss der erzielbare Betrag ermittelt werden. Dieser ist das Maximum aus Nettoveräußerungspreis (0,96 Mio. GE) und Nutzungswert (0,5 Mio. GE), also 0,96 Mio. GE. Betragsmäßig entspricht das Vorgehen dem HGB.

Wertaufholung
Fällt der Grund für die Abschreibung fort, so ist auf den fortgeführten Wert zuzuschreiben. Die Prüfung ergibt, dass der Abschreibungsgrund entfallen ist (IAS 36.110 f.). Nach IAS 36.117 ist eine Zuschreibung nur bis zu den fortgeführten Herstellungskosten zulässig. Das Vorgehen entspricht somit dem HGB.

5.7 Grundstücke und Gebäude: Einteilungen

Sachverhalt

Die Bau AG hat am 12.09.01 ein Grundstück (G1) im Wert von 2 Mio. GE erworben, um darauf die neue Hauptverwaltung zu errichten. Mit dem Bau soll in 02 begonnen werden. Weiterhin gehört der Bau AG ein Grundstück (G2), das unbebaut verkauft werden soll und schon mit dieser Absicht gekauft wurde. Auf einem weiteren Grundstück (G3) errichtet die Bau AG einen großen Gebäudekomplex mit Hotel, Einkaufszentrum und Wohnungen. Die Baumaßnahmen haben in 01 begonnen und werden bis Ende 03 dauern. Grundstück und Gebäudekomplex sollen dann veräußert werden. Schließlich gehört der Bau AG ein Mietshaus, das langfristig behalten werden soll (G4).

Aufgabe

Wie sind diese Fälle zu beurteilen

a) nach HGB,

b) nach IFRS?

Lösung:

a) HGB

G1: Das Grundstück ist ein Vermögensgegenstand, da es einen wirtschaftlichen Vorteil darstellt und einzelverkehrsfähig ist. Es ist daher aufgrund des Vollständigkeitsprinzips (§ 246 Abs. 1 HGB) zu aktivieren und im Anlagevermögen zu erfassen (§ 247 Abs. 2 HGB). Die Aktivierung erfolgt zu den Anschaffungskosten (§ 255 Abs. 1 HGB). Es unterliegt keiner planmäßigen Abschreibung nach § 253 Abs. 3 HGB, im Falle einer außerplanmäßigen Wertminderung darf nur abgeschrieben werden, wenn die Wertminderung dauerhaft ist.

G2: Das Grundstück ist gleichfalls als Vermögensgegenstand mit den Anschaffungskosten zu aktivieren, allerdings ist es im Umlaufvermögen zu erfassen. Im Umlaufvermögen gilt das strenge Niederstwertprinzip: Jede Wertminderung ist, egal ob vorübergehend oder dauerhaft, zu verbuchen (§ 253 Abs. 4 HGB).

G3: Auch bei diesem Grundstück handelt es sich um einen Vermögensgegenstand des Umlaufvermögens. Die bei der Herstellung anfallenden Kosten sind nach § 255 Abs. 2 HGB zu erfassen, es ist verlustfrei zu bewerten: Jede Wertminderung ist zu verbuchen. Eine Gewinnrealisation darf erst bei der Übergabe des Gebäudes (Gefahrenübergang) erfolgen. Eine vorherige Gewinnrealisation untersagt das Realisationsprinzip (§ 252 Abs. 1 Nr. 4 HGB).

G4: Das Mietshaus ist ein Vermögensgegenstand des Anlagevermögens. Der zugehörige Grund ist nicht planmäßig abzuschreiben, das Gebäude unterliegt hingegen der Abschreibung über die Nutzungsdauer.

b) IFRS

G1: Das Grundstück ist ein Vermögenswert, da es wirtschaftlichen Nutzen verkörpert, in der Verfügungsmacht der Bau AG steht und Ergebnis vergangener Transaktionen ist (F. 49 a). Da es zudem wahrscheinlich ist, dass der wirtschaftliche Nutzen der Bau AG zufließt und die Kosten verlässlich ermittelt werden können, ist der Vermögenswert ansatzpflichtig (F. 83). Das Grundstück zählt zum Sachanlagevermögen und ist nach IAS 16 zu bewerten. Die Zugangsbewertung erfolgt zu den Anschaffungskosten (IAS 16.15). Die Folgebewertung kann zu den (fortgeführten) Anschaffungskosten erfolgen oder im Wege der Neubewertung vorgenommen werden (IAS 16.29). Das Grundstück ist nicht planmäßig abzuschreiben, sondern nur bei Vorliegen eines Indikators auf eine Wertminderung zu testen und dann ggf. außerplanmäßig abzuschreiben.

G2: Das Grundstück erfüllt die Kriterien für den Ansatz als Vermögenswert. Es ist nach IAS 2 unter den Vorräten zu erfassen, da es im Zuge des regelmäßigen Geschäftsganges verkauft werden soll. Die Bewertung erfolgt zu Anschaffungskosten oder zum niedrigeren Nettoveräußerungswert (IAS 2.9).

G3: Das Grundstück und das zu errichtende Gebäude stellen eine langfristige Auftragsfertigung dar. Diese ist nach IAS 11 zu bilanzieren. Können die Ergebnisse des Auftrages verlässlich geschätzt werden, sind die Gewinne nicht erst bei Gefahrenübergang, sondern jährlich entsprechend dem Fertigstellungsgrad zu realisieren (IAS 11.22).

G4: Das Grundstück wird als Finanzinvestition gehalten, da es der Erzielung von Mieteinnahmen dient (IAS 40.5, investment property). Der Bilanzansatz erfolgt beim Zugang zu den

Anschaffungskosten und in den Folgejahren zum Zeitwert (fair value, IAS 40.33). Eine Marktwertänderung ist als Gewinn/Verlust zu erfassen (IAS 40.35). Alternativ darf zu fortgeführten Anschaffungskosten bilanziert werden (IAS 40.56).

5.8 Grund und Gebäude: Bewertung

Sachverhalt

Die Bau AG erwarb am 14.10.01 ein Grundstück mit einer Grundfläche von 8 000 m². Auf einem Teil des Grundstücks (G5) steht ein Gebäude für Baumaschinen (Nutzungsdauer 20 Jahre). Der Kaufpreis für das Gesamtgrundstück betrug 1 500 000 GE, davon entfallen 300 000 GE auf das Gebäude. Die Nebenkosten beliefen sich auf (netto) 150 000 GE (die Vorsteuer ist nicht zu berücksichtigen). Der nicht für das Gebäude gebrauchte Teil des Grundstücks (G6) war mit 3 000 m² vermessen und abgetrennt worden, um darauf Material zu lagern. Dieses Teilgrundstück wird in 02 durch den Bau einer Mülldeponie, was zum Kaufzeitpunkt noch unbekannt war, erheblich im Wert beeinträchtigt. Eine Treuhandgesellschaft beziffert in einem Gutachten den möglichen Marktwert = Nettoveräußerungswert mit 80 GE pro m² (dieser Wert soll dem beizulegenden Wert nach HGB entsprechen). Der Nutzungswert wird mit 400 000 GE berechnet.

Aufgabe

Wie ist zu bilanzieren
a) nach HGB,
b) nach IFRS?

Geben Sie die Buchungssätze an.

Lösung

a) HGB

Bilanzansatz und Zugangsbewertung

Grund und Gebäude sind mit den Anschaffungskosten (§ 255 Abs. 1 HGB) zu aktivieren. Zu den Anschaffungskosten gehören neben dem Anschaffungspreis auch die Anschaffungsnebenkosten. Sind die Nebenkosten nicht anderweitig auf die Bestandteile Grund und Gebäude aufzuteilen, erfolgt die Aufteilung nach Flächen oder nach dem Anteil des Anschaffungspreises:

Anschaffungspreis Gebäude:	300 000 GE
Anschaffungspreis Grund:	1 500 000 GE ./. 300 000 GE = 1 200 000 GE

Aufteilung der Nebenkosten:
150 000 GE : 1 500 000 GE = 0,1 = 10 %

Anschaffungskosten Gebäude	300 000 GE × (1 + 10 %) = 330 000 GE
Anschaffungskosten Grund:	1 200 000 GE × (1 + 10 %) = 1 320 000 GE

Bebaute Grundstücke	825 000	
Unbebaute Grundstücke	495 000	
Gebäude	330 000	
an Guthaben bei Kreditinstituten		1 650 000

Da das erworbene Grundstück in zwei Teile (G5 und G6) aufgegliedert wird, werden die Anschaffungskosten entsprechend ihrer Flächenanteile verteilt:

Grundstück 5	5 000 m^2
Grundstück 6	3 000 m^2
Summe	8 000 m^2

Gesamtanschaffungskosten: 1 320 000 GE : 8 000 m^2 = 165 GE/m^2

Grundstück 5: 5 000 × 165 = 825 000 GE

Grundstück 6: 3 000 × 165 = 495 000 GE

Folgebewertung

Das Gebäude ist planmäßig, linear und monatsgenau über 20 Jahre abzuschreiben (§ 253 Abs. 3 HGB). Die Abschreibung beträgt in 01:

330 000 GE : 20 Jahre × 3/12 = 4 125 GE

Abschreibung auf Gebäude	4 125	
an Gebäude		4 125

In 02 ist die volle Jahresabschreibung zu buchen:

330 000 GE : 20 Jahre = 16 500 GE

Abschreibung auf Gebäude	16 500	
an Gebäude		16 500

Das Grundstück G6 ist zudem einer dauerhaften Wertminderung ausgesetzt. Daher ist eine Abschreibung auf den niedrigeren beizulegenden Wert vorzunehmen (§ 253 Abs. 3 HGB). Hierfür ist der Marktwert heranzuziehen. Dieser beträgt:

3 000 m^2 × 80 GE/m^2 = 240 000 GE.

Es ist eine Abschreibung i. H.v. 495 000 GE ./. 240 000 GE = 255 000 GE vorzunehmen.

Außerplanmäßige Abschreibung auf Grundstücke	255 000	
an Grundstück		255 000

b) IFRS

Bilanzansatz und Zugangsbewertung

Grund und Gebäude erfüllen die Ansatzkriterien nach IFRS und sind daher in der Bilanz zu erfassen. Die Behandlung erfolgt nach IAS 16. Die Zugangsbewertung erfolgt zu den Anschaffungskosten (IAS 16.15), wobei die Nebenkosten auch zu aktivieren sind. Grund und Gebäude sind getrennt zu bilanzieren (IAS 16.58). Die Zugangswerte entsprechen den Werten nach dem HGB.

Folgebewertung

Sachanlagevermögen kann entweder mit den fortgeführten Anschaffungskosten angesetzt oder regelmäßig neubewertet werden (IAS 16.29). Im vorliegenden Fall wird die Bewertung zu fortgeführten Anschaffungskosten gewählt. Die Abschreibung muss den tatsächlichen Nutzenverlauf zutreffend wiedergeben. Dies ist jährlich zu prüfen (IAS 16.51, 16.61). Die planmäßige Abschreibung unterscheidet sich hier nicht von den HGB-Werten.

Das Grundstück G6 ist einem Wertminderungstest nach IAS 36 zu unterziehen, da ein Wertminderungsindikator nach IAS 36.12 a vorliegt (Verkehrswertminderung). Es ist daher der erzielbare Betrag zu ermitteln (IAS 36.9). Der erzielbare Betrag ist der höhere Wert aus dem Nettoveräußerungspreis und dem Nutzungswert (IAS 36.6).

Nutzungswert 400 000 GE > Nettoveräußerungspreis 240 000 GE.

Der erzielbare Betrag (400 000 GE) ist geringer als der Buchwert. Daher ist auf den erzielbaren Betrag abzuschreiben:

495 000 GE ./. 400 000 GE = 95 000 GE.

Außerplanmäßige Abschreibung auf Grundstücke	95 000	
an Grundstück		95 000

5.9 Grundstück: Neubewertung

Sachverhalt

Die Bau AG hat ein unbebautes Grundstück (G7) in ihrem Eigentum (Anschaffungskosten 600 000 GE), das betrieblich genutzt wird und dessen Buchwert am 31.12.01 600 000 GE beträgt. Der Wert des Grundstücks steigt im Folgejahr auf 700 000 GE. In 03 ermittelt ein Gutachter einen Verkehrswert von 620 000 GE. In 04 steigt der Wert von G7 wieder auf 650 000 GE, aufgrund einer Immobilienkrise in 05 fällt der Wert auf 500 000 GE. In 06 tritt eine Werterholung um 30 000 GE ein. In 07 wird G7 für 630 000 GE netto verkauft (Umsatzsteuer bleibt unberücksichtigt). Das Grundstück soll nach IFRS mit der Neubewertungsmethode bilanziert werden.

Aufgabe

a) Mit welchem Wert ist das Grundstück nach IFRS in den jeweiligen Jahren zu bilanzieren und wie hoch ist die Neubewertungsrücklage (auf latente Steuern ist nicht einzugehen)?
b) Wie ist das Grundstück nach HGB zu behandeln?

Lösung

a) IFRS

Das Grundstück zählt zum Sachanlagevermögen nach IAS 16. IAS 16 erlaubt neben der Bewertung zu den fortgeführten Anschaffungskosten eine Neubewertung (IAS 16.31) mit dem beizulegenden Zeitwert. Für die Bewertung von Grundstücken sind in der Regel fachlich qualifizierte Bewertungen einzuholen (IAS 16.32).

Die Zugangsbewertung erfolgte zu Anschaffungskosten (IAS 16.15): 600 000 GE.

Neubewertung 02: Das Grundstück wird mit 700 000 GE bilanziert, der Neubewertungsrücklage werden 100 000 GE zugeführt, die Werterhöhung erfolgt erfolgsneutral (IAS 16.39).

Unbebaute Grundstücke	100 000	
an Neubewertungsrücklage		100 000

Neubewertung 03: Der Wertansatz erfolgt mit 620 000 GE, die Neubewertungsrücklage ist um 80 000 GE zu verringern und beträgt noch 20 000 GE. Der Wertverlust wird erfolgsneutral erfasst.

Neubewertungsrücklage	80 000	
an Unbebaute Grundstücke		80 000

Neubewertung 04: Der Wertansatz erfolgt mit 650 000 GE, der Neubewertungsrücklage werden 30 000 GE zugeführt, sie beträgt 50 000 GE. Die Werterhöhung erfolgt erfolgsneutral.

Unbebaute Grundstücke	30 000	
an Neubewertungsrücklage		30 000

Neubewertung 05: Der Wertansatz erfolgt mit 500 000 GE, die Neubewertungsrücklage ist vollständig aufzulösen (50 000 GE). Diese Auflösung erfolgt erfolgsneutral. Der verbleibende Wertverlust wird erfolgswirksam als außerplanmäßige Abschreibung des Grundstücks erfasst, es ergibt sich eine Abschreibung i. H.v. 100 000 GE.

Neubewertungsrücklage	50 000	
Abschreibung auf Grundstücke	100 000	
an Unbebaute Grundstücke		150 000

Neubewertung 06: Die Wertaufholung ist erfolgswirksam zu erfassen (vgl. IAS 16.39), der Wertansatz des Grundstücks beträgt 530 000 GE, die Neubewertungsrücklage bleibt bei 0 GE.

Unbebaute Grundstücke	30 000	
an Sonstiger betrieblicher Ertrag		30 000

Verkauf 07: Das Grundstück ist auszubuchen und ein Verkaufserfolg zu erfassen.

Forderungen	630 000	
an Sonstige Erlöse		630 000

Sonstige Erlöse	630 000	
an Unbebaute Grundstücke		530 000
an Erträge aus Abgang von Vermögensgegenständen		100 000

b) HGB

Eine Neubewertung oberhalb der (fortgeführten) Anschaffungskosten ist nach HGB nicht zulässig (§ 253 Abs. 1 HGB). Außerplanmäßige dauerhafte Wertminderungen sind erfolgswirksam durch eine Abschreibung zu erfassen (§ 253 Abs. 3 HGB). Fällt der Grund für eine Abschreibung weg, ist eine Zuschreibung auf die (fortgeführten) Anschaffungskosten vorzunehmen (§ 253 Abs. 5 HGB).

Die Zugangsbewertung erfolgte zu Anschaffungskosten: 600 000 GE.

Bewertung 02: Das Grundstück wird mit 600 000 GE bilanziert, ein Ansatz des Verkehrswertes ist wegen des Realisationsprinzips (§ 252 Abs. 1 Nr. 4 HGB) und des Anschaffungswertprinzips untersagt.

Bewertung 03: Der Wertansatz erfolgt mit 600 000 GE, der Verkehrswert liegt noch über dem Buchwert, trotz der Wertminderung ist keine Abschreibung nötig.

Bewertung 04: Der Wertansatz erfolgt mit 600 000 GE.

Bewertung 05: Der Wertansatz erfolgt mit 500 000 GE, sofern die Wertminderung voraussichtlich dauerhaft ist (gemildertes Niederstwertprinzip, § 253 Abs. 3 HGB). Ist die Wertminderung absehbar vorübergehend, darf keine Abschreibung verbucht werden.

Außerplanmäßige Abschreibung auf Grundstücke	100 000	
an Unbebaute Grundstücke		100 000

Bewertung 06: Die Wertaufholung ist nach § 253 Abs. 5 HGB erfolgswirksam zu erfassen, der Wertansatz des Grundstücks beträgt 530 000 GE.

Unbebaute Grundstücke	30 000	
an Sonstiger betrieblicher Ertrag		30 000

Verkauf 07: Das Grundstück ist auszubuchen und ein Verkaufserfolg zu erfassen.

Guthaben bei Kreditinstituten	630 000	
an Sonstige Erlöse		630 000

Sonstige Erlöse	630 000	
an Unbebaute Grundstücke		530 000
an Erträge aus Abgang von Vermögensgegenständen		100 000

5.10 Als Finanzinvestitionen gehaltene Immobilien (Investment Property)

Sachverhalt

Die Bau AG erwirbt am 02.01.01 ein Bürogebäude als Finanzinvestition zur gewerblichen Vermietung zum Preis von 2 990 000 GE (Umsatzsteuer bleibt unberücksichtigt). Die Nutzungsdauer beträgt 25 Jahre. Am 31.12.01 beläuft sich der Zeitwert auf 3 105 000 GE, am 31.12.02 auf 3 335 000 GE und am 31.12.03 auf 2 220 000 GE (Nettoveräußerungspreis), der Nutzungswert als Barwert zukünftiger Zahlungsüberschüsse aus Mieteinnahmen beträgt am 31.12.03 2 300 000 GE. Der beizulegende Wert nach HGB beträgt am 31.12.03 2 300 000 GE.

Aufgabe

Wie ist das Gebäude in der Bilanz zu erfassen
a) nach HGB,
b) nach IFRS?

Lösung

a) HGB

Das Gebäude ist ein Vermögensgegenstand und wird zunächst mit den Anschaffungskosten in der Bilanz erfasst (2 990 000 GE).

Die Abschreibung erfolgt linear: 2 990 000 GE : 25 Jahre = 119 600 GE. Damit ergeben sich folgende Buchwerte:

31.12.01: 2 990 000 GE ./. 119 600 GE = 2 870 400 GE
31.12.02: 2 870 400 GE ./. 119 600 GE = 2 750 800 GE
31.12.03: 2 750 800 GE ./. 119 600 GE = 2 631 200 GE

Am 31.12.03 muss der Wertverlust, sofern er von Dauer ist, erfolgsmindernd erfasst werden (§ 253 Abs. 3 HGB):

Abschreibung: 2 631 200 GE ./. 2 300 000 GE = 331 200 GE.

b) IFRS

Nach IFRS ist das Gebäude als Finanzinvestition nach IAS 40 zu behandeln, da es sich um eine Investition in nicht betriebsnotwendiges Vermögen handelt (Finanzinvestition, investment property), das weder der Produktion noch Verwaltungszwecken dient oder dessen Verkauf beabsichtigt ist (IAS 40.5), sondern das Mieteinnahmen erzielen soll.

Investment property wird bei Zugang mit den Anschaffungskosten erfasst (IAS 40.20) und kann entweder erfolgswirksam zum beizulegenden Zeitwert (fair value) oder zu fortgeführten Anschaffungskosten bewertet werden (IAS 40.30).

Bewertung zum beizulegenden Zeitwert

Wird die Bewertung zum beizulegenden Zeitwert verwendet, so ist zu jedem Bilanzstichtag der fair value anzusetzen (IAS 40.33) und erfolgswirksam zu verbuchen (IAS 40.35). Eine planmäßige Abschreibung findet nicht statt.

Die Aktivierung erfolgt mit 2 990 000 GE.

Bewertung am 31.12.01:	Es erfolgt eine erfolgswirksame Zuschreibung um 115 000 GE.
Bilanzansatz:	3 105 000 GE
Bewertung am 31.12.02:	Es erfolgt eine erfolgswirksame Zuschreibung um 230 000 GE.
Bilanzansatz:	3 335 000 GE
Bewertung am 31.12.03:	Es erfolgt eine erfolgswirksame Abschreibung um 1 115 000 GE.
Bilanzansatz:	2 220 000 GE

Bewertung mit fortgeführten Anschaffungskosten:
Alternativ kann die Bewertung zu den fortgeführten Anschaffungskosten erfolgen. Zwingend ist dies dann, wenn der beizulegende Zeitwert nicht verlässlich ermittelt werden kann (IAS 40.53). Vom Grundsatz her entspricht dieses Vorgehen der Bilanzierung nach IAS 16 und damit auch in 01 und 02 den Bilanzansätzen nach HGB.

Im Jahr 03 muss die Wertminderung nach IAS 36 behandelt werden. Der erzielbare Betrag ist 2 300 000 GE, also der höhere Wert aus dem Nutzungswert (2 300 000 GE) und dem Nettoveräußerungspreis (2 220 000 GE). Die Abschreibung muss auf den Betrag von 2 300 000 GE erfolgen, also in der Höhe von 2 631 200 GE ./. 2 300 000 GE = 331 200 GE vorgenommen werden.

5.11 Anlagen im Bau

Sachverhalt

Die Bau AG erstellt einen Kran zur betrieblichen Eigennutzung. Der Kran wird am 10.03.01 fertiggestellt und in Betrieb genommen, die Herstellungskosten betrugen 200 000 GE.

Eine Hebebühne, die ebenfalls im eigenen Betrieb hergestellt und genutzt werden soll, ist am 31.12.01 noch nicht fertiggestellt. Der Herstellungsaufwand beläuft sich zum 31.12.01 auf 10 000 GE. Die Hebebühne wird am 18.04.02 in Betrieb genommen. Der Herstellungsaufwand beträgt insgesamt 30 000 GE.

Aufgabe

a) Buchen Sie die Inbetriebnahme des Krans am 10.03.01.
b) Buchen Sie die Teilfertigstellung der Hebebühne am 31.12.01.
c) Buchen Sie die Inbetriebnahme der Hebebühne am 18.04.02.

Lösung

a) Inbetriebnahme Kran

Technische Anlagen und Maschinen	200 000	
an Andere aktivierte Eigenleistungen		200 000

b) Teilfertigstellung Hebebühne

Anlagen im Bau	10 000	
an Andere aktivierte Eigenleistungen		10 000

c) Inbetriebnahme Hebebühne

Technische Anlagen und Maschinen	30 000	
an Anlagen im Bau		10 000
an Andere aktivierte Eigenleistungen		20 000

Nach der Inbetriebnahme wird die Position »Anlagen im Bau« aufgelöst und auf »Technische Anlagen und Maschinen« umgebucht.

5.12 Komponentenansatz

Sachverhalt

Die Bau AG hat am 01.01.01 eine neue Maschine zum Preis von 1 800 000 GE erworben. Die Maschine hat eine betriebsgewöhnliche Nutzungsdauer von 16 Jahren. Sie verfügt über eine Schalteinrichtung, die alle fünf Jahre erneuert werden muss. Die Kosten für den Austausch belaufen sich nach zuverlässiger Schätzung auf 100 000 GE. Alle sechs Jahre findet eine Großinspektion der Maschine statt. Hierfür fallen Kosten i. H.v. 210 000 GE an (alle Werte ohne Vorsteuer).

Aufgabe

Wie hoch sind die Abschreibungen nach IAS 16?

Lösung

Der Komponentenansatz nach IAS 16 fordert eine gesonderte Erfassung der Komponenten der Maschine, die über eine separate Nutzungsdauer verfügen (IAS 16.43f.). Dies gilt hier für die Maschine selbst und die Schalteinrichtung. Beide Komponenten sind als eigenständige Vermögenswerte zu erfassen. Weiterhin ist die Wartungskomponente (IAS 16.14) gesondert zu erfassen, wobei als Anhaltspunkt für den Zugangswert die zukünftigen Ausgaben herangezogen werden können. Die Kosten der Wartungskomponente müssen alle sechs Jahre als nachträgliche Anschaffungskosten aktiviert und über die Nutzungsdauer (sechs Jahre) abgeschrieben werden.

Damit ergibt sich ein differenziertes Bild:

Wartungskomponente:	210 000 GE (Nutzungsdauer 6 Jahre)
Schalteinrichtung:	100 000 GE (Nutzungsdauer 5 Jahre)
Maschine (Rest):	1 490 000 GE (Nutzungsdauer 16 Jahre)

Daraus ergeben sich folgende (lineare) Abschreibungsbeträge:

Wartungskomponente:	35 000 GE
Portionierungseinrichtung:	20 000 GE
Maschine (Rest):	93 125 GE

Nach HGB wird die Maschine einheitlich mit 1 800 000 GE : 16 Jahre = 112 500 GE/Jahr abgeschrieben. Kosten für Wartungen sind nicht aktivierungsfähig, sondern mindern im Jahr der Durchführung den Gewinn in vollem Umfang.

5.13 Arten von Finanzanlagen nach HGB

Sachverhalt

Die Strom AG hat in ihrer Bilanz u. a. folgenden Aktienbesitz ausgewiesen:

1. an der A-AG 51 % des gezeichneten Kapitals,
2. an der B-AG die auch Zulieferer ist, 21 % des gezeichneten Kapitals,
3. an der C-AG ca. 3 % des gezeichneten Kapitals,
   jeweils als **langfristige** Kapitalanlage.
4. Von der D-AG hat die Strom AG kürzlich 10 000 Aktien zu Spekulationszwecken erworben (1 % des gezeichneten Kapitals).

Aufgabe

a) Unter welcher Position sind diese Vermögensgegenstände nach HGB zu erfassen?
b) Wie erfolgt die Bewertung?

Lösung

a) Unter welcher Position sind diese Vermögensgegenstände nach HGB zu erfassen?

Es handelt sich um finanzielle Vermögensgegenstände; sie besitzen einen wirtschaftlichen Vorteil und sind einzelverkehrsfähig. Daher sind sie in der Bilanz zu erfassen (§ 246 Abs. 1 HGB).

1. Da die Strom AG 51 % der Stimmrechte an der A-AG hält, ist die Konzernkonzeption des § 290 HGB erfüllt (Konzept der möglichen Beherrschung) und die A-AG ist Tochterunternehmen. Daher sind die Aktien als Anteile an verbundenen Unternehmen i. S.v. § 271 Abs. 2 HGB unter § 266 Abs. 2 A III. 1 HGB auszuweisen, da eine langfristige Kapitalanlage beabsichtigt ist (§ 247 Abs. 2 HGB Anlagevermögen).
2. Werden mehr als 20 % des Nennkapitals gehalten, so liegt nach § 271 Abs. 1 HGB im Zweifel eine Beteiligung vor. Die B-AG ist Zulieferer, deshalb wird es der Strom AG schwerfallen, die Beteiligungsvermutung zur Herstellung einer dauerhaften Verbindung zu widerlegen. Der Ausweis erfolgt als Beteiligung unter § 266 Abs. 2 A. III. 3 HGB.
3. Der Sachverhalt lässt keinerlei Schluss auf eine beabsichtigte dauerhafte Geschäftsverbindung zu: Der Ausweis erfolgt als Wertpapiere des Anlagevermögens (§ 266 Abs. 2 A. III. 5 HGB).
4. Der Hinweis auf Spekulationszwecke zeigt, dass eine längerfristige Anlage nicht beabsichtigt ist. Die Aktien sind als Wertpapiere des Umlaufvermögens auszuweisen (§ 266 Abs. 2 B. III. 2 HGB); ein verbundenes Unternehmen liegt nicht vor.

b) Wie erfolgt die Bewertung?

Bei Nr. 1–3 gilt das gemilderte Niederstwertprinzip nach § 253 Abs. 3 HGB: Dauerhafte Wertminderungen müssen, vorübergehende Wertminderungen dürfen über eine Abschreibung gewinnmindernd erfasst werden. Für Nr. 4 gilt das strenge Niederstwertprinzip (§ 253 Abs. 4 HGB): Jede Wertminderung ist gewinnmindernd zu erfassen. Fällt der Grund für die Abschreibung fort, ist eine erfolgserhöhende Zuschreibung vorzunehmen (§ 253 Abs. 5 HGB).

5.14 Arten von Finanzinstrumenten nach IFRS

Sachverhalt

Die Wasser AG hält am 31.12.01 verschiedene Wertpapiere in ihrem Depot:

1. Aktien an der X-AG (0,1 % des Grundkapitals) zur langfristigen Geldanlage,
2. Anleihen der Y-AG, die bis zur Endfälligkeit gehalten werden sollen,
3. Futures, fällig zum 20.07.02,
4. eigene Aktien,
5. Aktien an der V-AG zur kurzfristigen Geldanlage.

Weiterhin hat sie folgende Positionen im Jahresabschluss verzeichnet:

6. langfristiges Darlehen an die Z-AG,
7. Forderungen aus Lieferungen und Leistungen,
8. geleistete Anzahlungen.

Aufgabe

Nehmen Sie eine Einteilung dieser Positionen nach IAS 39 vor.

Lösung

Nach den bis 2013 gültigen Klassifizierungen nach IAS 39 ergeben sich folgende Einordnungen:

1. Aktien an der X-AG: Da keine Spekulation betrieben werden soll und keine Hinweise auf eine Zuordnung zu den zum fair-value bewerteten Vermögenswerten vorliegen, erfolgt die Einordnung in die Kategorie »zum Verkauf verfügbar« (available for sale). Diese Wertpapierkategorie dient als Auffangklasse für Wertpapiere, die keiner anderen Kategorie zugeordnet werden können. Die Folgebewertung erfolgt zum fair value und Wertänderungen werden erfolgsneutral im cumulated other comprehensive income erfasst. Wertminderungen sind erfolgswirksam zu erfassen.
2. Anleihen der Y-AG: Die Anleihen sind Wertpapiere, die bis zur Endfälligkeit gehalten werden (held to maturity). Außerplanmäßige Abschreibungen und ggf. folgende Wertaufholungen werden als Aufwand bzw. Ertrag erfolgswirksam erfasst. Wahlweise dürfte auch eine Erfassung als available for sale erfolgen.
3. Futures sind als Derivate den fair-value-bewerteten Papieren als Handelsbestand zuzuordnen (held for trading). Wertänderungen werden erfolgswirksam erfasst.
4. Eigene Aktien: Diese sind nach IAS 32.33 auf der Passivseite vom Eigenkapital abzuziehen.
5. Aktien an der V-AG: Diese werden den zum fair-value-bewerteten Vermögenswerten des Handelsbestandes zugerechnet, da sie der Spekulation dienen. Wertänderungen werden erfolgswirksam erfasst.
6. langfristiges Darlehen an die Z-AG: Zuordnung zur Kategorie nicht börsennotierter Forderungen (loans and receivables), da sie nicht auf dem freien Markt gehandelt werden und originär dem Unternehmen entstanden sind, hier als Bereitstellung liquider Mittel. Abschreibungen und ggf. folgende Wertaufholungen werden als Aufwand bzw. Ertrag erfolgswirksam erfasst. Wahlweise dürfte auch eine Erfassung als available for sale erfolgen.
7. Forderungen aus Lieferungen und Leistungen: Zuordnung zur Kategorie nicht börsennotierter Forderungen (loans and receivables), da sie nicht auf dem freien Markt gehandelt werden und originär dem Unternehmen entstanden sind, hier aus Erbringung von Diensten oder Lieferung

von Waren. Abschreibungen und ggf. folgende Wertaufholungen werden als Aufwand bzw. Ertrag erfolgswirksam erfasst.

8. Geleistete Anzahlungen: Diese sind nach IAS 1.78 b als eigener Posten im Umlaufvermögen auszuweisen.

IFRS 9 regelt mit Gültigkeit ab 2013, dass Wertpapiere nur noch zwei Kategorien zuzuordnen sind:

- zu fortgeführten Anschaffungskosten bewertete Instrumente und
- zum fair value bewertete Instrumente.

Zur Einordnung in die erste Kategorie müssen zwei Bedingungen erfüllt sein (IFRS 9 4.1.2):

1. Das Ziel besteht im Halten der Vermögenswerte zur Realisierung vertraglicher Geldflüsse.
2. Es sind Geldflüsse an festgelegten Zeitpunkten vereinbart, welche ausschließlich Zins und Tilgung auf die ausstehende Kapitalsumme darstellen.

Schuldinstrumente (Anleihen) sind bei Erfüllung dieser Bedingungen zu fortgeführten Anschaffungskosten zu bilanzieren. Sofern ein finanzieller Vermögenswert keines oder nur eines dieser Kriterien erfüllt, ist er zum beizulegenden Zeitwert zu bilanzieren (IFRS 9 4.1.4). Für Eigenkapitalinstrumente (Aktien), die nicht zu Handelszwecken gehalten werden, besteht bei der erstmaligen Bilanzierung ein Wahlrecht zwischen einer erfolgsneutralen Erfassung von Fair-value-Änderungen im other comprehensive income oder einer erfolgswirksamen Bewertung zum fair value. Zu Handelszwecken gehaltene Aktien sind erfolgswirksam zum fair value zu erfassen. Ebenso sind Derivate (z. B. Futures) erfolgswirksam zum fair value zu bewerten.

5.15 Bewertung von Finanzanlagen nach HGB

Sachverhalt

Die Wasser AG hat im Jahr 02 das ehemalige Verwaltungsgebäude verkauft. Die dadurch gewonnenen flüssigen Mittel wurden im November 02 dazu verwendet, 70 % Aktien des Zulieferbetriebs Fluss AG zu erwerben. Auf lange Sicht rechnet der Vorstand der Wasser AG mit kräftigen Gewinnsteigerungen für beide Unternehmen aufgrund dieser gesellschaftsrechtlichen Verbindung. Der Börsenkurs der Aktien im Kaufzeitpunkt betrug 20 Mio. GE (weitere Kosten waren mit dem Kauf nicht verbunden). Am 31.12.02 war der Börsenwert dieser Aktien auf 19 Mio. GE gesunken, im Bilanzaufstellungszeitpunkt am 25.02.03 aber schon wieder auf 20,5 Mio. GE gestiegen.

Zusätzlich hatte die Wasser AG aus Spekulationsgründen zur kurzfristigen Geldanlage 2 000 Aktien der Konsum AG gekauft (2 % der Aktien). Die Aktien wurden zu einem Kurs von 15 GE/Aktie erworben, notierten am 31.12.02 bei 12 GE/Aktie und am 25.02.03 bei 18 GE/Aktie.

Aufgabe

Wie ist nach HGB zum 31.12.02 zu bewerten? Wie wirkt sich die Werterholung in 03 aus? Geben Sie für die Aktien der Fluss AG die Buchungssätze an.

Lösung

Aktien der Fluss AG

Bilanzierung und Zugangsbewertung

Die Aktien gehören zum finanziellen Vermögen und sind nach § 247 Abs. 2 HGB im Anlagevermögen auszuweisen (»auf lange Sicht«).

Nach § 271 Abs. 2 HGB handelt es sich um ein verbundenes Unternehmen, da die Wasser AG 70 % der Aktien der Fluss AG erworben hat. Der Ausweis erfolgt daher im Posten § 266 Abs. 2 A III.1 HGB: »Anteile an verbundenen Unternehmen«.

Die Aktien werden mit den Anschaffungskosten von 20 Mio. GE erfasst.

Anteile an verbundenen Unternehmen	20 Mio.	
an Guthaben bei Kreditinstituten		20 Mio.

Folgebewertung

Im Anlagevermögen gilt das gemilderte Niederstwertprinzip nach § 253 Abs. 3 HGB. Da der Wertverlust vorübergehend ist, hat die Wasser AG ein Wahlrecht, die Wertminderung erfolgswirksam durch eine Abschreibung zu erfassen oder den Wert beizubehalten. Nimmt sie die Abschreibung vor, so erfolgt der Wertansatz mit 19 Mio. GE:

Abschreibungen auf Finanzanlagen	1 Mio.	
an Anteile an verbundenen Unternehmen		1 Mio.

Wertaufholung

Hat die Wasser AG eine Abschreibung zum 31.12.02 vorgenommen, so muss sie die Wertminderung durch eine Zuschreibung rückgängig machen, wenn der Grund entfallen ist (§ 253 Abs. 5 HGB):

Anteile an verbundenen Unternehmen	1 Mio.	
an sonstiger betrieblicher Ertrag		1 Mio.

Eine Zuschreibung über die ursprünglichen Anschaffungskosten hinaus ist nicht zulässig (§ 253 Abs. 1 HGB).

Aktien der Konsum AG

Bilanzierung und Zugangsbewertung

Die Aktien wurden zu Spekulationszwecken gekauft, sie sind daher dem Umlaufvermögen zuzurechnen (Umkehrschluss aus § 247 Abs. 2 HGB) und unter Position § 266 Abs. 2 B III. 2 HGB: »Sonstige Wertpapiere« zu erfassen. Der Wertansatz erfolgt mit den Anschaffungskosten:

2 000 Aktien × 15 GE/Aktie = 30 000 GE

Folgebewertung

Im Umlaufvermögen gilt das strenge Niederstwertprinzip, jede Wertminderung ist unabhängig von ihrer Dauerhaftigkeit zu erfassen (§ 253 Abs. 4 HGB).

2 000 Aktien × 12 GE/Aktie = 24 000 GE.

Die Bilanzierung erfolgt mit dem Wert von 24 000 GE. Es ist eine Abschreibung i. H.v. 6 000 GE zu erfassen.

Wertaufholung
Die Wertminderung muss durch eine Zuschreibung rückgängig gemacht werden, wenn der Grund entfallen ist (§ 253 Abs. 5 HGB). Eine Zuschreibung über die ursprünglichen Anschaffungskosten ist nicht zulässig (§ 253 Abs. 1 HGB). Der Wertansatz erfolgt mit 30 000 GE. Es ist eine Zuschreibung i. H.v. 6 000 GE vorzunehmen.

5.16 Kategorien von Leasinggeschäften nach HGB

Sachverhalt
Die Möbel AG hat mehrere Vermögensgegenstände geleast:

Eine Fertigungsmaschine wurde über 90 Monate unkündbarer Grundmietzeit geleast. Die betriebsgewöhnliche Nutzungsdauer der Maschine beträgt 10 Jahre. Die Summe der Leasingzahlungen ist geringer als die Summe aus Anschaffungskosten und Gewinn des Leasinggebers (Teilamortisationsvertrag). Am Laufzeitende ist die Möbel AG jedoch vertraglich verpflichtet, die Maschine zu einem Preis zu erwerben, der die Kosten und den Gewinn des Leasinggebers abdeckt.

Die Möbel AG least zwölf Computer (Nutzungsdauer 3 Jahre) über 12 Monate. Die Computer haben Anschaffungskosten von netto 500 GE/Stück. Die monatliche Leasingrate beträgt 180 GE. Am Ende des Leasingzeitraums muss die Möbel AG die Computer für 3 000 GE erwerben.

Der Dienstwagen des Vorstandsvorsitzenden wird über eine unkündbare Zeit von 36 Monaten geleast. Die Möbel AG trägt sämtliche laufenden Kosten. Die betriebsgewöhnliche Nutzungsdauer beträgt fünf Jahre. Es liegt ein Vollamortisationsvertrag vor, es gibt keine Kaufoptionen und eine Verlängerung ist ebenfalls nicht vorgesehen.

Eine Furnierpresse wird für die Möbel AG extra gefertigt und über eine Leasinggesellschaft für fünf Jahre geleast. Die betriebsgewöhnliche Nutzungsdauer der Presse beträgt sieben Jahre.

Aufgabe
Wie sind diese Leasingverhältnisse nach HGB zu beurteilen? Erfolgt der Ansatz im Jahresabschluss der Möbel AG?

Lösung
In der Regel wird bei der Beurteilung des Ansatzes von Leasinggegenständen auf die Leasingerlasse der Finanzverwaltung zurückgegriffen. Diese beurteilen die Frage der Bilanzierung anhand der Zurechnung des wirtschaftlichen Eigentums ebenso wie § 246 Abs. 1 Satz 2 HGB.

Fertigungsmaschine: Während der Grundmietzeit werden die Anschaffungskosten zuzüglich Gewinn des Leasinggebers nicht gedeckt. Es liegt ein Finanzierungsleasing in der Form eines Teilamortisationsvertrages vor. Allerdings hat der Leasinggeber am Ende der vertraglichen Laufzeit ein Andienungsrecht: Der Leasinggeber aktiviert die Maschine.

Computer: Es liegt ein Mietkauf vor: Die Leasingdauer umfasst 1/3 der Nutzungsdauer und der Kaufpreis liegt unter dem Buchwert: 12 Computer × 500 GE = 6 000 GE, 6 000 GE : 3 Jahre = 2 000 GE/Jahr, Buchwert nach 12 Monaten: 4 000 GE, Kaufpreis 3 000 GE. Die Möbel AG bilanziert die Computer und eine korrespondierende Verbindlichkeit.

Fahrzeug: Die Grundmietzeit ist geringer als 90 % der betriebsgewöhnlichen Nutzungsdauer: 36 Monate = 3 Jahre / 5 Jahre = 60 %. Der Vertrag ist ein Vollamortisationsvertrag und ohne

Verlängerungs- oder Kaufoption versehen: Es liegt Finanzierungsleasing vor. Der Leasinggeber aktiviert den Pkw und schreibt ihn ab, die Möbel AG setzt die Leasingraten als Aufwand an.

Furnierpresse: Diese Presse ist extra für die Möbel AG angefertigt worden. Es liegt ein Spezialleasing vor. Der Vermögensgegenstand ist von der Möbel AG mit den Anschaffungskosten zu bilanzieren und über die betriebsgewöhnliche Nutzungsdauer von sieben Jahren abzuschreiben. Gleichzeitig hat die Möbel AG eine Leasingverbindlichkeit zu erfassen. Die Leasingraten sind aufzuteilen in einen Tilgungs- und einen Zinsanteil. Der Tilgungsanteil wird von der Möbel AG direkt von der Leasingverbindlichkeit abgesetzt. Der Zinsanteil ist als Aufwand zu erfassen.

5.17 Kategorien von Leasinggeschäften nach IFRS

Sachverhalt

Die Berg AG besitzt eine Maschine (Buchwert 800 000 GE). Um die Liquiditätslage zu verbessern, wird die Maschine an die Kauf und Lease GmbH veräußert und von dieser über eine unkündbare Grundmietzeit von 84 Monaten zurückgeleast. Der Zeitwert und Verkaufswert der Maschine beträgt 900 000 GE, die Restnutzungsdauer 8 Jahre. Die Berg AG hat nach Ende der Mietzeit eine Kaufoption i. H.d. Restbuchwertes, sie trägt alle Risiken und Chancen.

Eine für die Berg AG nach deren Angaben gefertigte Abbaumaschine (Nutzungsdauer 8 Jahre) wird über eine Leasinggesellschaft finanziert und über einen unkündbaren Leasingvertrag über 84 Monate geleast.

Eine Straßenwalze (Nutzungsdauer 6 Jahre) wird auf unbestimmte Zeit von der Berg AG geleast. Die Leasinggesellschaft trägt sämtliche Kosten für Versicherung, Wartung etc. Die Berg AG kann den Leasingvertrag halbjährlich kündigen.

Es werden Fahrzeuge geleast (Nutzungsdauer 5 Jahre), der unkündbare Leasingvertrag läuft über 42 Monate. Am Ende der Laufzeit hat die Berg AG das Recht, die Fahrzeuge für 50 % des Marktwertes zu kaufen.

Aufgabe

Wie sind diese Leasingverhältnisse nach IFRS zu beurteilen? Erfolgt der Ansatz im Jahresabschluss der Berg AG?

Lösung

Nach IFRS wird zwischen finance lease und operating lease unterschieden (IAS 17). »Ein Finanzierungsleasing ist ein Leasingverhältnis, bei dem im Wesentlichen alle mit dem Eigentum verbundenen Risiken und Chancen eines Vermögenswertes übertragen werden. Dabei kann letztendlich das Eigentumsrecht übertragen werden oder nicht. Ein Operating-Leasingverhältnis ist ein Leasingverhältnis, bei dem es sich nicht um ein Finanzierungsleasing handelt.« (IAS 17.4).

Maschine: Es handelt sich um eine Sale-and-lease-back-Transaktion (IAS 17.58-66). Es liegt ein Finance-lease-Geschäft vor, da die Chancen und Risiken bei der Berg AG liegen und eine Kaufoption eingeräumt wurde. Die Berg AG aktiviert daher den Vermögenswert und erfasst gleichzeitig eine Verbindlichkeit. Der Veräußerungsgewinn (100 000 GE) muss über die Laufzeit erfolgswirksam verteilt werden (IAS 17.59).

Abbaumaschine: Die Vertragslaufzeit nimmt den überwiegenden Teil (7 Jahre) der Nutzungsdauer (8 Jahre) ein. Hieraus ergibt sich die Einordnung als finance lease (IAS 17.10 c) ebenso wie aus der Tatsache, dass es sich um eine Spezialanfertigung handelt (IAS 17.10 e). Die Berg AG bilanziert den Leasinggegenstand und eine Verbindlichkeit. Der zu aktivierende Wert ist der geringere Wert aus dem beizulegenden Zeitwert (fair value) und dem Barwert der Mindestleasingzahlungen. Dieser Wert zuzüglich Nebenkosten wird über die Laufzeit abgeschrieben (IAS 17.27). Die Verbindlichkeit wird entsprechend dem Tilgungsanteil jährlich gemindert.

Straßenwalze: Es handelt sich um ein operating lease, da die Chancen und Risiken beim Leasinggeber liegen. Die Berg AG erfasst die Leasingzahlungen als Aufwand, der Leasinggeber aktiviert den Vermögenswert und schreibt ihn ab.

Fahrzeuge: Nach IAS 17.10 b liegt ein finance lease vor, wenn der Preis einer Kaufoption unter dem fair value liegt. Die Berg AG aktiviert die Fahrzeuge und schreibt sie ab, gleichzeitig erfasst sie eine Verbindlichkeit und mindert diese entsprechend der Tilgung jährlich.

6 Bilanzierung und Bewertung des Umlaufvermögens

6.1 Vorräte: Anschaffungs-/Herstellungskosten und strenges Niederstwertprinzip

Sachverhalt

Am Ende des Geschäftsjahres 08 hat die Auto AG für einen Kunden das Produkt X fast fertiggestellt. Es handelt sich um ein Massenprodukt, welches individuell angepasst wird. Angefallen sind bis 31.12.08 8 000 GE an Herstellungskosten; es werden bis zur endgültigen Fertigstellung noch weitere 2 000 GE an Herstellungskosten erwartet. An Verwaltungs- und Vertriebsgemeinkosten wird mit noch anfallenden Kosten i. H.v. 1 500 GE gerechnet. Produkte dieser Art werden am Markt für 11 900 GE (dieser Wert enthält 19 % Umsatzsteuer) angeboten.

Aufgabe

a) Welcher HGB-Bilanzposten im Jahresabschluss der Auto AG per 31.12.08 wird durch diesen Vorgang verändert?

b) Mit welchem Wert geht obiger Vorgang in den Jahresabschluss der Auto AG per 31.12.08 nach HGB bzw. IFRS ein?

Lösung

a) Welcher HGB-Bilanzposten im Jahresabschluss der Auto AG per 31.12.08 wird durch diesen Vorgang verändert?

Der nicht fertiggestellte Auftrag wird im Jahresabschluss 08 unter § 266 Abs. 2 B I Nr. 2 HGB »unfertigen Erzeugnissen/unfertige Leistungen« ausgewiesen.

b) Mit welchem Wert geht obiger Vorgang in den Jahresabschluss der Auto AG per 31.12.08 nach HGB bzw. IFRS ein?

HGB

Das strenge Niederstwertprinzip (§ 253 Abs. 4 HGB) bestimmt, dass der niedrigere Wert aus Herstellungskosten und Börsen- oder Marktpreis bzw. beizulegendem Wert anzusetzen ist. Es ist deshalb ein Niederstwerttest notwendig. Nach § 252 Abs. 1 Nr. 4 HGB sind Vorräte verlustfrei zu bewerten, d. h. vorhersehbare Verluste sind vorwegzunehmen. Dieser Niederstwerttest wird retrograd ausgehend vom möglichen Verkaufspreis oder progressiv (Vergleich Börsen-/Marktpreis zu hochgerechnetem Verkaufspreis (ohne Gewinnzuschlag)) vorgenommen.

Progressive Ermittlung

Herstellungskosten bisher	8 000 GE
+ Noch anfallende Herstellungskosten	2 000 GE
+ Noch anfallende Verwaltungs- und Vertriebsgemeinkosten	1 500 GE
= Selbstkosten	11 500 GE
Börsen-/Marktpreis ohne Umsatzsteuer	10 000 GE
./. Selbstkosten	11 500 GE
Differenz = möglicher Verlust	1 500 GE

Aufgrund der verlustfreien Bewertung ist dieser Wert von den bisher angefallenen Herstellungskosten zu kürzen.

Bilanzansatz somit 8 000 GE ./. 1 500 GE = 6 500 GE

Retrograde Ermittlung

Verkaufspreis (netto):	10 000 GE
./. Noch anfallende Herstellungskosten	2 000 GE
./. Noch anfallende Verwaltungs- und Vertriebsgemeinkosten	1 500 GE
=	6 500 GE

Vergleich mit den Herstellungskosten: 8 000 GE ./. 6 500 GE = 1 500 GE.

Dieser mögliche Verlust ist aufwandswirksam zu erfassen.

Bestandsveränderung (Minderung)	1 500	
an Unfertige Erzeugnisse		1 500

IFRS

Zunächst ist zu prüfen, ob ein Fertigungsauftrag (IAS 11) vorliegt. Ein Fertigungsauftrag ist »ein Vertrag über die kundenspezifische Fertigung einzelner Gegenstände oder einer Anzahl von Gegenständen, die hinsichtlich Design, Technologie und Funktion oder hinsichtlich ihrer Verwendung aufeinander abgestimmt oder voneinander abhängig sind« (IAS 11.3). Dies ist bei einem Massenprodukt auch dann nicht der Fall, wenn kundenspezifische Anpassungen vorgenommen werden.

Somit erfolgt die Behandlung nach IAS 2. Das Vorgehen nach IAS 2 unterscheidet sich nicht grundlegend von der HGB-Bilanzierung. Es wird der Nettoveräußerungswert bestimmt. Ist dieser niedriger als der Buchwert, so ist auf den Nettoveräußerungswert abzuschreiben (IAS 2.9). Der Nettoveräußerungswert ist definiert als geschätzter Netto-Verkaufspreis abzüglich noch anfallender Herstellungs- und Verkaufskosten. Er entspricht hier dem beizulegenden Wert. Auf diesen Wert ist abzuschreiben.

6.2 Festwert

Sachverhalt

Im Zwischenlager der Auto AG liegt eine Mindestreserve von Rohstoffen bereit. Der Bestand ist konstant, d. h. er wird mit der nächsten Lieferung aufgefüllt, wenn die Produktion die Reserve angreift. Der für diesen eisernen Bestand gebildete Festwert beträgt 20 000 GE. Der beizulegende Wert für diese Rohstoffe beläuft sich am 31.12.01 auf 19 000 GE. Das Vermögen ist in der Bilanz mit 8,9 Mio. GE ausgewiesen. Im Jahr 01 mussten für 2 000 GE (netto) verbrauchte Rohstoffe aus dem eisernen Bestand auf Ziel ersatzbeschafft werden.

Aufgabe

a) Wie lautet der Bilanzansatz für den eisernen Bestand nach HGB?
b) Wie lautet der Buchungssatz für die Ersatzbeschaffung?
c) Wie ist der eiserne Bestand nach IFRS zu behandeln?

Lösung

a) Wie lautet der Bilanzansatz für den eisernen Bestand nach HGB?

Es handelt sich um Rohstoffe, die regelmäßig ersetzt werden, deren Wert (im Vergleich zum Gesamtvermögen i. H.v. 8,9 Mio. GE) von nachrangiger Bedeutung ist und deren Bestand in Größe, Wert und Zusammensetzung nur geringen Veränderungen unterliegt. Der Bestand darf mit einer gleichbleibenden Menge und einem gleichbleibenden Wert angesetzt werden (§ 240 Abs. 3 HGB). Dieser Festwert darf aufgrund von § 256 Satz 2 HGB auch in der Bilanz angesetzt werden. Der Festwert ist in der Bilanz mit einem Wert von 20 000 GE enthalten. Auch wenn der beizulegende Wert geringer ist, kann der Festwert trotz des strengen Niederstwertprinzips des § 253 Abs. 4 HGB beibehalten werden. Es ist der Zweck eines Festwertes, dass geringe Wertschwankungen unbeachtet bleiben.

b) Wie lautet der Buchungssatz für die Ersatzbeschaffung?

Rohstoffaufwand	2 000	
Vorsteuer	380	
an Verbindlichkeiten aus Lieferungen und Leistungen		2 380

Bei einem Festwertansatz wird die tatsächliche Entnahme aus dem eisernen Bestand nicht gebucht und die Ersatzbeschaffung sofort als Aufwand erfasst. Dadurch werden Schwankungen des körperlichen Bestandes nicht berücksichtigt. Dies steht jedoch unter dem Vorbehalt, dass der Wert vergleichsweise unerheblich ist. Da die Beschaffung auf Ziel erfolgt, wird das Konto Verbindlichkeiten angesprochen.

c) Wie ist der eiserne Bestand nach IFRS zu behandeln?

Einen Festwertansatz kennen die IFRS nicht. Dennoch erscheint es aus dem Wesentlichkeitsgrundsatz (F. 29 f.) heraus zulässig, einen Festwert anzusetzen, wenn – wie hier – die Voraussetzungen des § 240 Abs. 3 HGB erfüllt sind. Das Ergebnis entspricht dann dem Vorgehen nach HGB unter a) und b).

Grundsätzlich gilt, dass Rohstoffe nur dann mit dem geringeren Wert angesetzt werden müssen, wenn das Produkt, in das sie eingehen (sollen), nicht mit Gewinn veräußert werden kann (IAS 2.32).

6.3 Gruppenbewertung

Sachverhalt

Die Auto AG hat zum 31.12.01 einen Lagerbestand an Rohstoff Typ B von 400 Tonnen. Die Lagerbuchhaltung weist folgende Daten aus:

	Tonnen	GE
Anfangsbestand 01.01.	300	31 500
Zugang 20.02.	400	43 500
Abgang 18.03.	500	
Zugang 27.06.	400	42 500
Abgang 08.08.	500	
Zugang 10.10.	300	33 000

Aufgabe

Ermitteln Sie den Bilanzwert zum 31.12.01 nach dem gewogenen Durchschnittswertverfahren. Ist dieses Verfahren nach HGB bzw. IFRS zulässig, wenn der Marktwert des Rohstoffes B bei 105 GE/t liegt und das Fertigprodukt, in das B eingeht, mit Gewinn veräußert werden kann?

Lösung

	t	GE
Anfangsbestand 01.01.	300	31 500
Zugang 20.02.	400	43 500
Zugang 27.06.	400	42 500
Zugang 10.10.	300	33 000
	1 400	150 500

Durchschnittspreis: 150 500 GE : 1 400 t	=	107,50 GE/t
Zugänge	=	150 500,00 GE
./. Abgänge 1 000 t zu 107,50 GE/t	=	107 500,00 GE
= Endbestand 400 t zu 107,50 GE/t	=	43 000,00 GE

HGB

Die Gruppenbewertung ist nach § 240 Abs. 4 HGB i. V. m. § 256 Satz 2 HGB zulässig, sofern es sich um gleichartige Vermögensgegenstände des Vorratsvermögen handelt oder um andere gleichartige oder annähernd gleichwertige bewegliche Vermögensgegenstände und Schulden. Zur Ermittlung des gewogenen Durchschnitts ist die Kenntnis der Einzelwerte nötig.

Wegen des strengen Niederstwertprinzips im Umlaufvermögen (§ 253 Abs. 4 HGB) ist der niedrigere Marktwert in der Bilanz anzusetzen:

105 GE/t × 400 t = 42 000 GE.

Der Bilanzansatz erfolgt mit 42 000 GE.

IFRS

Nach IFRS 2.25 ist das Durchschnittswertverfahren bei Vermögensgegenständen zulässig, die unter normalen Bedingungen austauschbar sind und/oder nicht für spezielle, abgrenzbare Projekte angeschafft oder hergestellt wurden. Sonst sind die individuellen AHK zu ermitteln (IAS 2.23).

Eine Abschreibung erfolgt auf den Nettoveräußerungswert nur dann, wenn das Endprodukt, in das der Rohstoff eingehen soll, nicht mehr mit Gewinn verkauft werden kann (IAS 2.32). Ist dies nicht der Fall, so werden als Vergleichsmaßstab die Wiederbeschaffungswerte herangezogen.

Im vorliegenden Fall wird das Endprodukt mit Gewinn veräußert. Die Bewertung erfolgt mit 43 000 GE.

6.4 Verbrauchsfolgeverfahren und Durchschnittswert

Sachverhalt

Die Auto AG verzeichnete folgende Zu- und Abgänge für die Vorräte an Rohstoff Typ A:

01.01.06	Anfangsbestand	50 t	zu 90 GE/t =	4 500 GE
16.03.06	Zugang	80 t	zu 100 GE/t =	8 000 GE
05.07.06	Zugang	110 t	zu 80 GE/t =	8 800 GE
20.10.06	Zugang	60 t	zu 105 GE/t =	6 300 GE
Summe		**300 t**		**27 600 GE**

31.12.06 Endbestand lt. Inventur 90 t

Aufgabe

a) Ermitteln Sie den Bilanzansatz mit Hilfe des Durchschnittswertverfahrens sowie des Perioden-First-in-First-Out-Verfahrens (FIFO) und des Perioden-Last-in-First-Out-Verfahrens (LIFO).

b) Welche Verbrauchsfolgeverfahren sind nach HGB und welche nach IFRS zulässig?

Lösung

a) Ermitteln Sie den Bilanzansatz mit Hilfe des Durchschnittswertverfahrens sowie des Perioden-First-in-First-out-Verfahrens (FIFO) und des Perioden-Last-in-First-out-Verfahrens (LIFO)

Gewogener Durchschnitt

Durchschnittspreis = 27 600 GE : 300 t = 92 GE/t

Anschaffungskosten = 90 t × 92 GE/t = 8 280 GE

Perioden-FIFO-Verfahren

Unterstellt wird, dass die zuerst beschafften Rohstoffe auch zuerst verbraucht werden. Somit sind nur noch die zuletzt beschafften Rohstoffe im Lager.

Endbestand = 90 t, stammt aus:

Zugang vom 20.10.06	60 t zu 105 GE/t =	6 300 GE
Zugang vom 05.07.06	30 t zu 80 GE/t =	2 400 GE
Endbestand	**90 t**	**8 700 GE**

Perioden-LIFO-Verfahren

Unterstellt wird, dass die zuletzt beschafften Rohstoffe zuerst verbraucht werden. Somit sind nur noch die zuerst beschafften Rohstoffe im Lager.

Endbestand = 90 t, stammt aus:

Anfangsbestand vom 01.01.06	50 t zu 90 GE/t =	4 500 GE
Zugang vom 16.03.06	40 t zu 100 GE/t =	4 000 GE
Endbestand	**90 t**	**8 500 GE**

b) Welche Verbrauchsfolgeverfahren sind nach HGB und welche nach IFRS zulässig?

HGB

Nach HGB sind als Verbrauchsfolgeverfahren (Sammelbewertungsverfahren) das LIFO- und das FIFO-Verfahren zulässig (§ 256 Satz 1 HGB), sofern sie GOB-gemäß sind und sich auf gleichartige Vermögensgegenstände des Vorratsvermögens beziehen. Dabei sind Verstöße gegen GOB allerdings unvermeidlich, denn das Prinzip der Richtigkeit wird i. d. R. verletzt werden. Da es aber Sinn und Zweck der Verfahren ist, eine Vereinfachung zu erreichen, wird das Kriterium der GOB-Entsprechung großzügig auszulegen sein (vgl. Baetge/Kirsch/Thiele, Bilanzen, 10. Auflage, Düsseldorf 2009, 352 f.). Der Grundsatz der Wirtschaftlichkeit tritt in den Vordergrund. Allerdings ist dies nicht zulässig, wenn der Aspekt der Wirtschaftlichkeit im Vergleich zum begangenen Fehler nur geringes Gewicht hat, so z. B. bei der Bewertung von Edelmetallen, deren Anschaffungskosten leicht festgestellt werden können.

IFRS

Die IFRS erlauben neben dem Durchschnittswertverfahren nur das FIFO-Verfahren, sofern die Vermögenswerte unter normalen Bedingungen austauschbar sind und/oder nicht für spezielle, abgrenzbare Projekte angeschafft oder hergestellt wurden. Das LIFO-Verfahren ist nicht zulässig (IAS 2.25).

6.5 Verbrauchsfolgeverfahren und Niederstwert

Sachverhalt

Die Auto AG hat in 02 den Endbestand an Blech zu bewerten. Folgende Lagerbewegungen ereigneten sich im laufenden Jahr:

Anfangsbestand	10 t zu	600 GE/t
19.01. Zugang	5 t zu	625 GE/t
01.02. Abgang	13 t	
05.07. Zugang	8 t zu	525 GE/t
25.07. Abgang	5 t	
25.08. Zugang	30 t zu	650 GE/t
22.11. Abgang	17 t	

Aufgabe

a) Ermitteln Sie den Wert des Endbestandes (= 18 t) nach dem Perioden-FIFO und dem Perioden-LIFO-Verfahren.

b) Welcher Wert geht nach HGB und IFRS in den Jahresabschluss zum 31.12.02 ein? (Der Marktwert der 18 t Blech am Bilanzstichtag beträgt 9 500 GE, das Endprodukt wird mit Verlust verkauft.)

c) Wie ist nach HGB und IFRS zu verfahren, wenn der Grund der Wertminderung später wegfällt?

Lösung

a) Ermitteln Sie den Wert des Endbestandes (= 18 t) nach dem Perioden-FIFO und dem Perioden-LIFO-Verfahren.

Perioden-FIFO-Verfahren

Die Annahme lautet, dass der Endbestand von 18 t aus dem letzten Zugang (30 t) zu 650 GE stammt:

18 t zu 650 GE/t = 11 700 GE

Perioden-LIFO-Verfahren

Die Annahme lautet, dass der Endbestand von 18 t aus dem Anfangsbestand und den ersten Zugängen stammt:

Anfangsbestand	10 t zu 600 GE/t =	6 000 GE
19.01. Zugang	5 t zu 625 GE/t =	3 125 GE
05.07. Zugang	3 t zu 525 GE/t =	1 575 GE
Endbestand		10 700 GE

b) Welcher Wert geht in den Jahresabschluss zum 31.12.02 ein?

Nach § 253 Abs. 4 HGB ist der niedrigere Börsen- oder Marktwert der Rohstoffe heranzuziehen (strenges Niederstwertprinzip). Der Bilanzansatz erfolgt mit 9 500 GE.

Nach IAS 2.32 ist in diesem Fall ebenfalls eine Abschreibung auf den Nettoveräußerungswert vorzunehmen. Bester Schätzer des Nettoveräußerungswertes sind in diesem Fall die Wiederbeschaffungswerte. Es erfolgt ein Ansatz mit 9 500 GE.

c) Wie ist zu verfahren, wenn der Grund der Wertminderung später wegfällt?

Eine spätere Wertaufholung führt nach HGB zu einer Zuschreibung (§ 253 Abs. 5 HGB) bis maximal zu den ursprünglichen AHK.

Ähnlich ist das Vorgehen nach IFRS: Der Nettoveräußerungswert ist jährlich zu prüfen und bei einer Wertaufholung muss zugeschrieben werden (IAS 2.33). Obergrenze bilden die ursprünglichen AHK.

6.6 Pauschalwertberichtigung

Sachverhalt

Zum 31.12.05 bestehen bei der Auto AG keine zweifelhaften Forderungen. Die »guten«, d. h. unzweifelhaften Forderungen aus Lieferungen und Leistungen betragen (einschließlich 19 % Umsatzsteuer) 595 000 GE. Nach den Erfahrungen des letzten Jahres wird mit einem Forderungsausfall von 3 % gerechnet. Es ist erstmals eine pauschale Wertberichtigung zu bilden.

Aufgabe

Ist eine Pauschalwertberichtigung nach HGB und IFRS zulässig und in welcher Höhe ist diese ggf. zu bilden?

Lösung

HGB

Das Vorsichtsprinzip und das Imparitätsprinzip (§ 252 Abs. 1 Nr. 4 HGB) fordern eine Berücksichtigung aller vorhersehbaren Risiken und Verluste. Daher sind auch bei den scheinbar »guten« Forderungen aufgrund von Erfahrungswerten der Vergangenheit Wertberichtigungen vorzunehmen, um eventuell bestehende, aber bisher unbekannte Forderungsausfälle zu berücksichtigen (allgemeines Kreditrisiko). In diesem Fall bildet man eine Pauschalwertberichtigung (PWB). Der Prozentsatz der PWB bemisst sich aus den Erfahrungen der Vergangenheit. Bemessungsgrundlage sind die um eventuelle einzelwertberichtigte Forderungen verminderten (»guten«) Forderungen ohne Umsatzsteuer:

Gesamtbestand der Forderungen	595 000 GE
./. Zweifelhafte Forderungen	0 GE
./. 19 % Umsatzsteuer	95 000 GE
Bemessungsgrundlage (»gute« Forderungen)	500 000 GE
PWB = 3 % von 500 000 GE	15 000 GE

Der Bilanzansatz der Forderungen lautet somit: 595 000 GE ./. 15 000 GE = 580 000 GE.

Einstellungen in PWB	15 000	
an PWB zu Forderungen		15 000

Da Kapitalgesellschaften keinen Passivposten »Wertberichtigungen« ausweisen dürfen, wird das Konto PWB auf der Aktivseite der Bilanz von den Forderungen aus Lieferungen und Leistungen abgesetzt.

IFRS
Eine klassische PWB kennen die IFRS nicht. Allerdings sind die Vermögenswerte, die nicht einzelbewertet werden, zu Risikoklassen zusammenzufassen. Dadurch wird eine unternehmensbezogene PWB mit Durchschnittswerten der Vergangenheit in Bezug auf die einzelnen Risikoklassen ermöglicht (IAS 39.64). Dieses Vorgehen ist nötig bei Forderungen, bei denen kein individuelles Risiko feststellbar ist. Es ist zulässig bei Forderungen, die auf Grund geringer Bedeutung nicht einzeln betrachtet werden müssen.

6.7 Auflösung einer Pauschalwertberichtigung

Sachverhalt
Auf dem Konto Pauschalwertberichtigungen zu Forderungen sind aus dem Vorjahr 04 noch 20 000 GE vermerkt. Für den Abschluss 05 sind zum Bilanzstichtag keine Forderungen mehr offen. Alle Kunden sind ihren Verpflichtungen voll nachgekommen.

Aufgabe
Wie ist das Konto PWB im Jahresabschluss zum 31.12.05 zu behandeln?

Lösung
Das Konto PWB wird nur am Geschäftsjahresende angesprochen und nur die Veränderungen der PWB werden gebucht. Dabei ergibt sich die Veränderung der PWB als Differenz des alten Bestandes und des neuen Bestandes:

Alte PWB	20 000 GE
./. Neue PWB	0 GE
Herabsetzung	20 000 GE

PWB zu Forderungen	20 000	
an Ertrag aus der Herabsetzung der PWB		20 000

6.8 Einzel- und Pauschalwertberichtigung

Sachverhalt

Zum 31.12.08 weist die Auto AG einen Bestand an einwandfreien Forderungen aus Lieferungen und Leistungen von 352 240 GE (inklusive 19 % Umsatzsteuer) aus. Folgende Sachverhalte werden vor Aufstellung des Jahresabschlusses zum 31.12.08 bekannt:

1. Die Forderung an die Stahl OHG (3 570 GE brutto) ist am 15.12.08 endgültig und vollständig uneinbringlich.
2. Die Forderung an die Blech GmbH über 9 520 GE brutto ist wegen eines am 20.12.08 beantragten Insolvenzverfahrens zweifelhaft geworden. Es wird mit einem Drittel Forderungsausfall gerechnet. Eine EWB ist bislang nicht verbucht.
3. Aus Erfahrungswerten der Vergangenheit weiß die Auto AG, dass ca. 3 % der guten Forderungen ausfallen werden. Die PWB beträgt am Ende des Vorjahres 8 000 GE.

Aufgabe

Wie sind diese Fälle im Jahresabschluss der Auto AG zum 31.12.08 nach HGB und IFRS zu berücksichtigen? Geben Sie die Buchungssätze an.

Lösung

HGB

Der Grundsatz der Einzelbewertung (§ 252 Abs. 1 Nr. 3 HGB) gilt auch für Forderungen. Deshalb sind am Bilanzstichtag grundsätzlich sämtliche Forderungen einzeln auf Werthaltigkeit zu prüfen. Forderungen sind dem Umlaufvermögen zuzurechnen (§ 247 Abs. 2 HGB). Sie unterliegen damit dem strengen Niederstwertprinzip (§ 253 Abs. 4 HGB).

Die Forderung gegen die Stahl OHG ist endgültig ausgefallen. Sie ist auszubuchen und die Umsatzsteuer ist zu korrigieren:

Abschreibungen auf Forderungen	3 000	
Umsatzsteuer-Korrektur	570	
an Forderungen aus Lieferungen und Leistungen		3 570

Die Forderung gegen die Blech GmbH ist zweifelhaft geworden. Der voraussichtliche Ausfall ist zu schätzen und eine Einzelwertberichtigung zu bilden. Die Umsatzsteuer darf noch nicht korrigiert werden, da sie als »durchlaufender Posten« kein Ausfallrisiko beinhaltet:

9 520 : 1,19 = 8 000 GE × 1/3 = 2 666,67 GE

Einstellungen in EWB	2 666,67	
an EWB zu Forderungen		2 666,67

Die PWB ist von dem um einzelwertberichtigte Forderungen verminderten Forderungsbestand (netto) zu bilden, da es sonst zu einer doppelten Berücksichtigung hinsichtlich der Wertberichtigung käme.

Gesamtbestand an Forderungen:	352 240 GE	
./. Forderung Stahl OHG	3 570 GE	
./. Forderung Blech GmbH	9 520 GE	
»Gute« Forderungen	339 150 GE	
./. Umsatzsteuer (19 %)	54 150 GE	
= Nettobetrag	285 000 GE	
davon 3 %	8 550 GE	
Bestand PWB	8 000 GE	
Benötigte PWB	8 550 GE	
Heraufsetzung	550 GE	
Einstellungen in PWB	550	
an PWB zu Forderungen		550

IFRS

Nach IAS 39.58 ist jährlich zu prüfen, ob bei Forderungen eine Wertminderung zu befürchten steht. Hinweise hierauf können ausbleibende oder verzögerte Zins- und Tilgungszahlungen sein sowie Stundungen oder Prolongationen der Kreditlaufzeit, wenn diese ohne finanzielle Schwierigkeiten des Schuldners nicht gewährt werden würden.

Ergibt sich aus der Beurteilung eine drohende Wertminderung, so sind Buchwert und Barwert der noch erwarteten Zahlungseingänge zu vergleichen. Bei kurzfristigen Forderungen ist eine Abzinsung nicht nötig.

Bei der Stahl OHG ist der Barwert künftiger Zahlungen gleich 0. Bei der Blech GmbH erfolgt die Abschreibung auf den geschätzten einbringlichen Betrag. In beiden Fällen ergibt sich dasselbe Ergebnis wie nach HGB.

Eine PWB im traditionellen Sinne kennen die IFRS nicht, doch kann über IAS 39.64 analog bilanziert werden.

6.9 Forderungsbewertung

Sachverhalt

Die Auto AG hat in 01 verschiedene Forderungen:

- Eine Forderung aus Lieferungen und Leistungen vom 31.12.01 gegen die Räder GmbH über 119 000 GE einschließlich 19 % Umsatzsteuer, die am 31.01.02 zu zahlen ist.
- Der Wald AG räumte sie ein Darlehen über 80 000 GE ein, das über fünf Jahre läuft und mit 8 % (entspricht dem Marktzinssatz) verzinst wird.
- Der Glas AG gegenüber hat die Auto AG eine Forderung aus Lieferungen und Leistungen über netto 200 000 GE, das Zahlungsziel beträgt zwei Jahre. Die Forderung wird nicht verzinst.
- Ein weiteres Darlehen wurde der KFZ GmbH gewährt, die eine 100 %ige Tochter der Auto AG ist. Es ist zinslos und läuft über zehn Jahre.

Aufgabe

Wie sind diese Forderungen im Jahresabschluss zum 31.12.01 bei der Auto AG nach HGB zu erfassen?

Lösung

Räder GmbH: Die Forderung ist unverzinslich und müsste grundsätzlich mit dem Barwert angesetzt werden. Bei Forderungen mit einer Laufzeit von unter einem Jahr kann darauf jedoch verzichtet werden.

Wald AG: Das Darlehen ist dem Anlagevermögen zuzurechnen (§ 247 Abs. 2 HGB). Da es marktüblich verzinst wird, braucht es nicht abgezinst ausgewiesen werden.

Glas AG: Es liegt eine Forderung vor, die dem Umlaufvermögen zuzurechnen ist, auch wenn sie länger als ein Jahr besteht. Die Forderung ist abzuzinsen, da sie nicht mit dem Marktzins verzinst ist. Der Nennbetrag der Forderung enthält einen verdecken Zinsanteil, da vermutet werden muss, dass ein höherer Kaufpreis vereinbart wurde als bei einem Bargeschäft. Eine Realisierung bei Entstehung der Forderung wäre ein Verstoß gegen das Realisationsprinzip, der Zinsanteil darf erst während der Laufzeit durch Aufzinsung realisiert werden (vgl. Baetge/Kirsch/Thiele, Bilanzen, 10 Auflage, Düsseldorf 2009, 326).

KFZ GmbH: Die KFZ GmbH ist Tochterunternehmen der Auto AG, es liegt daher eine Ausleihung an verbundene Unternehmen vor, die im Anlagevermögen erfasst wird. Das Darlehen ist zinslos gewährt worden, daher ist es abzuzinsen. Es ist eine außerplanmäßige Abschreibung auf den beizulegenden Wert (Barwert) vorzunehmen. Über die Laufzeit des Darlehens muss die Auto AG eine Zuschreibung bis zur Höhe des Nennbetrages vornehmen.

6.10 Fremdwährungsforderung

Sachverhalt

Die Auto AG liefert am 20.12.01 500 Stück des Produkts D an die Car Co. in Chicago, U.S.A. zum Preis von 500 USD/Stück. Die Zahlung ist am 20.01.02 fällig.
Der Wechselkurs am 20.12.01 beträgt: Geld 1 GE = 1,12 USD; Brief 1 GE = 1,20 USD.
Am Bilanzstichtag 31.12.01 ist der Wechselkurs: Geld 1 GE = 1,05 USD; Brief 1 GE = 1,15 USD.

Aufgabe

Wie ist die Forderung in der Bilanz der Auto AG nach HGB bzw. IFRS zu erfassen?

Lösung

Das HGB fordert eine Umrechnung zum Devisenkassamittelkurs (§ 256 a HGB):

Devisenkassamittelkurs = (1,05 + 1,15) : 2 = 1,10 USD.

Die Forderung hat eine Zahlungsfrist von weniger als einem Jahr. Daher sind nach § 256 a Satz 2 HGB das Realisations-, Imparitäts- und Anschaffungswertprinzip (§ 253 Abs. 1 Satz 1 und § 252 Abs. 1 Nr. 4 Halbsatz 2 HGB) nicht anzuwenden. Die Forderung wird daher oberhalb der Anschaffungskosten bilanziert.

Anschaffungskosten: 500 Stück × 500 USD/Stück = 250 000 USD
Devisenkassamittelkurs am 20.12.01: (1,12 + 1,20) : 2 = 1,16
Anschaffungskosten in GE: 250 000 USD : 1,16 = 215 517,24 GE

Bilanzansatz der Forderung: 250 000 GE : 1,10 = 227 272,73 GE.

Es resultiert ein Ertrag aus der Währungsumrechnung i. H. v. 11 755,49 GE, der nach § 277 Abs. 5 Satz 2 HGB gesondert auszuweisen ist.

Nach IFRS erfolgt die Umrechnung ebenfalls mit dem Kassakurs am Bilanzstichtag (IAS 21.23). Eine Anwendung des Mittelwertes wird wegen des Wesentlichkeitsgrundsatzes für zulässig angesehen.

6.11 Langfristige Fertigungsaufträge (I)

Sachverhalt

Die Bau-AG stellt ein Autobahnteilstück her, die Bauarbeiten beginnen im Jahr 03 und sollen drei Jahre dauern. Als Festpreis wird ein Betrag von 16 000 Mio. GE netto vereinbart. An Material- und Fertigungskosten fallen je Periode 3 000 Mio. GE an, die anteiligen allgemeinen Verwaltungskosten betragen 400 Mio. GE, Vertriebskosten belaufen sich auf 150 Mio. GE jeweils je Periode.

Aufgabe

Stellen Sie die bilanzielle Behandlung des Fertigungsauftrages dar (vernachlässigen Sie (latente) Steuern)

a) nach HGB (Bilanzierung zur Herstellungskostenuntergrenze),
b) nach HGB (Bilanzierung zur Herstellungskostenobergrenze),
c) nach IFRS (IAS 11).

Lösung

a) HGB (Bilanzierung zur Herstellungskostenuntergrenze)

in Mio. GE	03	04	05	Summe
Umsatz	0	0	16 000	16 000
+/./. Bestandsveränderung	3 000	3 000	./. 6 000	0
./. Aufwand	3 000 + 400 + 150 = 3 550	3 000 + 400 + 150 = 3 550	3 000 + 400 + 150 = 3 550	10 650
= Erfolg	./. 550	./. 550	6 450	5 350

b) HGB (Bilanzierung zur Herstellungskostenobergrenze)

in Mio. GE	03	04	05	Summe
Umsatz	0	0	16 000	16 000
+/./. Bestandsveränderung	3 000 + 400 = 3 400	3 000 + 400 = 3 400	./. 6 800	0
./. Aufwand	3 000 + 400 + 150 = 3 550	3 000 + 400 + 150 = 3 550	3 000 + 400 + 150 = 3 550	10 650
= Erfolg	./. 150	./. 150	5 650	5 350

In beiden Fällen fallen Verluste in den Perioden 03 und 04 an. Im Fall b) fallen diese geringer aus, da hier die anteiligen Verwaltungskosten auch aktiviert werden. Für die Vertriebskosten herrscht ein Aktivierungsverbot (§ 255 Abs. 2 HGB). Erst in Periode 05 erfolgt ein Gewinn(-sprung). Diese Bilanzierung ist vorsichtig und vermeidet die Aktivierung von Gewinnen, die noch nicht realisiert wurden. Sie entspricht den Vorgaben des HGB, auch wenn das Bild der Vermögens-, Finanz- und Ertragslage dadurch verzerrt wird.

c) IFRS (IAS 11)
Bei der Bilanzierung nach IAS 11 muss der Fertigstellungsgrad ermittelt werden, nach dem die Gewinnrealisation vorgenommen wird.

Fertigstellungsgrad (cost-to-cost):

Fertigstellungsgrad (FG) = kumulierte Auftragskosten : Gesamtaufwand

in Mio. GE	03	04	05	Summe
FG	3 550 : 10 650 = 1/3	7 100 : 10 650 = 2/3	10 650 : 10 650 = 3/3	
Umsatz	5 333,33	5 333,33	5 333,33	16 000
./. Aufwand	3 550,00	3 550,00	3 550,00	10 650
= Erfolg	1 783,33	1 783,33	1 783,33	5 350

Nun wird der Gewinn bereits während der Jahre 03 und 04 erfasst und es wird kein Verlust ausgewiesen. Allerdings sind dadurch Gewinne bilanziert worden, die noch nicht realisiert waren.

6.12 Langfristige Fertigungsaufträge (II)

Sachverhalt

Die Bau-AG errichtet für den Auftraggeber A eine Wohnanlage, wobei sich der Ausführungszeitraum über drei Perioden erstreckt. Der vertraglich vereinbarte Festpreis (Auftragserlöse) beträgt 600 GE netto.

Die Auftragskosten für die Wohnanlage verteilen sich wie folgt über die Perioden:

in GE	01	02	03	Gesamt
Einzelkosten	110	100	85	295
Fertigungsgemeinkosten	80 % = 88	80 % = 80	80 % = 68	236
Auftragskosten	198	180	153	531

Aufgabe

a) Wie ist dieser Fertigungsauftrag nach IFRS zu bilanzieren?
b) Wie ist zu bilanzieren, wenn die Bau-AG die Kostenverteilung nicht verlässlich bewerten kann?
c) Wie ist zu bilanzieren, wenn aus dem Auftrag ein Verlust droht?
d) Wie werden langfristige Fertigungsaufträge nach HGB bilanziert?

Lösung

a) Wie ist dieser Fertigungsauftrag nach IFRS zu bilanzieren?

Es liegt ein Fertigungsauftrag nach IAS 11 vor:

- Es liegt ein Vertrag über die Fertigung vor, dies grenzt Fertigungsaufträge (IAS 11) von Vorräten (IAS 2) ab.
- Die Produktion ist kundenspezifisch, was z. B. bei einem Standardprodukt nicht der Fall ist, auch wenn Sonderwünsche berücksichtigt werden (z. B. Autos). Und:
- Der Auftrag reicht über einen Bilanzstichtag hinaus.

IAS 11 sieht für Fertigungsaufträge die Percentage-of-completion-Methode (POC) vor (IAS 11.22 ff.). Diese Methode nimmt die Gewinnrealisierung nach dem Fertigstellungsgrad vor.

Die Auftragserlöse (contract revenue) umfassen den vertraglich vereinbarten Erlös, Änderungsentgelte, Nachforderungen und Prämien (incentives), sofern diese wahrscheinlich vereinnahmt werden (IAS 11.11). Die Auftragskosten (contract costs) umfassen die direkten Kosten der Auftragsfertigung, indirekte Kosten, die dem Auftrag zugerechnet werden können, und sonstige Kosten, die dem Auftraggeber vertragsgemäß gesondert in Rechnung gestellt werden können (IAS 11.16).

Zur Anwendung der POC-Methode müssen folgende Kriterien erfüllt sein (IAS 11.23):

- Es ist wahrscheinlich, dass der wirtschaftliche Nutzen dem Unternehmen zufließt.
- Die dem Vertrag zurechenbaren Kosten können eindeutig bestimmt und verlässlich bewertet werden.
- Sowohl die noch anfallenden Kosten als auch der Grad der Fertigstellung können verlässlich bewertet werden.
- Auftragserlöse können verlässlich bewertet werden.

Der Fertigstellungsgrad (FG) kann auf unterschiedliche Weise ermittelt werden (IAS 11.30), z. B. anhand der Kosten (Cost-to-cost-Methode) oder anhand der fertiggestellten Teile (z. B. km).

Wird die Cost-to-cost-Methode verwendet, so berechnet sich der Fertigstellungsgrad mittels der Division der bisherigen Auftragskosten zu den Gesamtkosten:

Periode	01	02	03
Auftragserlöse	Gesamt 600 GE		
Auftragskosten	198	180	153
Kumulierte Kosten	198	378	531
Fertigstellungsgrad	198/531 = 37,3 %	378/531 = 71,2 %	531/531 = 100 %

Der Gesamterfolg ist auf die Perioden anhand des Fertigstellungsgrades zu verteilen. Der Gesamterfolg aus dem Fertigungsauftrag beträgt:

Gesamterlöse ./. Gesamtkosten: 600 GE ./. 531 GE = 69 GE

Umsatz der Periode = Fertigstellungsgrad × Auftragserlöse ./. bisher realisierte Umsätze

Periode	01	02	03	Auftragserlös
Fertigstellungsgrad	37,3 %	71,2 %	100 %	600 GE
Auftragskosten	198	180	153	
Berechnung	0,373 × 69 GE ./. 0 GE	0,712 × 69 GE ./. 25,74 GE	1,0 × 69 GE ./. 49,13 GE	
Teilerfolg der Periode	25,74 GE	23,39 GE	19,87 GE	
Umsatz	223,8 GE	203,4 GE	172,8 GE	
Aktivierter Fertigungsauftrag	223,8 GE	223,8 + 203,4 = 427,2 GE	600 GE (wird ausgebucht)	

Die Aktivierung erfolgt unter dem aktiven Saldoposten »künftige Forderungen aus Fertigungsaufträgen« (IAS 11.42). Dieser Posten enthält die realisierten Erlöse, vermindert um antizipierte Verluste und bereits in Rechnung gestellte Teilbeträge.

Der Ertrag wird in dem Umfang des Fertigstellungsgrades zu jedem Bilanzstichtag realisiert. Es erfolgt eine Umsatzbuchung und eine Gewinnrealisation. Zudem entsteht eine Forderung.

b) Wie ist zu bilanzieren, wenn die Bau-AG die Kostenverteilung nicht verlässlich bewerten kann?

Die Auftragskosten sind einbringbar, jedoch ist keine verlässliche Verteilung möglich: Die POC-Methode darf in diesem Fall nicht angewendet werden (IAS 11.23). Es sind Erträge nur i. H.d. wahrscheinlich einbringbaren (recoverable) Kosten zu erfassen. Die in der Periode angefallenen Auftragskosten sind als Aufwand zu erfassen (modifizierte Completed-Contract-Methode).

c) Wie ist zu bilanzieren, wenn aus dem Auftrag ein Verlust droht?

Droht aus dem Auftrag ein Verlust, so muss dieser Verlust sofort in voller Höhe realisiert werden, d. h. nicht nur anteilig (IAS 11.36). Es ist der Posten Fertigungsaufträge um den drohenden Verlust zu kürzen bzw. ein Passivposten auszuweisen (IAS 11.42).

d) Wie werden langfristige Fertigungsaufträge nach HGB bilanziert?

Grundsätzlich gilt für das HGB wegen des Realisationsprinzips (§ 252 Abs. 1 Nr. 4 HGB) ein Verbot einer Teilgewinnrealisierung (Completed-contract-Methode, CCM). Der Aufwand ist in jedem Jahr zu erfassen, die Herstellungskosten zu aktivieren und nach Abschluss des Auftrages (Gefahrenübergang) wird der Gewinn realisiert. Es kommt somit während der Fertigung zu Verlusten i. H.d. Differenz von aktivierten Herstellungskosten und Selbstkosten und zu einem Gewinnsprung am Ende der Fertigung. Eine andere Meinung vertritt die Auffassung, dass im Falle der Langfristfertigung eine Ausnahme von § 252 Abs. 1 Nr. 4 HGB gegeben sei und eine Aktivierung der Selbstkosten zulässig sei. Eine dritte Auffassung sieht die Teilgewinnrealisierung auch im HGB als zulässig an. Diese letzten beiden Auffassungen sind jedoch vom HGB nicht gedeckt, verstoßen gegen das Realisations- und Anschaffungswertprinzip und sind daher nicht zulässig (vgl. Baetge/Kirsch/Thiele, Bilanzen, 10. Aufl., Düsseldorf 2009, 368 f., m. w. N.).

7 Eigenkapital

7.1 Ausstehende Einlagen

Sachverhalt

Die Unternehmer Dampf und Druck schlossen sich am 01.03.01 zusammen, um die Dampfdruck AG zu gründen. Sie vereinbarten ein Grundkapital von 500 000 GE mit einem Nennwert von 1 GE/ Aktie. Die Aktien wurden von den beiden Gründern zu einem Kurs von 10 GE/Aktie und einer Einzahlungsquote von 40 % übernommen. Am Jahresende hat die Dampfdruck AG einen Jahresüberschuss von 40 000 GE.

Aufgabe

Stellen Sie die Eigenkapitalsituation der Dampfdruck AG zum Geschäftsjahresende nach HGB und IFRS dar.

Lösung

Eigenkapitalsituation nach HGB

Das gezeichnete Kapital ist nach § 272 Abs. 1 HGB das Kapital, auf das die Haftung der Gesellschafter für die Verbindlichkeiten der Gesellschaft beschränkt ist. Das gezeichnete Kapital muss bei der AG nicht immer in voller Höhe einbezahlt sein. Der Teil, der nicht eingefordert wurde, wird als »ausstehende Einlagen« bezeichnet. Bei Bareinlagen muss der eingeforderte Betrag nach § 36 a Abs. 1 AktG mindestens 25 % betragen. Für den Fall, dass der Ausgabebetrag über dem Nennwert liegt (Agio), muss der eingeforderte Betrag auch das gesamte Agio umfassen.

Die Bilanzierung der ausstehenden Einlagen ist in § 272 Abs. 1 Satz 3 HGB geregelt. Demnach sind die nicht eingeforderten ausstehenden Einlagen auf das gezeichnete Kapital von dem Posten »Gezeichnetes Kapital« offen abzusetzen; der verbleibende Betrag ist als Posten »Eingefordertes Kapital« in der Hauptspalte der Passivseite auszuweisen.

Berechnung des eingeforderten Kapitals:

40 % von 500 000 GE = 200 000 GE

Ausstehenden Einlagen:

60 % von 500 000 GE = 300 000 GE

Zuführung zur Kapitalrücklage:

Agio = Ausgabebetrag je Aktie ./. Nennbetrag je Aktie = 10 GE ./. 1 GE = 9 GE

Das Grundkapital von 500 000 GE ist in Aktien zu je 1 GE gestückelt, d. h. 500 000 Aktien. Hiervon wurde für 40 % = 200 000 Aktien eingezahlt.

Das Agio ist in voller Höhe einzubezahlen:

200 000 Aktien × 9 GE/Aktie = 1 800 000 GE

Am Geschäftsjahresende ist zu prüfen, ob die Dampfdruck AG eine gesetzliche Rücklage zu bilden hat. Nach § 150 Abs. 2 AktG sind so lange 5 % des um einen Verlustvortrag aus dem Vorjahr geminderten Jahresüberschusses einzustellen, bis die gesetzliche Rücklage und die Kapitalrücklage zusammen 10 % des Grundkapitals erreichen.

10 % von 500 000 GE (Grundkapital) = 50 000 GE

Da die Kapitalrücklage mit 1 800 000 GE bereits deutlich über dem geforderten Betrag liegt, ist eine weitere Dotierung der gesetzlichen Rücklage nicht erforderlich.

Das Eigenkapital ist wie folgt auszuweisen:

Eigenkapital (in GE)		**31.12.01**
Gezeichnetes Kapital	500 000	
./. Nicht eingeforderte Einlagen	300 000	
Eingefordertes Kapital		200 000
Kapitalrücklage		1 800 000
Jahresüberschuss		40 000
Summe Eigenkapital		2 040 000

Eigenkapitalsituation nach IFRS

Für den Ausweis ausstehender Einlagen (capital not yet paid in) ist in IAS 1.79(a)(ii) lediglich geregelt, dass entweder in der Bilanz, in der Eigenkapitalveränderungsrechnung oder im Anhang die Anzahl der ausgegebenen und voll eingezahlten sowie die Zahl der nicht voll eingezahlten Anteile anzugeben sind. Weitere Ausweisvorschriften bestehen nicht, so dass einerseits ein Abzug vom Gezeichneten Kapital analog der HGB-Regelung befürwortet wird (Pellens u. a., Internationale Rechnungslegung, 7. Aufl., Stuttgart 2008, 483). Andererseits wird aus IAS 1.79 (a)(ii) auch ein Ausweis ausstehender Einlagen als finanzieller Vermögenswert auf der Aktivseite hergeleitet (Förschle/Kroner, in: Ellrott u. a., Beck'scher Bilanzkommentar, 7. Aufl., § 272, Rz. 457).

7.2 Ordentliche Kapitalerhöhung

Sachverhalt

Die Löscher AG hat zum 31.12.01 ein Grundkapital von 10 Mio. GE, welches in Aktien mit einem Nennwert von 5 GE gestückelt ist. Die Kapitalrücklage beträgt 5 Mio. GE, die Gewinnrücklagen 2 Mio. GE und der Bilanzgewinn 150 000 GE.

Zur Verbesserung der Liquidität soll im ersten Quartal 02 eine ordentliche Kapitalerhöhung vorgenommen werden. Hierzu wurde ein Bankenkonsortium mit der Ausgabe von 200 000 jungen Aktien mit einem Nennwert von 5 GE/Aktie beauftragt. Das Konsortium verkauft die Aktien für 20 GE je Aktie. Der Bilanzgewinn des Vorjahres wurde vollständig an die Gesellschafter ausgeschüttet. Der Jahresüberschuss des laufenden Jahres 02 beträgt 100 000 GE.

Aufgabe

Stellen Sie den Bilanzausweis des Eigenkapitals vor Ergebnisverwendung zum 31.12.02

a) nach HGB

b) nach IFRS dar.

Lösung

a) Eigenkapitalsituation nach HGB

Ausgangspunkt ist die Eigenkapitalsituation zum 31.12.01, die sich wie folgt darstellt:

Eigenkapital (in GE)	**31.12.01**
Grundkapital	10 000 000
Kapitalrücklage	5 000 000
Gewinnrücklagen	2 000 000
Bilanzgewinn	150 000
Summe Eigenkapital	17 150 000

Durch die Kapitalerhöhung in 02 erhält die Löscher AG liquide Mittel i. H. v. 4 Mio. GE. Dieser Betrag setzt sich wie folgt zusammen:

Das gezeichnete Kapital (Grundkapital) erhöht sich um die Summe der Nennwerte der ausgegebenen Aktien:

200 000 Aktien × 5 GE/pro Aktie = 1 000 000 GE.

Der Ausgabepreis beträgt 20 GE pro Aktie. Die Differenz zwischen dem Ausgabepreis von Anteilen und deren Nennbetrag wird als Agio bezeichnet und ist nach § 272 Abs. 2 Nr. 1 HGB in der Kapitalrücklage auszuweisen:

200 000 Aktien × (20 GE ./. 5 GE) = 3 000 000 GE.

Das bilanzielle Eigenkapital für die Periode 02 wird wie folgt ausgewiesen:

Eigenkapital (in GE)	**31.12.02**
Grundkapital	11 000 000
Kapitalrücklage	8 000 000
Gewinnrücklagen	2 000 000
Jahresüberschuss	100 000
Summe Eigenkapital	21 100 000

b) Eigenkapitalsituation nach IFRS

Nach IFRS ergeben sich hinsichtlich der Lösung keine Unterschiede. Das share capital entspricht dem gezeichneten Kapital. Die Kapitalrücklagen (capital reserves) sind nach IAS 1.78(e) in einem separaten Posten in der Bilanz oder im Anhang auszuweisen. Gewinnrücklagen (retained earnings) werden ebenfalls wie im HGB ausgewiesen und enthalten u. a. die Summe der einbehaltenen Gewinne der Vorjahre zu- oder abzüglich des Periodenergebnisses.

Eine Gewinnverwendungsrechnung i. S. d. § 158 Abs. 1 AktG sehen die IFRS grundsätzlich nicht vor; der Jahresüberschuss des laufenden Jahres kann wie nach HGB auch mit den Gewinnrücklagen verrechnet werden. Nach IAS 1.137 ist im Anhang die vorgeschlagene oder beschlossene Dividendenzahlung anzugeben.

7.3 Gesetzliche Rücklage

Sachverhalt

Die Pfeiffer AG, München weist im Eigenkapital folgende Positionen im vorläufigen Jahresabschluss zum 31.12.01 aus:

Gezeichnetes Kapital	2 000 000 GE
Kapitalrücklage	50 000 GE
Gesetzliche Rücklage	148 000 GE
Andere Gewinnrücklagen	300 000 GE
Jahresüberschuss	60 000 GE

Aufgabe

a) Wie hoch ist die Einstellung in die gesetzliche Rücklage zum 31.12.01?
b) Wie hoch wäre die Einstellung in die gesetzliche Rücklage, wenn noch ein Verlustvortrag aus dem Vorjahr i. H.v. 40 000 GE vorhanden wäre?

Lösung

a) Einstellung in die gesetzliche Rücklage (ohne Verlustvortrag)

Die Dotierung der gesetzlichen Rücklage ist in § 150 Abs. 2 AktG geregelt. Demnach sind so lange 5 % des um einen Verlustvortrag aus dem Vorjahr geminderten Jahresüberschusses einzustellen, bis die gesetzliche Rücklage und die Kapitalrücklage zusammen 10 % des Grundkapitals erreichen. Dies ist zu prüfen:

Gezeichnetes Kapital: 2 000 000 GE, davon 10 % = 200 000 GE

Gesetzliche Gewinnrücklage	148 000 GE
+ Kapitalrücklage	50 000 GE
Summe	198 000 GE

Die Summe aus gesetzlicher Rücklage und Kapitalrücklage muss 200 000 GE betragen. Da dies noch nicht der Fall ist, ist die gesetzliche Rücklage noch nicht ausreichend dotiert. Folglich sind 5 % des um einen Verlustvortrag verminderten Jahresüberschusses einzustellen. Ein Verlustvortrag ist nicht vorhanden und damit berechnet sich die Zuführung wie folgt:

Jahresüberschuss = 60 000 GE, hiervon 5 % = 3 000 GE.

Da jedoch nur noch 2 000 GE fehlen, um den gesetzlichen Anforderung zu genügen, beträgt die Zuführung zur gesetzlichen Rücklage im Jahr 01 nur 2 000 GE.

b) Einstellung in die gesetzliche Rücklage (mit Verlustvortrag)

Auch für diesen Fall muss die gesetzliche Rücklage noch um 2 000 GE aufgefüllt werden. Im Gegensatz zu Fall a) ist hier bei der Berechnung der Zuführung ein Verlustvortrag zu berücksichtigen.

Jahresüberschuss	60 000 GE
./. Verlustvortrag	40 000 GE
Differenz	20 000 GE

Von dieser Differenz sind 5 % der gesetzlichen Rücklage zuzuführen:

5 % von 20 000 GE = 1 000 GE.

Die Zuführung zur gesetzlichen Rücklage beträgt 1 000 GE.

Die Verpflichtung zur Dotierung einer gesetzlichen Rücklage gibt es nach IFRS nicht. Hierfür sind die nationalen rechtlichen Vorschriften des Staates maßgebend, in dem die Kapitalgesellschaft ihren Sitz hat. Insofern wäre auch hier nach IFRS eine gesetzliche Rücklage zu bilden, da die Kapitalgesellschaft ihren Unternehmenssitz in Deutschland hat.

7.4 Ergebnisverwendungsrechnung

Sachverhalt

Zum Ende des Geschäftsjahres stellt sich die vorläufige Eigenkapitalsituation der Grünspan AG folgendermaßen dar:

Eigenkapital (in GE)		**31.12.01**
Grundkapital		1 100 000
Kapitalrücklage		50 000
Gewinnrücklagen		
gesetzlich	10 000	
satzungsmäßig	5 000	
andere	500 000	515 000
Verlustvortrag		./. 130 000
Jahresüberschuss		250 000
Eigenkapital		1 785 000

Von der Rechnungswesenabteilung soll vor Feststellung des Jahresabschlusses die Ergebnisverwendungsrechnung erarbeitet werden. In der Grünspan AG stellen Vorstand und Aufsichtsrat den Jahresabschluss fest und führen den Rücklagen den maximal möglichen Betrag zu.

Aufgabe

Stellen Sie eine Ergebnisverwendungsrechnung nach § 158 AktG auf und weisen Sie das Eigenkapital 01 unter teilweiser Gewinnverwendung aus.

Lösung

1. Schritt: Bildung der gesetzlichen Rücklage

Nach § 150 Abs. 2 HGB sind der gesetzlichen Rücklage jedes Jahr 5 % des um einen Verlustvortrag aus dem Vorjahr geminderten Jahresüberschusses zuzuführen, bis die gesetzliche Rücklage und die Kapitalrücklage zusammen 10 % des Grundkapitals erreichen.

Damit ist zunächst der Verlustvortrag aus dem Vorjahr auszugleichen:

Jahresüberschuss	250 000 GE
./. Verlustvortrag aus dem Vorjahr	130 000 GE
Bemessungsgrundlage 1 (B1)	120 000 GE

Die Summe aus gesetzlicher Rücklage (10 000 GE) und Kapitalrücklage (50 000 GE) beträgt 60 000 GE. Dem steht ein 10 %iger Anteil des Grundkapitals von 110 000 GE gegenüber. Eine Zuführung zur gesetzlichen Rücklage ist i. H.v. 5 % der Bemessungsgrundlage 1 zu tätigen.

Bemessungsgrundlage 1 (B1)	120 000 GE
./. Zuführung zur gesetzlichen Rücklage (5 % von B1)	6 000 GE
Bemessungsgrundlage 2 (B2)	114 000 GE

2. Schritt: Bildung anderer Gewinnrücklagen

B2 ist der Ausgangspunkt für die Zuführung zu den anderen Gewinnrücklagen. Maßgeblich hierfür ist § 58 AktG. Stellen Vorstand und Aufsichtsrat den Jahresabschluss fest, dürfen sie nach § 58 Abs. 2 AktG maximal 50 % des Jahresüberschusses in die anderen Gewinnrücklagen einstellen, soweit keine weiteren Satzungsregelungen bestehen. Letzteres ist hier nicht der Fall, so dass 50 % des korrigierten Jahresüberschusses in die anderen Gewinnrücklagen einzustellen sind:

50 % von 114 000 GE = 57 000 GE.

3. Schritt: Aufstellung der Ergebnisverwendungsrechnung

Die Gewinnverwendungsrechnung ist nach § 158 Abs. 1 AktG aufzustellen und hat folgendes Aussehen:

Jahresüberschuss/Jahresfehlbetrag		250 000 GE
./. Verlustvortrag aus dem Vorjahr	./.	130 000 GE
Einstellungen in die Gewinnrücklagen		
gesetzlich	./.	6 000 GE
andere	./.	57 000 GE
Bilanzgewinn		57 000 GE

4. Schritt: Eigenkapitalausweis
Das Eigenkapital zum 31.12.01 stellt sich unter der teilweisen Gewinnverwendung wie folgt dar:

Eigenkapital (in GE)		**31.12.01**
Grundkapital		1 100 000
Kapitalrücklage		50 000
Gewinnrücklagen		
gesetzlich	16 000	
satzungsmäßig	5 000	
andere	557 000	578 000
Bilanzgewinn		57 000
Eigenkapital		1 785 000

Der Ausweis des Eigenkapitals ist in den IFRS nicht so detailliert geregelt wie nach HGB bzw. AktG. Nach IAS 1.54(r) sind zumindest das gezeichnete Kapital (share capital) und die Rücklagen (reserves) separat auszuweisen. Ebenfalls besteht nach IAS 1.78(e) die separate Ausweispflicht für die Kapitalrücklage (capital reserves). Die Gewinnrücklagen (retained earnings) können ebenfalls in gesetzliche Rücklage (legal reserves), satzungsmäßige Rücklagen (statutory reserves) und andere Gewinnrücklagen (other revenue reserves) unterteilt werden.

Die Zuführung und Auflösung der legal reserves sowie der statutory reserves richtet sich nach den nationalen Vorschriften, da die IFRS hierfür keine Regelungen vorsehen.

Somit ergibt sich hinsichtlich der Dotierung der Rücklagen und des Ausweises des Eigenkapitals kein Unterschied zur HGB-Regelung.

7.5 Rückkauf eigener Anteile

Sachverhalt

Die Köster AG hat ein Grundkapital von 6 000 000 GE, welches in Aktien zu je 5 GE gesplittet ist. Die Kapitalrücklage beträgt 1 800 000 GE und wurde ausschließlich durch das Agio bei der Aktienausgabe dotiert. Die gesetzliche Rücklage liegt bei 100 000 GE und die anderen Gewinnrücklagen bei 4 300 000 GE. Die Köster AG erwirbt 50 000 Stück eigene Aktien im Jahr 01, die an die Belegschaft ausgegeben werden sollen. Der Kaufpreis beträgt 20 GE pro Aktie. Im darauf folgenden Jahr 02 wird das Aktienpaket wegen einer günstigen Kursentwicklung für 30 GE pro Aktie wieder verkauft.

Aufgabe

Was ist bei Aufstellung der Jahresabschlüsse 01 und 02 zu beachten? Stellen Sie den Ausweis des Eigenkapitals für beide Jahre dar

a) nach HGB,
b) nach IFRS.

Ein evtl. Jahresüberschuss bleibt unberücksichtigt.

Lösung

a) Eigenkapitalausweis nach HGB

Eigenkapital zum 31.12.01

Eine AG darf nach § 71 Abs. 1 Nr. 1 bis 8 AktG unter bestimmten Umständen eigene Aktien zurückkaufen. Hierzu gehört gemäß § 71 Abs. 1 Nr. 2 AktG auch der Fall, dass die zurückgekauften Aktien als Belegschaftsaktien angeboten werden sollen. Der Rückkauf eigener Aktien mit dem Ziel der Ausgabe als Belegschaftsaktien ist an die in § 71 Abs. 2 AktG genannten Bedingungen gebunden. Diese sind:

- Die erworbenen Aktien dürfen zusammen mit anderen eigenen Aktien nicht mehr als 10 % des Grundkapitals ausmachen.
- Der Erwerb ist nur zulässig, wenn die Gesellschaft eine Rücklage i. H.d. Aufwendungen für den Erwerb bilden könnte, ohne das Grundkapital oder eine nach Gesetz oder Satzung zu bildende Rücklage zu mindern.
- Auf die Aktien muss der Ausgabebetrag voll geleistet sein.

Nach § 71 Abs. 3 AktG ist der Vorstand verpflichtet, in der nächsten Hauptversammlung über die Gründe und den Zweck des Erwerbs, über die Zahl der erworbenen Aktien und den auf sie entfallenden Betrag des Grundkapitals sowie über den Gegenwert der Aktien zu unterrichten. Auch sind die Aktien innerhalb eines Jahres nach ihrem Erwerb an die Arbeitnehmer auszugeben.

Für den vorliegenden Fall sind diese Voraussetzungen zu prüfen:

Das Grundkapital der Köster AG beträgt 6 Mio. GE. Ein Rückkauf eigener Aktien zur Ausgabe als Belegschaftsaktien ist nach § 71 Abs. 1 Nr. 2 AktG bis zu einem Anteil von 10 % des Grundkapitals, d. h. 600 000 GE möglich.

Die Köster AG erwirbt:

50 000 Stück × 5 GE pro Aktie = 250 000 GE.

Der Erwerb in dieser Höhe ist somit erlaubt.

Die Bilanzierung der eigenen Anteile wurde durch das BilMoG neu geregelt. Demnach ist es **nicht** mehr zulässig, die erworbenen eigenen Anteile im Umlaufvermögen auszuweisen und in gleicher Höhe eine Rücklage für eigene Anteile zu bilden. Stattdessen ist lediglich ein Korrekturposten zum Eigenkapital zu bilanzieren. Der Nennbetrag, oder bei Stückaktien der rechnerische Wert der erworbenen Anteile, ist nach § 272 Abs. 1 a HGB in der Vorspalte offen von dem gezeichneten Kapital abzusetzen. Weiterhin ist der Unterschiedsbetrag zwischen dem Nennbetrag oder dem rechnerischen Wert und den Anschaffungskosten der eigenen Anteile mit den frei verfügbaren Rücklagen zu verrechnen.

Für das Beispiel sind folgende Berechnungen erforderlich:

1. Anschaffungskosten der eigenen zurückgekauften Anteile:
   50 000 Aktien × 20 GE/Aktie = 1 000 000 GE
2. Nennbetrag der eigenen zurückgekauften Anteile:
   50 000 Aktien × 5 GE/Aktie = 250 000 GE
3. Unterschiedsbetrag zwischen den Anschaffungskosten und dem Nennbetrag der eigenen Anteile: 1 000 000 GE ./. 250 000 GE = 750 000 GE (oder: 50 000 Aktien × 15 GE/Aktie)

Zur Bilanzierung des Eigenkapitals ist nach § 272 Abs. 1 a HGB der Nennbetrag der eigenen Anteile in der Vorspalte des gezeichneten Kapitals abzusetzen und der unter Punkt 3 berechnete Unterschiedsbetrag mit den anderen Gewinnrücklagen zu verrechnen.

Eigenkapital (in GE)		**31.12.01**
Grundkapital	6 000 000	
./. Nennbetrag eigener Anteile	250 000	
Ausgegebenes Kapital		5 750 000
Kapitalrücklage		1 800 000
Gewinnrücklagen		
gesetzlich		100 000
andere		3 550 000
Eigenkapital		11 200 000

Eigenkapital zum 31.12.02

Bei der Veräußerung der eigenen Anteile ist § 272 Abs. 1 b HGB zu beachten. Zunächst entfällt der Ausweis der eigenen Anteile nach § 272 Abs. 1 a HGB. Ein den Nennbetrag oder den rechnerischen Wert übersteigender Differenzbetrag aus dem Veräußerungserlös ist bis zur Höhe des mit den frei verfügbaren Rücklagen verrechneten Betrages in die jeweiligen Rücklagen einzustellen. Ein darüber hinausgehender Differenzbetrag ist in die Kapitalrücklage gemäß § 272 Abs. 2 Nr. 1 HGB einzustellen. Insofern wird sukzessive der Erwerb der eigenen Anteile rückgängig gemacht: Erstens wird das gezeichnete Kapital um die Summe der Nennbeträge erhöht. Zweitens wird die Gewinnrücklage um den Betrag wieder aufgefüllt, um den sie beim Erwerb der Anteile reduziert wurde, und drittens wird ein darüber hinausgehender Erlös der Kapitalrücklage zugeführt.

Für das Beispiel wird ein Veräußerungserlös von 30 GE/Aktie erzielt, was einem Gesamtverkaufspreis von 1 500 000 GE entspricht. Dies führt zu einer Erhöhung der Eigenkapitalpositionen wie folgt:

Erhöhung des gezeichneten Kapitals:
50 000 Aktien × 5 GE /Aktie = 250 000 GE
Erhöhung der Gewinnrücklagen:
50 000 Aktien × 15 GE/Aktie = 750 000 GE
Erhöhung der Kapitalrücklage:
50 000 Aktien × 10 GE/Aktie = 500 000 GE

Eigenkapital (in GE)	**31.12.02**
Grundkapital	6 000 000
Kapitalrücklage	2 300 000
Gewinnrücklagen	
gesetzlich	100 000
andere	4 300 000
Eigenkapital	12 700 000

b) Eigenkapitalausweis nach IFRS

Eigenkapitalausweis 31.12.01

Der **Erwerb** eigener Anteile richtet sich nach den nationalen Vorschriften; hier nach der bereits dargestellten Regelung des § 71 AktG.

Der **Ausweis** eigener Anteile im Jahresabschluss weicht jedoch von den Regelungen des HGB ab. So sind nach IAS 32.33 die eigenen Anteile zwar ebenfalls vom Eigenkapital abzusetzen;

weitergehende Regelungen enthalten die IFRS jedoch nicht. Zwei gebräuchliche Varianten kommen hierfür in Frage: Anschaffungskostenmethode (cost method) oder Nennwertmethode (par value method) (Pellens u. a., Internationale Rechnungslegung, 7. Aufl., Stuttgart 2008, 490).

Bei der Anschaffungskostenmethode werden die gesamten Anschaffungskosten in einem Block offen vom Eigenkapital abgesetzt. Für das Beispiel ergibt sich der Ausweis wie folgt:

Eigenkapital (cost method) (in GE)	**31.12.01**
Grundkapital	6 000 000
Kapitalrücklage	1 800 000
Gewinnrücklagen	
gesetzlich	100 000
andere	4 300 000
Eigenkapital brutto	12 200 000
./. eigene Anteile	./. 1 000 000
Eigenkapital	11 200 000

Bei der Nennwertmethode werden die Rückkaufswerte in Abhängigkeit von den Emissionswerten auf die einzelnen Eigenkapitalposten verteilt. Um diese Verteilung vorzunehmen, ist zunächst das bei der Aktienemission erzielte Agio zu berechnen.

Zahl der emittierten Aktien: Grundkapital 6 000 000 GE : 5 GE pro Aktie = 1 200 000 Aktien
Berechnung Agio: Kapitalrücklage 1 800 000 GE : 1 200 000 Aktien = 1,50 GE/Aktie

Damit beträgt die Kürzung der einzelnen Bilanzpositionen beim Rückkauf in der Periode 01:
Grundkapital: 50 000 Aktien × 5 GE/Aktie = 250 000 GE
Kapitalrücklage: 50 000 Aktien × 1,50 GE/Aktie = 75 000 GE

Die Differenz zum Kaufpreis wird von den Gewinnrücklagen in Abzug gebracht:
Gewinnrücklage: 50 000 Aktien × 13,50 GE/Aktie = 675 000 GE

Eigenkapital (par value method) (in GE)		**31.12.01**
Grundkapital	6 000 000	
Eigene Anteile	./. 250 000	5 750 000
Kapitalrücklage	1 800 000	
Eigene Anteile	./. 75 000	1 725 000
Gewinnrücklagen		
gesetzlich		100 000
andere	4 300 000	
eigene Anteile	./. 675 000	3 625 000
Eigenkapital		11 200 000

Zudem ist nach IAS 1.79 a (vi) der Betrag der Anteile anzugeben, die durch das Unternehmen selbst gehalten werden. Diese Angabe kann entweder in der Bilanz, im Anhang oder in der Eigenkapitalveränderungsrechnung gemacht werden.

Eigenkapitalausweis 31.12.02
Bei Anwendung der cost method ist der Korrekturposten aufzulösen. Die Differenz zwischen dem Veräußerungserlös und dem Korrekturposten ist sowohl für eine positive als auch eine negative Differenz mit der Kapitalrücklage zu verrechnen. Für den Fall, dass die Kapitalrücklage nicht ausreicht, um eine negative Differenz zu decken, sind zusätzlich die Gewinnrücklagen zu kürzen. In dem vorliegenden Beispiel erhöht sich die Kapitalrücklage um 500 000 GE.

Eigenkapital (cost method) (in GE)	**31.12.02**
Grundkapital	6 000 000
Kapitalrücklage	2 300 000
Gewinnrücklagen	
gesetzlich	100 000
andere	4 300 000
Eigenkapital	12 700 000

Bei Anwendung der par value method wird die Veräußerung wie eine erstmalige Aktienausgabe behandelt. Dies impliziert lediglich eine Erhöhung des gezeichneten Kapitals und der Kapitalrücklage:

Erhöhung des gezeichneten Kapitals:
50 000 Aktien × 5 GE/Aktie = 250 000 GE
Erhöhung der Kapitalrücklage (Agio):
50 000 Aktien × 25 GE/Aktie = 1 250 000 GE

Eigenkapital (par value method) (in GE)	**31.12.02**
Grundkapital	6 000 000
Kapitalrücklage	2 975 000
Gewinnrücklagen	
gesetzlich	100 000
andere	3 625 000
Eigenkapital	12 700 000

8 Fremdkapital

8.1 Begriff der Verbindlichkeiten/Rückstellungen/Haftungsverhältnisse nach HGB und IFRS

Sachverhalt

Bei der Arcus AG sind folgende Sachverhalte im Jahresabschluss zum 31.12.01 nach HGB und IFRS zu beurteilen:

1. Die Arcus AG hat Anfang Dezember 01 für ihre Tochtergesellschaft, die Müller GmbH, eine Bürgschaft i. H.v. 1 000 000 GE übernommen. Vor dem Hintergrund der sehr guten wirtschaftlichen Lage bei der Müller GmbH erscheint eine Inanspruchnahme aus dieser Bürgschaft nicht wahrscheinlich.
2. Des Weiteren wurde Anfang 01 für die Tochtergesellschaft Manfred GmbH eine Bürgschaft i. H. v. 1 500 000 GE übernommen. Aufgrund einer erheblichen Bonitätsverschlechterung bei der Manfred GmbH erwartet die Arcus AG eine Inanspruchnahme von 60 % der Bürgschaftssumme (aus Vereinfachungsgründen wird von einer evtl. erforderlichen Abzinsung von Rückstellungen abgesehen).
3. Der Rechtsanwalt Dr. Rau hat die Arcus AG im Dezember bei diversen juristischen Fragestellungen unterstützt. Eine Rechnung für diese Tätigkeit liegt der Arcus AG bis zum Bilanzaufstellungszeitpunkt nicht vor. Nach Einschätzung des Hausjustitiars wird wohl ein Betrag von rund 8 000 GE (netto) in Rechnung gestellt werden.
4. Ende 01 hat die Arcus AG eine Lieferung von Waren des Lieferanten Möbel AG erhalten. Hierfür liegt eine Rechnung i. H.v. 35 700 GE (inkl. 19 % Umsatzsteuer) vor. Diese Rechnung wurde am 17.01.02 unter Abzug von 2 % Skonto bezahlt.

Aufgabe

a) Grenzen Sie die Merkmale von Verbindlichkeiten, Rückstellungen und Haftungsverhältnissen nach HGB ab.
b) Gehen Sie auf die Abgrenzung von Verbindlichkeiten, Rückstellungen und Haftungsverhältnissen nach IFRS ein.
c) Wie sind die dargestellten Sachverhalte im Jahresabschluss der Arcus AG zum 31.12.01 nach HGB und IFRS zu behandeln?

Lösung

a) Verbindlichkeiten, Rückstellungen und Haftungsverhältnisse nach HGB

Verbindlichkeiten sind noch nicht erfüllte bestehende Verpflichtungen, die bereits im abgelaufenen Geschäftsjahr wirtschaftlich verursacht sind (Ellrott/Roscher, in: Ellrott u. a., Beck'scher Bilanzkommentar, 7. Aufl., § 247, Rz. 201). In Abgrenzung zu den Rückstellungen stehen diese Verpflichtungen hinsichtlich Höhe und Fälligkeit fest.

Rückstellungen sind Passivposten, mit denen bestimmte künftige Minderungen des Vermögens oder Aufwendungsüberschüsse gewinnmindernd in der aktuellen Periode berücksichtigt werden

(Kozikowski/Schubert, in: Ellrott u. a., Beck'scher Bilanzkommentar, 7. Aufl., § 249, Rz. 1). Rückstellungen mit Verpflichtungscharakter sind durch eine Außenverpflichtung gekennzeichnet, d. h. einen rechtlichen oder faktischen Leistungszwang gegenüber Dritten. Für sog. Aufwandsrückstellungen, d. h. Rückstellungen ohne Außenverpflichtung, besteht mit Ausnahme von Instandhaltungsrückstellungen gem. § 249 Abs. 1 Satz 2 Nr. 1 HGB ein Passivierungsverbot.

Haftungsverhältnisse z. B. aus Bürgschaften, aus Gewährleistungsverträgen oder aus der Bestellung von Sicherheiten für fremde Verbindlichkeiten sind nach § 251 HGB unter der Bilanz zu vermerken. Haftungsverhältnisse sind Verbindlichkeiten aufgrund von Rechtsverhältnissen, aus denen das Unternehmen nur unter bestimmten Voraussetzungen, mit deren Eintritt das Unternehmen nicht rechnet, in Anspruch genommen werden kann (Ellrott, in: Ellrott u. a., Beck'scher Bilanzkommentar, 7. Aufl., § 251, Rz. 1). Die Vermerkpflicht nach § 251 HGB ist einschlägig, sofern nicht eine vorrangige Passivierung als Verbindlichkeit oder Rückstellung geboten ist.

b) Verbindlichkeiten, Rückstellungen und Haftungsverhältnisse nach IFRS

Schulden sind nach F.49 b wie folgt definiert: »Eine Schuld ist eine gegenwärtige Verpflichtung des Unternehmens, die aus Ereignissen der Vergangenheit entsteht und deren Erfüllung für das Unternehmen erwartungsgemäß mit einem Abfluss von Ressourcen mit wirtschaftlichem Nutzen verbunden ist.«

Die Bilanzierung von Rückstellungen ist in IAS 37 geregelt. Rückstellungen sind Schulden, die hinsichtlich der Höhe oder des Zeitpunkts des künftigen Ressourcenabflusses ungewiss sind (IAS 37.10). Im Gegensatz zu Eventualschulden, über die im Anhang zu berichten ist (sofern nicht die Eintrittswahrscheinlichkeit sehr gering ist, vgl. IAS 37.86), besteht für Rückstellungen (provisions) eine Passivierungspflicht. Verpflichtungen mit einer lediglich geringen Unsicherheit wie beispielsweise ausstehende Lieferantenrechnungen werden als accrual (abgegrenzte Verbindlichkeiten) und nicht als provision (Rückstellungen) bezeichnet und dementsprechend unter den Verbindlichkeiten ausgewiesen.

Ein Vermerk von Haftungsverhältnissen unter der Bilanz ist nach den IFRS nicht vorgesehen. Mögliche Verpflichtungen, bei denen die Wahrscheinlichkeit der Inanspruchnahme unter 50 % liegt (contingent liabilities bzw. Eventualschulden), sind nach IAS 37.86 im Anhang zu erläutern.

c) Bilanzielle Behandlung der Einzelsachverhalte nach HGB und IFRS

1. Eine Inanspruchnahme aus der für die Tochtergesellschaft Müller GmbH übernommenen Bürgschaft ist aufgrund der wirtschaftlichen Lage der Tochtergesellschaft nicht wahrscheinlich. Die Passivierung einer Verpflichtung kommt insofern weder nach HGB noch nach IFRS in Betracht. Nach § 251 i. V. m. § 268 Abs. 7 HGB ist dieses Haftungsverhältnis unter der Bilanz (Haftungsverhältnisse aus Bürgschaften: 1 000 000 GE) oder im Anhang zu vermerken. Im Anhang sind zudem gemäß § 285 Nr. 27 HGB die Gründe der Einschätzung des Risikos der Inanspruchnahme anzugeben.
   Nach den IFRS handelt es sich um eine mögliche Verpflichtung bzw. Eventualverbindlichkeit. Gemäß IAS 37.86 sind im Anhang neben einer Beschreibung der Eventualverbindlichkeit Angaben zur Schätzung des Erfüllungsbetrags, zu Unsicherheiten hinsichtlich des Betrags oder der Fälligkeit von Mittelabflüssen sowie zu evtl. Rückgriffsforderungen zu machen.
2. Anders als im ersten Sachverhalt wird jetzt mit einer Inanspruchnahme aus der Bürgschaft gerechnet, und zwar i. H.v. 60 % der Bürgschaftssumme und damit 900 000 GE. Höhe und Fälligkeit dieser wahrscheinlichen Verpflichtung sind ungewiss, insofern handelt es sich um eine Rückstellung für ungewisse Verbindlichkeiten nach § 249 Abs. 1 Satz 1 HGB. I.H.v.

900 000 GE wird das Haftungsrisiko bilanziell mittels Passivierung einer Rückstellung berücksichtigt (gemäß Sachverhalt wird aus Vereinfachungsgründen von einer evtl. erforderlichen Abzinsung abgesehen); der nicht passivierte Teil des Haftungsverhältnisses (600 000 GE) ist nach § 251 i. V. m. § 268 Abs. 7 HGB unter der Bilanz oder im Anhang zu vermerken. Der Sachverhalt dürfte nach HGB als außerordentlich zu klassifizieren sein, insofern wird nach HGB wie folgt gebucht:

Außerordentliche Aufwendungen	900 000	
an Sonstige Rückstellungen		900 000

Die Vorgehensweise im IFRS-Abschluss ist konzeptionell analog (aufwandswirksame Bildung einer Rückstellung i. H.v. 900 000 GE, ergänzende Anhangangaben).

3. Da für die im abgelaufenen Geschäftsjahr erbrachte Leistung des Rechtsanwalts die Rechnung bis zur Bilanzaufstellung nicht eingegangen ist, muss i. H.d. voraussichtlichen Rechnungsbetrags von 8 000 GE (netto) eine Rückstellung für ausstehende Rechnungen gebildet werden (Rückstellung für ungewisse Verbindlichkeiten nach § 249 Abs. 1 Satz 1 HGB). Der Buchungssatz lautet:

Rechts- und Beratungskosten	8 000	
an Sonstige Rückstellungen		8 000

Nach IFRS ist eine analoge Passivierung erforderlich, allerdings werden ausstehende Eingangsrechnungen aufgrund der geringen Unsicherheit nicht als Rückstellungen (provisions), sondern als abgegrenzte Verbindlichkeiten (accruals) klassifiziert und deswegen im Allgemeinen unter den Verbindlichkeiten ausgewiesen.

4. Es handelt sich um eine Verbindlichkeit aus Lieferungen und Leistungen, die nach § 253 Abs. 1 Satz 2 HGB zum Erfüllungsbetrag anzusetzen ist. Lieferantenverbindlichkeiten werden grundsätzlich zum Rechnungsbetrag (hier 35 700 GE) eingebucht; bei Bezahlung unter Inanspruchnahme des Skontos mindern sich dann die Verbindlichkeit und die Anschaffungskosten der Waren (gemäß Beck'scher Bilanz-Kommentar, 2010, § 253 Tz. 98 ist es auch zulässig, die Verbindlichkeit unmittelbar mit dem Rechnungsbetrag abzgl. Skonto einzubuchen, sofern von vorneherein feststeht, dass unter Skontoabzug gezahlt wird).
Nach IFRS ist die Verbindlichkeit ebenfalls unter den Verbindlichkeiten aus Lieferungen und Leistungen (vgl. IAS 1.54) auszuweisen und zwar mit dem beizulegenden Zeitwert der erhaltenen Gegenleistung (35 700 GE). Eine Abzinsung ist aufgrund der kurzen Laufzeit der Verbindlichkeit nicht erforderlich. Sowohl nach HGB als auch nach IFRS ist in 01 wie folgt zu buchen:

Waren	30 000	
Vorsteuer	5 700	
an Verbindlichkeiten aus Lieferungen und Leistungen		35 700

In 02 wird die Zahlung wie folgt verbucht:

Verbindlichkeiten aus Lieferungen und Leistungen	35 700	
an Bank		34 986
an Waren		600
an Vorsteuer		114

8.2 Ausweis und Bewertung von Verbindlichkeiten

Sachverhalt

Beim Autohaus Bossert GmbH sind im Jahresabschluss zum 31.12.01 noch folgende Sachverhalte nach HGB und IFRS zu beurteilen:

1. Für die Anfang 02 erfolgende Lieferung eines Pkw wurde von einem Kunden am 19.12.01 eine Anzahlung i. H.v. 35 700 GE (inkl. 19 % Umsatzsteuer) geleistet. Mit Lieferung Anfang 02 wird der Restbetrag von 23 800 GE (inkl. 19 % Umsatzsteuer) per Rechnung angefordert.
2. Die Bossert GmbH hat einen Teil des Verwaltungsgebäudes untervermietet. Der Untermieter hat Ende Dezember eine Vorauszahlung für die Miete des ersten Halbjahres 02 i. H.v. 7 140 GE (inkl. 19 % Umsatzsteuer) geleistet.
3. Aus dem Kauf einer Maschine zum 01.10.01 hat die Bossert GmbH eine Verbindlichkeit i. H.v. 400 000 $. Die Verbindlichkeit ist zum 01.02.02 fällig und wird auch zu diesem Zeitpunkt bezahlt. Die relevanten Umrechnungskurse betragen:
   01.10.01: 1 $ = 1,1 GE
   31.12.01: 1 $ = 1,0 GE
   01.02.02: 1 $ = 1,05 GE
   Auf die Folgebewertung der Maschine (Abschreibung) ist nicht einzugehen.
4. Bei der YKB-Bank AG wurde am 28.12.01 ein Bankdarlehen i. H.v. 100 000 GE mit folgenden Konditionen aufgenommen:
   Zinssatz 3,2 %
   Auszahlung am 28.12.01 unter Abzug von 4 % Disagio
   Darlehenslaufzeit 8 Jahre (Tilgung in voller Höhe am 28.12.09)
5. Vom Mehrheitsgesellschafter, der Volksauto AG wurde ebenfalls am 28.12.01 ein Darlehen über 200 000 GE mit einer Laufzeit von 5 Jahren gewährt. Aufgrund der schwierigen wirtschaftlichen Lage der Bossert GmbH wurde dieses Darlehen zinslos gewährt. Marktüblich wäre eine Verzinsung mit 5 % gewesen.
6. Ein Kunde der Bossert GmbH hat versehentlich eine Reparaturrechnung über 1 190 GE (inkl. 19 % Umsatzsteuer) doppelt bezahlt. Die Erstattung der Doppelzahlung erfolgt am 05.01.02.

Aufgabe

Wie sind die dargestellten Sachverhalte im Jahresabschluss der Bossert GmbH zum 31.12.01 nach HGB und IFRS zu behandeln? Geben Sie auch jeweils die erforderlichen Buchungssätze an (für 01 und 02).

Lösung

1. Es handelt sich nach HGB um »erhaltene Anzahlungen auf Bestellungen«, die gem. § 266 Abs. 3 C.3 HGB gesondert in der Bilanz auszuweisen sind. Alternativ ist es möglich, die Anzahlungen auf Vorräte offen von der Position Vorräte abzusetzen (§ 268 Abs. 5 Satz 2 HGB). Die Restlaufzeit der erhaltenen Anzahlungen ist kleiner als ein Jahr und insofern gem. § 268 Abs. 5 Satz 1 HGB gesondert zu vermerken.
   Nach IFRS ist die Behandlung analog, wobei ein offenes Absetzen von den Vorräten nicht zulässig ist (strittig). Es liegt eine kurzfristige sonstige Verbindlichkeit vor.
   Der Buchungssatz in 01 lautet:

Bank	35 700	
an Erhaltene Anzahlungen		30 000
an Umsatzsteuer		5 700

   Die erhaltenen Anzahlungen werden netto (d. h. ohne Umsatzsteuer) ausgewiesen. Die Umsatzsteuer wird bis zur Abführung unter den sonstigen Verbindlichkeiten passiviert.
   In 02 wird der Pkw an den Kunden geliefert. Der noch zu zahlende Restbetrag wird als Forderung aus Lieferungen und Leistungen erfasst, die erhaltenen Anzahlungen werden in die Umsatzerlöse umgebucht.
   Damit ergeben sich folgende Buchungen in 02:

Forderungen aus Lieferungen und Leistungen	23 800	
an Umsatzerlöse		20 000
an Umsatzsteuer		3 800
Erhaltene Anzahlungen	30 000	
an Umsatzerlöse		30 000

2. Anders als im ersten Sachverhalt erhält die Bossert GmbH hier keine Anzahlung für eine Bestellung. Es wird eine Zahlung vereinnahmt, die Ertrag für eine bestimmte Zeit nach dem Bilanzstichtag darstellt. Nach HGB ist ein passiver Rechnungsabgrenzungsposten nach § 250 Abs. 2 HGB zu bilden (gesonderter Ausweis in der Bilanz nach § 266 Abs. 3 D HGB). Dieser Sachverhalt führt damit nicht zur Erfassung einer Verbindlichkeit bzw. erhaltenen Anzahlung im HGB-Abschluss. In 01 ist zu buchen:

Bank	7 140	
an Passiver Rechnungsabgrenzungsposten		6 000
an Umsatzsteuer		1 140

   Die Mieterträge sind dann in 02 periodengerecht zu realisieren, der passive Rechnungsabgrenzungsposten dementsprechend mit folgender Buchung in 02 aufzulösen:

Passiver Rechnungsabgrenzungsposten	6 000	
an Mieterträge		6 000

Nach den IFRS gibt es zwar keine gesonderten Bilanzpositionen für die Rechnungsabgrenzung. Die Erträge müssen nach dem Accrual-Prinzip aber ebenfalls periodengerecht abgegrenzt werden. Da obiger passiver Rechnungsabgrenzungsposten innerhalb von 12 Monaten realisiert wird, ist der Sachverhalt in 01 als deferred income unter den kurzfristigen Verbindlichkeiten (current liabilities) auszuweisen. Die Auflösung erfolgt dann analog zum HGB in 02.

3. Der Übergang des wirtschaftlichen Eigentums an der gekauften Maschine erfolgt zum 01.10.01; zu diesem Zeitpunkt ist die Maschine zu aktivieren und es ist die Verbindlichkeit zum Kurs am 01.10.01 (1 $ = 1,1 GE) einzubuchen (Verbindlichkeit aus Lieferungen und Leistungen nach § 266 Abs. 3 C.4 HGB). Damit wird die Verbindlichkeit zum Erfüllungsbetrag nach § 253 Abs. 1 Satz 2 HGB erfasst.
Buchungssatz zum 01.10.01:

Maschinen	440 000	
an Verbindlichkeiten aus Lieferungen und Leistungen		440 000

Die Maschine wird dann über die Restnutzungsdauer planmäßig abgeschrieben (auf die Folgebewertung der Maschine ist lt. Aufgabenstellung nicht weiter einzugehen). Zum 31.12.01 ist der Wertansatz der Verbindlichkeit zu überprüfen. Nach § 256 a HGB sind auf fremde Währung lautende Verbindlichkeiten zum Devisenkassamittelkurs am Abschlussstichtag (1 $ = 1,0 GE) umzurechnen. Da die Restlaufzeit der Verbindlichkeit weniger als ein Jahr beträgt, sind das Realisations- bzw. Imparitätsprinzip und das Anschaffungskostenprinzip nicht anzuwenden (§ 256 a Satz 2 HGB). Die Umrechnung zum Stichtagskurs ergibt eine Verbindlichkeit von 400 000 GE, es resultiert ein erfolgswirksamer Kursgewinn von 40 000 GE.
Buchungssatz zum 31.12.01:

Verbindlichkeiten aus Lieferungen und Leistungen	40 000	
an Ertrag aus Kursgewinnen		40 000

Nach § 277 Abs. 5 Satz 2 HGB sind die Erträge aus der Währungsumrechnung in der Gewinn- und Verlustrechnung gesondert unter dem Posten »Sonstige betriebliche Erträge« auszuweisen. Zum Bilanzstichtag ist die Verbindlichkeit aus Lieferungen und Leistungen damit mit einem Betrag von 400 000 GE passiviert. In 02 wird die Verbindlichkeit am 01.02.02 bezahlt, der relevante Umrechnungskurs beträgt 1 $ = 1,05 GE. Die Bezahlung in 02 wird wie folgt gebucht:
Buchungssatz zum 01.02.02:

Verbindlichkeiten aus Lieferungen und Leistungen	400 000	
Aufwand aus Kursverlusten	20 000	
an Bank		420 000

Die Auswirkungen von Wechselkursänderungen im IFRS-Abschluss sind in IAS 21 geregelt. Monetäre Bilanzposten wie Verbindlichkeiten sind zum Kurs am Bilanzstichtag erfolgswirksam umzurechnen (IAS 21.23 a). Eine Begrenzung auf die Anschaffungskosten bzw. auf den Rückzahlungsbetrag findet nicht statt, und zwar auch nicht bei einer Restlaufzeit von mehr als einem Jahr. Die Behandlung des Sachverhalts im IFRS-Abschluss ist also analog zum HGB-Abschluss.

4. Das Bankdarlehen ist nach HGB unter den Verbindlichkeiten gegenüber Kreditinstituten (§ 266 Abs. 3 C.2) auszuweisen und zum Erfüllungsbetrag nach § 253 Abs. 1 Satz 2 HGB zu bewerten. Die Restlaufzeit der Verbindlichkeit ist im Anhang anzugeben (§ 285 Nr. 1 a HGB). Für die Behandlung des Disagios ist § 250 Abs. 3 HGB einschlägig. Das Disagio kann als Rechnungsabgrenzungsposten aktiviert und über die Laufzeit abgeschrieben werden. Alternativ ist nach HGB eine sofortige Aufwandserfassung des Disagios zulässig. Sofern ein möglichst niedriger Gewinn ausgewiesen werden soll, wird die Bossert GmbH das Disagio sofort als Zinsaufwand erfassen und wie folgt in 01 buchen:
   Wahlrechtsausübung Aufwandserfassung:

Bank	96 000	
Zinsaufwand	4 000	
an Verbindlichkeiten gegenüber Kreditinstituten		100 000

   Im Falle eines c. p. möglichst hohen Gewinnausweises wird eine Aktivierung des Disagios gewählt.

   Wahlrechtsausübung Aktivierung als Rechnungsabgrenzungsposten:

Bank	96 000	
Aktiver Rechnungsabgrenzungsposten	4 000	
an Verbindlichkeiten gegenüber Kreditinstituten		100 000

   Nach § 268 Abs. 6 HGB ist das unter den Rechnungsabgrenzungsposten aktivierte Disagio in der Bilanz gesondert auszuweisen oder im Anhang anzugeben.
   In der Folgezeit ist das aktivierte Disagio dann gemäß § 250 Abs. 3 HGB über die Laufzeit (hier 8 Jahre) zu verteilen und dementsprechend als jährlicher anteiliger Zinsaufwand zu erfassen.

   Nach IFRS handelt es sich um eine langfristige finanzielle Verbindlichkeit, die zunächst mit dem Gegenwert der erhaltenen Leistung (96 000 GE) anzusetzen ist. Dieser Betrag wird dann in den folgenden Jahren mit der Effektivzinsmethode auf den Rückzahlungsbetrag von 100 000 GE aufgezinst (IAS 39.43 ff.).
   Buchungssatz 01:

Bank	96 000	
an Verbindlichkeiten gegenüber Kreditinstituten		96 000

   Der mittels linearer Interpolation durch ein Tabellenkalkulationsprogramm ermittelte interne Zinsfuß (Effektivzins) beträgt 3,79 % (3,2 % nominal), die Verbindlichkeit wird in den Folgejahren wie folgt aufgezinst:

Stichtag	BW Verbindlichkeit	Zinsaufwand Aufzinsung	Zinsaufwand nominal (3,2 %)	Zinsaufwand effektiv
31.12.01*	96 000			
31.12.02	96 437	437	3 200	3 637
31.12.03	96 891	454	3 200	3 654
31.12.04	97 363	472	3 200	3 672
31.12.05	97 852	489	3 200	3 689
31.12.06	98 359	507	3 200	3 707
31.12.07	98 886	527	3 200	3 727
31.12.08	99 433	547	3 200	3 747
31.12.09**	0	567	3 200	3 767

* Darlehensausreichung am 28.12.01
** Darlehenstilgung i. H.v. 100 000 GE am 28.12.09

In 02 wird wie folgt gebucht:

Zinsaufwand	3 637	
an Bank		3 200
an Verbindlichkeiten gegenüber Kreditinstituten		437

Der nominale Zinsaufwand beträgt jährlich 3 200 GE (3,2 % von 100 000 GE). Das Disagio wird beim erstmaligen Ansatz vom Nennbetrag der Verbindlichkeit abgezogen, in den Folgeperioden wird die Verbindlichkeit dann ergebniswirksam auf den Rückzahlungsbetrag zugeschrieben. Eine Aktivierung des Disagios oder eine sofortige erfolgswirksame Erfassung wie nach HGB ist im IFRS-Abschluss nicht zulässig.

5. Die Volksauto AG ist Mehrheitsgesellschafter der Bossert GmbH, damit liegt eine Verbindlichkeit gegenüber verbundenen Unternehmen nach § 266 Abs. 3 C.6 HGB vor (vgl. zu dem Begriff »verbundene Unternehmen« § 271 Abs. 2 HGB). Gemäß § 42 Abs. 3 GmbHG hat die Bossert GmbH die Verbindlichkeiten gegenüber Gesellschaftern gesondert auszuweisen oder im Anhang anzugeben; wird die Verbindlichkeit unter anderen Posten (Verbindlichkeiten gegenüber verbundenen Unternehmen) ausgewiesen, so muss der Betrag der Verbindlichkeiten gegenüber Gesellschaftern mittels gesondertem Vermerk oder einer Anhangangabe kenntlich gemacht werden. Die Verbindlichkeit ist zum Erfüllungsbetrag nach § 253 Abs. 1 Satz 2 HGB anzusetzen, eine Abzinsung der unverzinslichen Verbindlichkeit ist im HGB nicht zulässig. In 01 wird im HGB-Abschluss gebucht:

Bank	200 000	
an Verbindlichkeiten gegenüber verbundenen Unternehmen		200 000

Nach IFRS werden finanzielle Verbindlichkeiten bei der erstmaligen Erfassung mit dem beizulegenden Zeitwert der erhaltenen Gegenleistung erfasst (IAS 39.43 i. V. m. IAS 39.A64). Sofern der Abzinsungseffekt wesentlich ist, werden unverzinsliche Verbindlichkeiten unter Anwendung des marktüblichen Zinssatzes (hier 5 %) mit dem Barwert angesetzt (IAS 39.A64). Es resultiert ein Wertansatz der Verbindlichkeit von 156 705 GE (= 200 000 : $1{,}05^5$), die unter den langfristigen finanziellen Verbindlichkeiten ausgewiesen wird. In 01 wird im IFRS-Abschluss gebucht:

Bank	200 000	
an Verbindlichkeiten gegenüber verbundenen Unternehmen		156 705
an Zinsertrag		43 295

In den Folgeperioden wird die Verbindlichkeit sukzessive aufgezinst:

Stichtag	Zinsaufwand Aufzinsung	Buchwert Verbindlichkeit
31.12.01*		156 705
31.12.02	7 835	164 540
31.12.03	8 227	172 767
31.12.04	8 638	181 406
31.12.05	9 070	190 476
31.12.06**	9 524	0

* Darlehensausreichung am 28.12.01
** Darlehenstilgung i. H.v. 200 000 GE am 28.12.06

6. Die Doppelzahlung darf nicht ertragswirksam vereinnahmt werden, sondern ist als sonstige Verbindlichkeit (§ 266 Abs. 3 C.8 HGB) bzw. nach IFRS als »current other liability« zum Erfüllungsbetrag bzw. zum Wert des Ressourcenabflusses i. H.v. 1 190 GE anzusetzen. In 01 wird gebucht (wobei in der Praxis die Doppelzahlung eines Kunden im Allgemeinen als kreditorischer Debitor erfasst wird, der dann unter die sonstigen Verbindlichkeiten umgegliedert wird):

Bank	1 190	
an Sonstige Verbindlichkeiten		1 190

In 02 erfolgt dann mit der Erstattung der Doppelzahlung der Ausgleich dieser sonstigen Verbindlichkeit:

Sonstige Verbindlichkeiten	1 190	
an Bank		1 190

8.3 Fremdwährungsverbindlichkeiten und Bewertungseinheiten

Sachverhalt

1. Die Metallix AG, ein weltweit tätiger Metallhändler kauft am 15.12.01 Kupfer. Die Eingangsrechnung lautet auf Dollar ($) und weist einen Betrag von 600 000 $ aus. Die Verbindlichkeit ist zum 31.03.02 zu begleichen. Die relevanten Umrechnungskurse betragen:
   15.12.01: 1 $ = 1,1 GE
   31.12.01: 1 $ = 1,0 GE
   31.03.02: 1 $ = 1,2 GE
2. Des Weiteren hat die Metallix AG am 01.12.01 ein Darlehen von der Schweizer Bank AG i. H.v. 1 000 000 CHF aufgenommen. Die Laufzeit des Darlehens beträgt fünf Jahre, die relevanten Umrechnungskurse sind:
   01.12.01: 1 CHF = 1,2 GE
   31.12.01: 1 CHF = 1,15 GE

Aufgabe

a) Wie sind die dargestellten Sachverhalte im Jahresabschluss der Metallix AG zum 31.12.01 nach HGB zu behandeln? Geben Sie auch jeweils die erforderlichen Buchungssätze an (für 01 und 02)!
b) Welche Besonderheiten ergeben sich bei der Fremdwährungsumrechnung nach IFRS?
c) Ergänzung: Für die Metallix AG besteht aufgrund der Tatsache, dass die Rückzahlung der Verbindlichkeiten in fremder Währung zu erfolgen hat, ein Wechselkursrisiko. Dieses Risiko soll bei der Kupferlieferung durch Abschluss eines Devisentermingeschäfts vermieden werden. Die Metallix AG schließt deswegen am 15.12.01 ein Devisentermingeschäft ab, nach dem Ende März 02 der Kauf von 600 000 $ zu einem festgelegten Kurs von 1 $ = 1,1 GE erfolgt. Wie ist dieser Sachverhalt dann bilanziell im HGB-Abschluss zu erfassen? (Hinweis: Die Metallix AG fasst Verbindlichkeit und Devisentermingeschäft zu einer Bewertungseinheit zusammen.)
d) Welche Besonderheiten ergeben sich bei Sicherungsgeschäften im IFRS-Abschluss?

Lösung

a) Behandlung der Sachverhalte im HGB-Abschluss

Verbindlichkeit aus Kupferlieferung

Der Übergang des wirtschaftlichen Eigentums am Kupfer erfolgt zum 15.12.01, zu diesem Zeitpunkt ist auch die Verbindlichkeit zum Kurs 1 $ = 1,1 GE einzubuchen (Verbindlichkeit aus Lieferungen und Leistungen nach § 266 Abs. 3 C.4). Damit wird die Verbindlichkeit zum Erfüllungsbetrag nach § 253 Abs. 1 Satz 2 HGB erfasst.
Buchungssatz zum 15.12.01:

Waren	660 000	
an Verbindlichkeiten aus Lieferungen und Leistungen		660 000

Zum 31.12.01 ist der Wertansatz der Verbindlichkeit zu überprüfen. Nach § 256 a HGB sind auf fremde Währung lautende Verbindlichkeiten zum Devisenkassamittelkurs am Abschlussstichtag (1 $ = 1,0 GE) umzurechnen. Da die Restlaufzeit der Verbindlichkeit weniger als ein Jahr beträgt,

sind das Realisations- bzw. Imparitätsprinzip und das Anschaffungskostenprinzip nicht anwendbar (§ 256 a Satz 2 HGB). Die Umrechnung zum Stichtagskurs ergibt eine Verbindlichkeit von 600 000 GE, es resultiert ein erfolgswirksamer Kursgewinn von 60 000 GE.
Buchungssatz zum 31.12.01:

Verbindlichkeiten aus Lieferungen und Leistungen	60 000	
an Ertrag aus Kursgewinnen		60 000

Nach § 277 Abs. 5 Satz 2 HGB sind die Erträge aus der Währungsumrechnung in der Gewinn- und Verlustrechnung gesondert unter dem Posten »Sonstige betriebliche Erträge« auszuweisen. Zum Bilanzstichtag ist die Verbindlichkeit aus Lieferungen und Leistungen damit mit einem Betrag von 600 000 GE passiviert. In 02 wird die Verbindlichkeit am 31.03.02 bezahlt, der relevante Umrechnungskurs beträgt 1 $ = 1,2 GE. Die Bezahlung in 02 wird wie folgt gebucht:
Buchungssatz zum 31.03.02:

Verbindlichkeiten aus Lieferungen und Leistungen	600 000	
Aufwand aus Kursverlusten	120 000	
an Bank		720 000

Darlehensverbindlichkeit
Das Bankdarlehen ist unter den Verbindlichkeiten gegenüber Kreditinstituten (§ 266 Abs. 3 C.2 HGB) auszuweisen und zum Erfüllungsbetrag nach § 253 Abs. 1 Satz 2 HGB zu bewerten. Die Restlaufzeit der Verbindlichkeit ist im Anhang anzugeben (§ 285 Nr. 1 a HGB). Die Verbindlichkeit wird mit dem Kurs zum Entstehungszeitpunkt am 01.12.01 (1 CHF = 1,2 GE) eingebucht:

Bank	1 200 000	
an Verbindlichkeiten gegenüber Kreditinstituten		1 200 000

Für die Umrechnung der Fremdwährungsverbindlichkeit ist § 256 a HGB einschlägig (Umrechnung zum Devisenkassamittelkurs am Abschlussstichtag). Da die Restlaufzeit dieser Verbindlichkeit mehr als ein Jahr beträgt, darf aufgrund der Beachtung des Höchstwertprinzips der Bilanzansatz aus der erstmaligen Bewertung nicht unterschritten werden. Die Umrechnung mit dem Devisenkassamittelkurs am Bilanzstichtag (1 CHF = 1,15 GE) ergäbe eine Verbindlichkeit von 1 150 000 GE und damit einen Kursgewinn von 50 000 GE, der aber nicht erfasst werden darf. Der Bilanzansatz der Verbindlichkeit zum 31.12.01 beläuft sich unverändert auf 1 200 000 GE.

b) Besonderheiten bei der Fremdwährungsumrechnung nach IFRS
Die Auswirkungen von Wechselkursänderungen im IFRS-Abschluss sind in IAS 21 geregelt. Monetäre Bilanzposten wie Verbindlichkeiten, die zu einem festen oder bestimmbaren Geldausgang führen, sind zum Kurs am Bilanzstichtag erfolgswirksam umzurechnen (IAS 21.23 a). Eine Begrenzung auf die Anschaffungskosten bzw. auf den Rückzahlungsbetrag findet nicht statt, und zwar auch nicht bei einer Restlaufzeit von mehr als einem Jahr. Die Behandlung des Sachverhalts »Verbindlichkeit aus Kupferlieferung« im IFRS-Abschluss ist also analog zum HGB-Abschluss. Die Darlehensverbindlichkeit ist im IFRS-Abschluss mit dem Stichtagskurs erfolgswirksam umzurechnen, da das Höchstwertprinzip nicht einschlägig ist.

c) Ergänzung: Bilanzielle Behandlung bei Abschluss des Devisentermingeschäfts
Die Metallix AG bildet eine Bewertungseinheit nach § 254 HGB aus der Fremdwährungsverbindlichkeit (Grundgeschäft) und dem Devisentermingeschäft (Sicherungsgeschäft). Aufgrund der Sicherung durch das Devisentermingeschäft haben Wechselkursänderungen keinen Einfluss mehr auf die zur Tilgung erforderlichen Beträge in GE. Wertänderungen beim Grundgeschäft werden vollständig durch Wertänderungen beim Sicherungsgeschäft kompensiert. Diese Wertänderungen werden außerbilanziell saldiert und finden insofern keinen Eingang in die Bilanz sowie die Gewinn- und Verlustrechnung. Die im Ausgangssachverhalt dargestellten Buchungen (Erfassung eines Kursgewinnes zum 31.12.01, Berücksichtigung eines Kursverlustes zum 31.03.02) sind hier nicht sachgerecht, da Wechselkursrisiken durch das Sicherungsgeschäft ausgeschlossen sind. Zum 15.12.01 wird die Verbindlichkeit mit 660 000 GE eingebucht; in dieser Höhe fließen dann auch GE zum 31.03.02 ab. Im Anhang hat die Metallix AG die gebildeten Bewertungseinheiten gemäß § 285 Nr. 23 HGB zu erläutern.

d) Besonderheiten bei Sicherungsgeschäften im IFRS-Abschluss
Das sog. Hedge-Accounting ist in IAS 39 geregelt (vgl. zu den Voraussetzungen IAS 39.88). Der Standard differenziert zwischen Fair-Value-Hedge (Absicherung des beizulegenden Zeitwertes), Cashflow-Hedge (Absicherung von Zahlungsströmen) und Hedges of Net Investment in a Foreign Entity (Absicherung von Nettoinvestitionen in einen ausländischen Geschäftsbetrieb). Im Sachverhalt wird der Wert der Verbindlichkeit abgesichert. Im IFRS-Abschluss werden die Wertänderungen des Sicherungsinstruments beim Fair-Value-Hedge ergebniswirksam in der Gewinn- und Verlustrechnung berücksichtigt. Kompensatorisch wird die Wertänderung des Grundgeschäfts erfasst, d. h. der Sicherungseffekt wird durch gegenläufige Aufwendungen und Erträge in der Gewinn- und Verlustrechnung abgebildet.

8.4 Ansatz, Bewertung und Ausweis von Rückstellungen nach HGB und IFRS

Sachverhalt
Herr Unklar, der Buchhalter der Wachtmeister AG, benötigt bei der Erstellung des Jahresabschlusses zum 31.12.01 nach HGB und IFRS Ihre Unterstützung bei der Bilanzierung der Rückstellungen.

Aufgabe
a) Erläutern Sie Herrn Unklar die Ansatzvoraussetzungen für Rückstellungen nach HGB und IFRS. Gehen Sie dabei auch auf die relevanten Ausweisvorschriften ein.
b) Erläutern Sie Herrn Unklar die zentralen Bewertungsvorschriften für Rückstellungen nach HGB und IFRS.

Lösung

a) Ansatzvoraussetzungen für Rückstellungen nach HGB und IFRS

HGB

§ 249 HGB regelt den Ansatz von Rückstellungen. Nach § 249 Abs. 1 Satz 1 und Satz 2 HGB sind Rückstellungen zu bilden (Passivierungspflicht) für

- ungewisse Verbindlichkeiten,
- drohende Verluste aus schwebende Geschäften,
- im Geschäftsjahr unterlassene Instandhaltungen, die im folgenden Geschäftsjahr innerhalb von drei Monaten nachgeholt werden,
- im Geschäftsjahr unterlassene Aufwendungen für Abraumbeseitigung, die im folgenden Geschäftsjahr nachgeholt werden,
- Gewährleistungen, die ohne rechtliche Verpflichtung erbracht werden.

Für andere Zwecke dürfen nach § 249 Abs. 2 Satz 1 HGB keine Rückstellungen gebildet werden.

Nach dem Bilanzgliederungsschema in § 266 HGB sind die folgenden Rückstellungsposten gesondert auszuweisen:

- Rückstellungen für Pensionen und ähnliche Verpflichtungen,
- Steuerrückstellungen,
- Sonstige Rückstellungen.

Steuerrückstellungen und Pensionsrückstellungen sind als Rückstellungen für ungewisse Verbindlichkeiten zu klassifizieren.

IFRS

Nach IAS 37.14 besteht bei kumulativer Erfüllung der folgenden Kriterien eine Ansatzpflicht für Rückstellungen:

- Dem Unternehmen ist aus einem Ereignis der Vergangenheit eine gegenwärtige Verpflichtung (rechtlich oder faktisch) entstanden.
- Der Abfluss von Ressourcen mit wirtschaftlichem Nutzen zur Erfüllung dieser Verpflichtung ist wahrscheinlich. Und:
- Eine verlässliche Schätzung der Verpflichtung ist möglich.

Damit beschränkt sich der Ansatz von Rückstellungen auf Außenverpflichtungen, denen sich das Unternehmen nicht entziehen kann (ein Ansatz von Aufwandsrückstellungen wie z. B. für unterlassene Instandhaltungen ist im IFRS-Abschluss insofern nicht zulässig). Rückstellungen (provisions) sind nach IAS 37.10 als Verpflichtungen definiert, bei denen Ungewissheit bezüglich ihrer Fälligkeit oder ihrer Höhe besteht. Der Ausweis von Rückstellungen erfolgt separat; abgegrenzte Schulden (accruals) mit einer deutlich geringeren Unsicherheit wie z. B. ausstehende Eingangsrechnungen oder Urlaubsrückstände von Mitarbeitern werden häufig als Teil der Verbindlichkeiten aus Lieferungen und Leistungen und sonstigen Verbindlichkeiten ausgewiesen (IAS 37.11).

b) Zentrale Bewertungsvorschriften für Rückstellungen nach HGB und IFRS

Rückstellungen sind gemäß § 253 Abs. 1 Satz 2 HGB i. H.d. nach vernünftiger kaufmännischer Beurteilung notwendigen Erfüllungsbetrags anzusetzen. Die Verwendung des Begriffs Erfüllungsbetrag bedeutet, dass künftige Preis- und Kostensteigerungen bei der Rückstellungsbewertung zu berücksichtigen sind.

Nach § 253 Abs. 2 Satz 1 HGB sind Rückstellungen mit einer Restlaufzeit von mehr als einem Jahr mit dem ihrer Restlaufzeit entsprechenden durchschnittlichen Marktzinssatz der vergangenen sieben Geschäftsjahre abzuzinsen (Abzinsungspflicht). Die anzuwendenden Abzinsungssätze werden von der Deutschen Bundesbank nach Maßgabe einer Rechtsverordnung ermittelt und monatlich bekannt gegeben. Im Umkehrschluss folgt, dass eine Abzinsung bei Rückstellungen mit einer Restlaufzeit von weniger als einem Jahr nicht geboten ist.

Im IFRS-Abschluss hat die Bewertung der Rückstellungen mit dem Betrag zu erfolgen, der die bestmögliche Schätzung (best estimate) der Ausgabe darstellt, die zur Erfüllung der gegenwärtigen Verpflichtung zum Abschlussstichtag erforderlich ist (IAS 37.36). Sofern der Abzinsungseffekt wesentlich ist, sind die Rückstellungen nach IAS 37.45 mit dem Barwert der erwarteten Ausgaben anzusetzen. Künftige Ereignisse, die den zur Erfüllung der Verpflichtung erforderlichen Betrag beeinflussen können, sind bei der Rückstellungsbewertung zu berücksichtigen, sofern es ausreichende objektive substanzielle Hinweise auf deren Eintritt gibt (IAS 37.48).

8.5 Verbuchung von Rückstellungen nach HGB

Sachverhalt

Herr Unklar, der Buchhalter der Wachtmeister AG, benötigt bei der Verbuchung der folgenden Sachverhalte im HGB-Abschluss zum 31.12.01 Ihre Unterstützung:

1. Für eine ausstehende Rechnung eines Rechtsanwalts soll zum 31.12.01 eine Rückstellung i. H. v. 11 000 GE gebildet werden.
2. Im Vorjahr wurde eine Rückstellung für Prozessrisiken i. H.v. 35 000 GE gebildet. Dieser Prozess wurde in 01 gewonnen, so dass kein Bedarf an Prozesskostenrückstellungen mehr besteht.
3. Im Vorjahr wurde eine Gewährleistungsrückstellung i. H.v. 100 000 GE gebildet. Die Restlaufzeit der Rückstellung wurde zum Ende des Vorjahres sachgerecht auf drei Jahre geschätzt, die Rückstellung wurde entsprechend § 253 Abs. 2 Satz 1 HGB abgezinst. Die Einschätzung des Erfüllungsbetrags für diese Rückstellung ist zum 31.12.01 unverändert. Herr Unklar möchte wissen, wie er den Effekt aus der durch Zeitablauf kürzeren Restlaufzeit dieser Rückstellung verbuchen muss. Der relevante Abzinsungssatz soll sich auf 5 % belaufen.
4. Im Vorjahr wurde eine Rückstellung für unterlassene Instandhaltungen i. H.v. 20 000 GE gebildet. In 01 ist die entsprechende Handwerkerrechnung eingegangen, und zwar
   Variante 1: mit einem Betrag von 15 000 GE zzgl. 19 % Umsatzsteuer,
   Variante 2: mit einem Betrag von 25 000 GE zzgl. 19 % Umsatzsteuer.

Aufgabe

Wie sind die dargestellten Sachverhalte im Jahresabschluss nach HGB zum 31.12.01 zu verbuchen? Geben Sie die erforderlichen Buchungssätze an. Begründen Sie Ihre Entscheidungen.

Lösung

1. Es handelt sich um eine Rückstellung für ungewisse Verbindlichkeiten nach § 249 Abs. 1 Satz 1 HGB, die wie folgt zu verbuchen ist:

Rechts- und Beratungskosten	11 000	
an Sonstige Rückstellungen		11 000

2. Da der Grund für die Rückstellung entfallen ist, ist die Rückstellung ergebniswirksam aufzulösen (§ 249 Abs. 2 Satz 2 HGB):

Sonstige Rückstellungen	35 000	
an Ertrag aus der Auflösung von Rückstellungen		35 000

3. Nach dem Sachverhalt hat sich die Einschätzung des Erfüllungsbetrags von 115 763 GE nicht geändert (da die Restlaufzeit noch zwei Jahre beträgt, beläuft sich der abzuzinsende Erfüllungsbetrag bei einem Zinssatz von 5 % auf rund 115 763 GE). Allerdings ist die Rückstellung ergebniswirksam aufzuzinsen, und zwar mit dem angegebenen Zinssatz von 5 %.

Zinsaufwand	5 000	
an Sonstige Rückstellungen		5 000

Der Bilanzansatz der Rückstellung beläuft sich damit zum 31.12.01 auf 105 000 GE. Nach § 277 Abs. 5 Satz 1 HGB sind die Aufwendungen aus der Aufzinsung in der Gewinn- und Verlustrechnung gesondert unter dem Posten »Zinsen und ähnliche Aufwendungen« auszuweisen.

4. In der Variante 1 ist die Handwerkerrechnung mit einem Betrag von 15 000 GE zzgl. 19 % Umsatzsteuer eingegangen. Die i. H.v. 20 000 GE gebildete Rückstellung ist deswegen mit einem Teilbetrag von 5 000 GE aufzulösen, 15 000 GE stellen den Verbrauch der Rückstellung dar. Es ist wie folgt zu buchen:

Instandhaltungsaufwand	15 000	
Vorsteuer	2 850	
an Verbindlichkeiten aus Lieferungen und Leistungen		17 850
Sonstige Rückstellungen	20 000	
an Instandhaltungsaufwand		15 000
an Ertrag aus der Auflösung von Rückstellungen		5 000

Zusammengefasst verbleibt in der Gewinn- und Verlustrechnung ein Ertrag aus der Auflösung von Rückstellungen i. H.v. 5 000 GE (der zunächst beim Rechnungseingang erfasste Instandhaltungsaufwand wird als Verbrauch der Rückstellung klassifiziert und dementsprechend neutralisiert).

In der Variante 2 ist die Handwerkerrechnung mit einem Betrag von 25 000 GE zzgl. 19 % Umsatzsteuer eingegangen. Die i. H.v. 20 000 GE gebildete Rückstellung ist um 5 000 GE zu gering dotiert. Die Rückstellung ist in voller Höhe zu verbrauchen und es ist in 02 ein zusätzlicher Instandhaltungsaufwand zu erfassen. Gebucht wird wie folgt:

Instandhaltungsaufwand	25 000	
Vorsteuer	4 750	
an Verbindlichkeiten aus Lieferungen und Leistungen		29 750
Sonstige Rückstellungen	20 000	
an Instandhaltungsaufwand		20 000

Zusammengefasst verbleibt in der Gewinn- und Verlustrechnung des Jahres 01 ein Instandhaltungsaufwand von 5 000 GE.

8.6 Rückstellungen für ungewisse Verbindlichkeiten

Sachverhalt

Bei der Bertram AG sind folgende Sachverhalte im Jahresabschluss zum 31.12.01 nach HGB und IFRS zu beurteilen:

1. Die Bertram AG wird von einem Konkurrenzunternehmen auf Schadensersatz i. H.v. 120 000 GE wegen einer Patentrechtsverletzung verklagt. Die gesamten Anwalts-, Gutachter- und Beratungskosten werden etwa 12 000 GE betragen. Nach Einschätzung des betreuenden Rechtsanwalts ist Anfang 02 mit einer Verurteilung in voller Höhe zu rechnen.
2. Mit den leitenden Angestellten hat die Bertram AG Tantiemevereinbarungen getroffen. Abhängig vom Zielerreichungsgrad im Geschäftsjahr wird den leitenden Angestellten eine variable Vergütung gewährt, die mit den März-Gehältern des Folgejahres ausbezahlt wird. Der Zielerreichungsgrad wird vom Vorstand vorläufig ermittelt und dann im Nachgang zum Jahresbeurteilungsgespräch abschließend festgelegt. Zum Zeitpunkt der Bilanzaufstellung haben die Jahresbeurteilungsgespräche für 01 noch nicht stattgefunden, nach Einschätzung des Vorstands und vor dem Hintergrund der Erfahrungen aus Vorjahren ist mit einer variablen Vergütung von rund 300 000 GE zu rechnen. Der hierauf entfallende Arbeitgeberanteil zur Sozialversicherung beträgt rund 42 000 GE.
3. Nach Einschätzung der Technik- und der Vertriebsabteilung ist zum 31.12.01 eine langfristige Gewährleistungsverpflichtung als Rückstellung zu passivieren. Man geht von einem Verpflichtungsaufwand von 100 000 GE aus. Zeitpunkt der Inanspruchnahme wird voraussichtlich Ende 06 sein. Es wird mit einer jährlichen Kostensteigerungsrate von 2 % gerechnet. Der für die Abzinsung relevante Diskontierungsfaktor soll sich sowohl nach HGB als auch nach IFRS auf 5 % belaufen.
4. Ergänzend zu dieser Garantieverpflichtung wird die Bertram AG auch in Zukunft Kulanzleistungen ohne rechtliche Verpflichtung erbringen müssen, um die eigene Marktposition stabil zu halten. Nach Einschätzung der Fachabteilungen ist hierfür ein Betrag von 50 000 GE zu veranschlagen (sämtliche Kulanzleistungen werden in der ersten Jahreshälfte 02 anfallen).
5. Ende des Jahres 01 wurde seitens der Bertram AG die Versicherung für Transportschäden gekündigt, da die jährlich zu zahlende Prämie nach den Erfahrungen der Vergangenheit über den durchschnittlich anfallenden Transportschäden liegt. In den vergangenen Jahren sind im Durchschnitt pro Jahr rund 15 000 GE für Transportschäden angefallen.
6. Für die Kosten der Prüfung des Jahresabschlusses zum 31.12.01 durch die audimex Wirtschaftsprüfungsgesellschaft sind voraussichtlich 20 000 GE netto zu veranschlagen. Die Prüfung wird im Februar und März 02 durchgeführt werden.
7. Laut Auskunft des Steuerberaters ist für 01 aufgrund der nur geringen Steuervorauszahlungen mit erheblichen Steuernachzahlungen zu rechnen. Nach Ermittlung des Steuerberaters ergeben sich Nachzahlungen für Körperschaftsteuer/Solidaritätszuschlag von 80 000 GE und für Gewerbesteuer von 60 000 GE.
8. Ein im November 01 gekündigter leitender Angestellter hat die Bertram AG auf Zahlung einer Abfindung verklagt. Nach Einschätzung des betreuenden Rechtsanwalts muss die Bertram AG damit rechnen, zu einer Zahlung zwischen 60 000 GE und 100 000 GE verklagt zu werden (in dieser Bandbreite erscheinen alle Beträge gleich wahrscheinlich).
9. Aufgrund von Änderungen insbesondere im Umsatzsteuerrecht müssen alle Mitarbeiter der Steuerabteilung diverse Fortbildungsseminare besuchen. Die Fortbildungsmaßnahmen wurden im Dezember 01 beschlossen, die Veranstaltungen sollen dann im Februar und März 02 besucht werden. Es ist mit Kosten von rund 18 000 GE netto zu rechnen.

Aufgabe

Wie sind die dargestellten Sachverhalte im Jahresabschluss der Bertram AG zum 31.12.01 nach HGB und IFRS zu behandeln? Geben Sie auch jeweils die erforderlichen Buchungssätze an.

Lösung

1. Es handelt sich um eine Rückstellung für ungewisse Verbindlichkeiten nach § 249 Abs. 1 Satz 1 HGB, die zum nach vernünftiger kaufmännischer Beurteilung notwendigen Erfüllungsbetrag nach § 253 Abs. 1 Satz 2 HGB zu bewerten ist. Insofern ist eine Rückstellung i. H.v. insgesamt 132 000 GE zu passivieren.

Sonstige betriebliche Aufwendungen	132 000	
an Sonstige Rückstellungen		132 000

   Nach IFRS ist analog eine Rückstellung zu passivieren, da die Ansatzvoraussetzungen nach IAS 37.14 erfüllt sind. Insbesondere ist der Ressourcenabfluss wahrscheinlich, da mit einer Verurteilung zu rechnen ist. Die Bewertung erfolgt zum »best estimate« (IAS 37.36). Eine Abzinsung ist aufgrund Unwesentlichkeit vor dem Hintergrund der kurzen Restlaufzeit der Rückstellung nicht erforderlich (IAS 37.45).

2. Es handelt sich um eine Rückstellung für ungewisse Verbindlichkeiten nach § 249 Abs. 1 Satz 1 HGB, die zum nach vernünftiger kaufmännischer Beurteilung notwendigen Erfüllungsbetrag nach § 253 Abs. 1 Satz 2 HGB zu bewerten ist. Wirtschaftlich ist die variable Vergütung dem Jahr 01 zuzuordnen; der Auszahlungszeitpunkt ist für diese Beurteilung ohne Relevanz. Da nach vernünftiger Einschätzung des Vorstands und unter Berücksichtigung der Erfahrungen aus Vorjahren mit einer variablen Vergütung von 300 000 GE zu rechnen ist, ist dieser Betrag zzgl. des hierauf entfallenden Arbeitgeberanteils von 42 000 GE zu passivieren.

Löhne und Gehälter	300 000	
Soziale Abgaben	42 000	
an Sonstige Rückstellungen		342 000

   Nach IFRS ist analog eine Rückstellung zu passivieren, da die Ansatzvoraussetzungen nach IAS 37.14 erfüllt sind. Die Bewertung erfolgt zum »best estimate«, hier ebenfalls 342 000 GE (IAS 37.36). Eine Abzinsung ist aufgrund Unwesentlichkeit vor dem Hintergrund der kurzen Restlaufzeit der Rückstellung nicht erforderlich (IAS 37.45).

3. Es handelt sich um eine Rückstellung für ungewisse Verbindlichkeiten nach § 249 Abs. 1 Satz 1 HGB, die zum nach vernünftiger kaufmännischer Beurteilung notwendigen Erfüllungsbetrag nach § 253 Abs. 1 Satz 2 HGB zu bewerten ist. Bei der Bewertung der Rückstellung sind insofern auch die bei diesem Sachverhalt einschlägigen künftigen Kostensteigerungen zu berücksichtigen. Da die Restlaufzeit dieser Rückstellung mehr als ein Jahr (hier fünf Jahre) beträgt, ist nach § 253 Abs. 2 Satz 1 HGB eine Abzinsung erforderlich.
   - Ermittlung Erfüllungsbetrag: 100 000 GE × $(1+0{,}02)^5$ = 110 408 GE
   - Abzinsung des Erfüllungsbetrags: 110 408 GE : $(1+0{,}05)^5$ = 86 508 GE

   Die Rückstellung ist mit diesem diskontierten Wert zu passivieren.

Gewährleistungsaufwand	110 408	
an Sonstige Rückstellungen		110 408
Sonstige Rückstellungen	23 900	
an Zinsertrag		23 900

Nach IFRS ist analog eine Rückstellung zu passivieren, da die Ansatzvoraussetzungen nach IAS 37.14 erfüllt sind. Die Bewertung erfolgt zum »best estimate« (IAS 37.36). Künftige Kostensteigerungen sind gem. IAS 37.48 ebenfalls zu berücksichtigen. Da der Abzinsungseffekt wesentlich ist, ist die Rückstellung nach IAS 37.45 mit dem Barwert der erwarteten Ausgaben anzusetzen. Lt. Sachverhalt soll der Diskontierungsfaktor nach IFRS identisch sein, so dass sich keine Unterschiede zur Behandlung nach HGB ergeben. Sowohl nach HGB als auch nach IFRS ist die Rückstellung dann in Folgejahren sukzessive aufzuzinsen.

4. Für die Kulanzleistung ist eine Rückstellung nach § 249 Abs. 1 Satz 2 Nr. 2 HGB zu bilden. Entsprechend § 253 Abs. 1 Satz 2 HGB ist diese mit 50 000 GE zu bewerten.

Sonstiger betrieblicher Aufwand (Aufwendungen für Kulanz)	50 000	
an Sonstige Rückstellungen		50 000

Analog ist auch nach IAS 37.14 für diese nicht rechtlich, sondern faktisch begründeten Verpflichtungen eine Rückstellung i. H.v. 50 000 GE zu bilden. Aufgrund der kurzen Restlaufzeit ist weder nach HGB noch nach IFRS eine Abzinsung erforderlich.

5. Für die künftig zu erwartenden Transportschäden ist keine Versicherung mehr abgeschlossen, diese sind seitens der Bertram AG selbst zu tragen. Für diesen Sachverhalt kommt die Bildung einer Rückstellung aber nicht in Betracht, da die Ansatzvoraussetzungen weder nach § 249 HGB noch nach IAS 37 erfüllt sind. Die Bildung einer Rückstellung für künftig anfallende Transportschäden ist unzulässig.
6. Für die gesetzliche Verpflichtung zur Prüfung des Jahresabschlusses sind verpflichtend Rückstellungen nach § 249 Abs. 1 Satz 1 HGB zu passivieren, die nach § 253 Abs. 1 Satz 2 HGB zu bewerten sind. Es ist eine Rückstellung i. H.v. 20 000 GE zu passivieren.

Sonstiger betrieblicher Aufwand (Prüfungskosten)	20 000	
an Sonstige Rückstellungen		20 000

Nach IFRS ist analog eine Rückstellung zu passivieren, da die Ansatzvoraussetzungen nach IAS 37.14 erfüllt sind. Die Bewertung erfolgt zum »best estimate« (IAS 37.36). Eine Abzinsung ist weder nach HGB noch nach IFRS erforderlich.

7. Für die erwarteten Steuerschulden aus Körperschaftsteuer/Solidaritätszuschlag sowie Gewerbesteuer sind Rückstellungen für ungewisse Verbindlichkeiten nach § 249 Abs. 1 Satz 1 HGB anzusetzen, die nach § 253 Abs. 1 Satz 2 HGB zu bewerten sind. Zusammengefasst wird wie folgt gebucht:

Steuern vom Einkommen und vom Ertrag	140 000	
an Steuerrückstellungen		140 000

Die Steuerrückstellungen erfüllen die Kriterien nach IAS 37.14 und sind im IFRS-Abschlus analog zu passivieren.

8. Es handelt sich um eine Rückstellung für ungewisse Verbindlichkeiten nach § 249 Abs. 1 Satz 1 HGB, die zum nach vernünftiger kaufmännischer Beurteilung notwendigen Erfüllungsbetrag nach § 253 Abs. 1 Satz 2 HGB zu bewerten ist. Nach § 252 Abs. 1 Nr. 4 HGB ist vorsichtig zu bewerten. Bei der Rückstellungsbewertung bestehen Ermessensspielräume, tendenziell wird aber bei Beträgen, die mit der gleichen Wahrscheinlichkeit zu erwarten sind, der höchste Betrag angesetzt. Unter Berufung auf das Vorsichtsprinzip könnte also eine Rückstellungsbewertung i. H.v. 100 000 GE als vertretbar angesehen werden. Dies wird wie folgt verbucht:

Sonstiger betrieblicher Aufwand	100 000	
an Sonstige Rückstellungen		100 000

Nach IFRS ist analog eine Rückstellung zu passivieren, da die Ansatzvoraussetzungen nach IAS 37.14 erfüllt sind. Die Bewertung erfolgt zum »best estimate«; bei einer Bandbreite möglicher Ergebnisse mit gleichen Eintrittswahrscheinlichkeiten wird der Mittelpunkt der Bandbreite (Erwartungswert) angesetzt (IAS 37.39). Nach IFRS ist diese Rückstellung deswegen mit 80 000 GE zu bewerten.
Die Rückstellung wird jeweils aufwandswirksam eingebucht. Da die Abfindung nicht den Charakter einer Nachzahlung für geleistete Dienste hat, erscheint der Ausweis als sonstiger betrieblicher Aufwand (und nicht als Personalaufwand) in der Gewinn- und Verlustrechnung sachgerecht.
9. Die Mitarbeiter werden erst im folgenden Geschäftsjahr geschult, um den neuen fachlichen steuerlichen Anforderungen zu genügen. Es liegt keine Außenverpflichtung und auch sonst kein Anwendungsfall des § 249 HGB vor. Im IFRS-Abschluss darf ebenfalls keine Rückstellung gebildet werden, da kein verpflichtendes Ereignis der Vergangenheit vorliegt (IAS 37.14). Die Mitarbeiterschulungen sind erst im Jahr 02 mit Besuch der Veranstaltungen aufwandswirksam zu erfassen.

8.7 Rückstellungen für drohende Verluste aus schwebenden Geschäften

Sachverhalt

Bei der Nusser GmbH sind die folgenden Geschäftsvorfälle im Hinblick auf evtl. erforderlichen Rückstellungsbedarf zum 31.12.01 zu untersuchen:

1. Die Nusser GmbH hat im Januar der Periode 00 mit einem auf fünf Jahre befristeten Mietvertrag ein Gebäude in Kempten angemietet, um von dort aus den Markt im Allgäu zu erschließen. Die Jahresmiete beläuft sich auf 120 000 GE (netto). In Periode 01 zeigt sich, dass diese unternehmerische Zielsetzung nur teilweise erreicht werden kann. Auf Grund einer Personalfreisetzung in der Betriebsstätte Kempten können in den Folgejahren voraussichtlich 50 % der angemieteten Fläche betrieblich nicht mehr genutzt werden. Eine anderweitige Verwertung oder Untervermietung ist nicht möglich.
2. In 01 schloss die Nusser GmbH einen bis zum 31.12.03 laufenden Liefervertrag mit der Blech AG. Hiernach liefert die Nusser GmbH monatlich Kupferbauteile zum Preis von 120 000 GE zzgl. Umsatzsteuer. Aufgrund der zwischenzeitlich gestiegenen Kupferpreise erweist sich dieser Vertragsabschluss als sehr ungünstig für die Nusser GmbH, da die zu erwartenden monatlichen

Kosten von 130 000 GE über dem Verkaufspreis liegen. Nachverhandlungen hinsichtlich des Verkaufspreises hat die Blech AG abgelehnt. Zum 31.12.01 befinden sich keine Kupferbauteile im Bestand der Nusser GmbH.

3. Anfang Dezember 01 hat die Nusser GmbH bei einem Lieferanten hochwertiges Vormaterial bestellt. Die Lieferung ist für Februar 02 vorgesehen. Auch hier wurde ein ungünstiger Zeitpunkt für den Vertragsabschluss gewählt, da die Preise für das Vormaterial bis zum Bilanzstichtag erheblich gesunken sind. Der vereinbarte Einkaufspreis beläuft sich auf 150 000 GE zzgl. Umsatzsteuer, zum Bilanzstichtag hätte der Preis nur noch 110 000 GE zzgl. Umsatzsteuer betragen.

Aufgabe

Wie sind die dargestellten Sachverhalte im Jahresabschluss der Nusser GmbH zum 31.12.01 nach HGB und IFRS zu behandeln? Evtl. erforderliche Abzinsungen der Rückstellungen sind verbal zu erläutern, von einer Ermittlung der Abzinsung ist hier aus Vereinfachungsgründen abzusehen.

Lösung

Einschlägig ist jeweils die Frage, ob Rückstellungen für drohende Verluste aus schwebenden Geschäften zu bilanzieren sind. Gemäß § 249 Abs. 1 Satz 1 HGB besteht für Rückstellungen für drohende Verluste aus schwebenden Geschäften eine Passivierungspflicht. Ziel der Drohverlustrückstellung ist die Verlustantizipation bei schwebenden Geschäften. Als schwebende Geschäfte kommen dabei Absatz- und Beschaffungsgeschäfte in Betracht, und zwar in der Form von einmaligen Liefer-/Leistungsgeschäften oder Dauerschuldverhältnissen. Schwebende Geschäfte liegen dann vor, wenn weder Leistung noch Gegenleistung aus einem Vertrag erbracht wurden.

Auch nach IFRS besteht für Drohverlustrückstellungen nach IAS 37.66 eine Passivierungspflicht bei belastenden Verträgen (onerous contracts). Ein belastender Vertrag ist ein Vertrag, bei dem die unvermeidbaren Kosten zur Erfüllung der vertraglichen Verpflichtungen höher sind als der erwartete wirtschaftliche Nutzen (IAS 37.10). Wie nach HGB ist auch nach IFRS eine außerplanmäßige Abschreibung vorrangig (IAS 37.69), z. B. bei aktivierten Vorräten, die im Rahmen eines schwebenden Verlustgeschäftes veräußert werden.

Zu den einzelnen Sachverhalten:

1. Es liegt eine Außenverpflichtung aus einem schwebenden Geschäft vor, aus dem ein Verlust droht. Für die Perioden 02 bis 04 (Restlaufzeit des Mietvertrags) steht den Mietaufwendungen i. H.v. 50 % kein entsprechender wirtschaftlicher Nutzen gegenüber. Eine anderweitige Verwertung der angemieteten und leerstehenden Flächen ist nicht möglich, so dass sich ein Verpflichtungsüberschuss i. H.v. 50 % von 120 000 GE × 3 Jahre = 180 000 GE ergibt. Nach § 249 Abs. 1 Satz 1 i. V. m. § 253 Abs. 1 Satz 2 HGB ist eine Drohverlustrückstellung i. H.d. nach vernünftiger kaufmännischer Beurteilung erforderlichen Erfüllungsbetrags zu passivieren. Da die Restlaufzeit der Rückstellung mehr als ein Jahr beträgt, hat eine Abzinsung der Rückstellung nach § 253 Abs. 2 Satz 1 HGB zu erfolgen.
   Analog muss auch im IFRS-Abschluss nach IAS 37.14 und IAS 37.66 eine Drohverlustrückstellung passiviert werden. Eine Abzinsung ist nach IAS 37.45 ff. aufgrund der wesentlichen Wirkung des Zinseffektes notwendig.
2. Nach § 249 Abs. 1 Satz 1 i. V. m. § 253 Abs. 1 Satz 2 HGB ist eine Drohverlustrückstellung für dieses schwebende Absatzgeschäft i. H.d. nach vernünftiger kaufmännischer Beurteilung erforderlichen Erfüllungsbetrags zu passivieren. Pro monatlicher Teillieferung ist ein Verlust von 10 000 GE zu erwarten, kumuliert bis zum Ende der Vertragslaufzeit ein Gesamtverlust von

240 000 GE. Da die Restlaufzeit der Rückstellung mehr als ein Jahr beträgt, hat eine Abzinsung der Rückstellung nach § 253 Abs. 2 Satz 1 HGB zu erfolgen.
Analog muss auch im IFRS-Abschluss nach IAS 37.14 und IAS 37.66 eine Drohverlustrückstellung passiviert werden. Eine Abzinsung ist nach IAS 37.45 ff. aufgrund der wesentlichen Wirkung des Zinseffektes notwendig.
Sowohl nach HGB als auch nach IFRS wäre eine Abschreibung der Vorräte vorrangig gegenüber der Bildung einer Drohverlustrückstellung. Da sich zum Bilanzstichtag aber keine Kupferbauteile im Bestand befinden, ist eine Abschreibung nicht einschlägig.

3. Nach § 249 Abs. 1 Satz 1 i. V. m. § 253 Abs. 1 S. 2 HGB ist eine Drohverlustrückstellung für dieses schwebende Beschaffungsgeschäft i. H.d. nach vernünftiger kaufmännischer Beurteilung erforderlichen Erfüllungsbetrags zu passivieren. Eine Abzinsung ist nicht erforderlich. Aus dem Beschaffungsgeschäft droht ein Verlust bzw. ein Verpflichtungsüberschuss i. H.v. 40 000 GE, in dieser Höhe ist die Rückstellung zu passivieren.
Analog muss auch im IFRS-Abschluss nach IAS 37.14 und IAS 37.66 eine Drohverlustrückstellung passiviert werden. Eine Abzinsung ist nach IAS 37.45 ff. nur bei einer wesentlichen Wirkung des Zinseffektes notwendig, wovon hier nicht auszugehen ist.

8.8 Rückstellungen für unterlassene Instandhaltungen

Sachverhalt

Bei der Wolfram-Bau AG wurde das Hochregallager Anfang Oktober 01 beschädigt. Aufgrund der hohen zeitlichen Beanspruchung konnte die geplante Instandhaltung nicht mehr in 01 durchgeführt werden. Die Nachholung der Instandhaltung ist für Februar 02 vorgesehen und wird Kosten von rund 25 000 GE (netto) verursachen.

Ebenfalls beschädigt wurde Ende des Jahres 01 eine gemietete Spezialmaschine. Die Wolfram-Bau AG ist vertraglich zur Instandhaltung dieser Spezialmaschine verpflichtet. Die Instandhaltungsmaßnahme ist für April 02 geplant und wird Kosten von rund 15 000 GE (netto) verursachen.

Aufgabe

Wie sind die dargestellten Sachverhalte im Jahresabschluss der Wolfram-Bau AG zum 31.12.01 nach HGB und IFRS zu behandeln? Geben Sie auch jeweils die erforderlichen Buchungssätze an.

Lösung

Nach § 249 Abs. 1 Satz 2 Nr. 1 HGB ist für im Geschäftsjahr unterlassene Instandhaltungen, die im folgenden Geschäftsjahr innerhalb von drei Monaten nachgeholt werden, verpflichtend eine Rückstellung zu bilden. Da die Nachholung der Instandhaltung des Hochregallagers für Februar 02 vorgesehen ist, ist eine Rückstellung i. H.v. 25 000 GE (Bewertung gemäß § 253 Abs. 1 Satz 2 HGB) zu bilden. Der Buchungssatz in 01 lautet:

Instandhaltungsaufwendungen	25 000	
an Sonstige Rückstellungen		25 000

Eine Rückstellungsbildung wäre unzulässig, sofern die Instandhaltungsmaßnahme erst nach Ablauf der Frist von drei Monaten durchgeführt werden soll.

Rückstellungen für unterlassene Instandhaltungen stellen eine Innenverpflichtung dar. Eine Rückstellungsbildung hierfür ist im IFRS-Abschluss nicht zulässig. IAS 37.14 und IAS 37.20 fordern als Ansatzvoraussetzung für Rückstellungen das Vorliegen einer Außenverpflichtung, d. h. einer Verpflichtung gegenüber einem Dritten. Es besteht keine Verpflichtung gegenüber einem Dritten zur Reparatur des Hochregallagers. Im IFRS-Abschluss darf in 01 deswegen keine Rückstellung für die unterlassene Instandhaltung des Hochregallagers gebildet werden. Die Kosten sind bei Anfall in 02 als Aufwand zu erfassen.

Anders ist der Sachverhalt hinsichtlich der Spezialmaschine zu beurteilen. Hier besteht gegenüber dem Vermieter eine vertragliche Verpflichtung zur Instandhaltung. Es handelt sich deswegen nicht um eine Rückstellung für unterlassene Instandhaltungen, sondern um eine Rückstellung für ungewisse Verbindlichkeiten nach § 249 Abs. 1 Satz 1 HGB. Die Bewertung erfolgt zum nach vernünftiger kaufmännischer Beurteilung notwendigen Erfüllungsbetrag nach § 253 Abs. 1 Satz 2 HGB i. H.v. 15 000 GE. Der Buchungssatz in 01 lautet:

Instandhaltungsaufwendungen	15 000	
an Sonstige Rückstellungen		15 000

Nach IFRS ist analog eine Rückstellung zu passivieren, da die Ansatzvoraussetzungen nach IAS 37.14 erfüllt sind (insbesondere liegt hier eine Außenverpflichtung vor). Die Bewertung erfolgt zum »best estimate« (IAS 37.36) i. H.v. 15 000 GE.

8.9 Rückstellungen für Restrukturierungsmaßnahmen

Sachverhalt

Bei der Delic AG sind aufgrund wirtschaftlicher Schwierigkeiten umfangreiche Sanierungsmaßnahmen erforderlich. So soll der Standort Leipzig verkleinert werden. Der Vorstand hat für diese Restrukturierungsmaßnahme einen detaillierten Maßnahmen- und Ausgabenplan erstellt. Nach Verabschiedung dieses Plans in der Aufsichtsratssitzung wurde der Betriebsrat der Delic AG Mitte Dezember 01 über die erforderliche Restrukturierungsmaßnahme unterrichtet. Insbesondere für Abfindungen ist mit Restrukturierungskosten i. H.v. 1 200 000 GE zu rechnen.

Unabdingbar erscheint des Weiteren nach der Einschätzung einer renommierten Unternehmensberatungsgesellschaft ein Personalabbau am Standort Berlin. Das Gutachten der Unternehmensberatungsgesellschaft liegt dem Vorstand seit Mitte Dezember 01 vor. Weitere Schritte und konkrete Beschlüsse wurden bislang noch nicht veranlasst, voraussichtlich ist aber Mitte 02 ein Personalabbau erforderlich, der Abfindungszahlungen i. H.v. rund 500 000 GE nach sich ziehen wird.

Aufgabe

Wie sind die dargestellten Sachverhalte im Jahresabschluss der Delic AG zum 31.12.01 nach HGB und IFRS zu behandeln?

Lösung

Für die Restrukturierungskosten am Standort Leipzig ist nach § 249 Abs. 1 Satz 1 HGB eine Rückstellung zu bilden. Die Unterrichtung des Betriebsrates führt zur Annahme einer ungewissen

Verbindlichkeit (Ellrott/Riehl, in: Ellrott u. a., Beck'scher Bilanzkommentar, 7. Aufl., § 249, Rz. 100 »Sozialplan«). Die Rückstellung ist i. H. d. nach vernünftiger kaufmännischer Beurteilung erforderlichen Erfüllungsbetrages (§ 253 Abs. 1 Satz 2 HGB), hier also 1 200 000 GE, anzusetzen.

Für die Maßnahme am Standort Berlin liegt weder ein Beschluss noch eine Unterrichtung des Betriebsrates vor. Es ist keine hinreichend konkretisierte Verbindlichkeit erkennbar, insofern darf keine Rückstellung nach § 249 HGB gebildet werden.

IAS 37.70-83 regelt die Ansatzvoraussetzungen für Restrukturierungsrückstellungen. Nur wenn ein detaillierter Plan über erforderliche Maßnahmen und Ausgaben vorliegt und durch Bekanntgabe der Restrukturierungsmaßnahmen bzw. deren Umsetzungsbeginn bei den Betroffenen gerechtfertigte Erwartungen geschaffen wurden, ist der Ansatz einer solchen Rückstellung zulässig (IAS 37.72). Diese Kriterien dienen der Klarstellung, ab wann eine Verpflichtung konkretisiert ist und damit eine Rückstellung passiviert werden muss.

Wie nach HGB ist damit auch im IFRS-Abschluss eine Restrukturierungsrückstellung für die Maßnahmen am Standort Leipzig zu bilden. Hinsichtlich des Standortes Berlin existiert noch keine konkretisierte faktische Verpflichtung (es liegt weder ein detaillierter formaler Restrukturierungsplan vor noch wurde bei den Betroffenen durch Bekanntgabe oder Umsetzungsbeginn eine gerechtfertigte Erwartung einer Durchführung geweckt), so dass keine Rückstellung gebildet werden darf.

9 Rechnungsabgrenzungsposten und Abgrenzungsgrundsätze

9.1 Abgrenzungsgrundsätze und Ereignisse nach dem Bilanzstichtag

Sachverhalt

Bei der Autohaus AG sind folgende Sachverhalte unter dem Gesichtspunkt der Abgrenzung zum 31.12.01 bzw. der periodengerechten Erfolgszurechnung zu würdigen:

1. Die Autohaus AG hat am 01.12.01 100 000 GE als Festgeld zu einem Zinssatz von 6 % p. a. mit einer Laufzeit von sechs Monaten angelegt. Die Zinsgutschrift erfolgt am Ende der Laufzeit.
2. Am 03.01.02 wurde ein Pkw an einen Kunden ausgeliefert. Der Verkaufspreis beläuft sich auf 50 000 GE zzgl. 19 % Umsatzsteuer. Der Vorstand der Autohaus AG möchte diesen Verkaufsvorgang in 01 verbuchen, da der Vertrag in 01 abgeschlossen wurde und der Vorgang nach seiner Einschätzung insofern wirtschaftlich dem Jahr 01 zuzuordnen sei.
3. Am 05.01.02 macht ein Kunde der Autohaus AG einen Gewährleistungsmangel bei einer im Dezember 01 erfolgten Reparatur geltend. Zur Beseitigung des Mangels sind Kosten von rund 2 000 GE erforderlich.
4. Am 01.12.01 hat die Autohaus AG die Miete für das Verwaltungsgebäude für ein Jahr im Voraus bezahlt (Zahlung von 120 000 GE, umsatzsteuerfrei).
5. Ein Kunde hat am 28.12.01 einen Pkw bestellt und hierfür eine Anzahlung i. H.v. 11 900 GE (inkl. 19 % Umsatzsteuer) geleistet. Der Pkw wird Anfang Februar 02 geliefert und es wird dann der noch zu zahlende Restbetrag von 23 800 GE (inkl. 19 % Umsatzsteuer) in Rechnung gestellt.
6. Am 07.01.02 kam es in der Werkstatt der Autohaus AG zu einem erheblichen Brandschaden. Die Versicherung macht grobe Fahrlässigkeit seitens der Autohaus AG geltend und wird für den Brandschaden nicht einspringen. Für die Autohaus AG werden Kosten i. H.v. rund 120 000 GE entstehen.
7. Am 08.01.02 wird über das Vermögen des Kunden Meier das Insolvenzverfahren eröffnet. Die Autohaus AG weist zum 31.12.01 Forderungen aus Lieferungen und Leistungen gegenüber Meier i. H.v. 23 800 GE (inkl. 19 % Umsatzsteuer) aus.

Aufgabe

Welche Auswirkungen ergeben sich auf die Abgrenzung bzw. die periodengerechte Erfolgszurechnung im Jahresabschluss zum 31.12.01 nach HGB und IFRS? Geben Sie die erforderlichen Buchungssätze an.

Lösung

Die periodengerechte Zuordnung von Aufwendungen und Erträgen ist in § 252 Abs. 1 Nr. 5 HGB gesetzlich kodifiziert. Hiernach sind Aufwendungen und Erträge des Geschäftsjahres unabhängig von den Zeitpunkten der entsprechenden Zahlungen im Jahresabschluss zu berücksichtigen. Das

Realisationsprinzip in § 252 Abs. 1 Nr. 4 HGB regelt zur Erfolgszurechnung, dass Gewinne nur zu berücksichtigen sind, wenn sie am Abschlussstichtag realisiert sind.

Nach Framework F.22 und IAS 1.27 gilt der handelsrechtliche Grundsatz der Aufwands- und Ertragsperiodisierung auch für den IFRS-Abschluss (»accrual basis«).

Die einzelnen Sachverhalte sind damit wie folgt zu beurteilen:

1. Nach Ende der Anlagelaufzeit erhält die Autohaus AG in 02 eine Zinsgutschrift von 3 000 GE (6 % p. a. von 100 000 GE, Anlagelaufzeit sechs Monate). Zu berücksichtigen ist, dass unabhängig vom Zahlungszeitpunkt der Zinsen in 02 diese anteilig bereits in 01 realisiert wurden, und zwar i. H.v. 500 GE (= 100 000 GE × 0,06 × 1/12, da ein Monat). Sowohl nach HGB als auch nach IFRS erfasst die Autohaus AG diesen Zinsertrag wie folgt:
   Buchungssatz 01:

Sonstige Forderungen	500	
an Zinserträge		500

   Buchungssatz 02 bei Gutschrift der Zinsen (Steuern bleiben unberücksichtigt):

Bank	3 000	
an Sonstige Forderungen		500
Zinserträge		2 500

   Damit sind die Zinsen periodengerecht anteilig in 01 und in 02 erfasst.
2. Der Pkw wurde in 02 geliefert, erst zu diesem Zeitpunkt ist das wirtschaftliche Eigentum übergegangen und damit der Ertrag realisiert. Deswegen dürfen Forderung und Umsatzerlöse sowohl nach HGB als auch nach IFRS erst in 02 gebucht werden.
   Buchungssatz 02:

Forderungen aus Lieferungen und Leistungen	59 500	
Umsatzerlöse		50 000
an Umsatzsteuer		9 500

3. Auch wenn der Kunde den Mangel erst in 02 geltend macht, ist dieser wirtschaftlich der Periode 01 zuzuordnen, da die Reparatur im Dezember 01 durchgeführt wurde. Es ist eine Rückstellung für ungewisse Verbindlichkeiten nach § 249 Abs. 1 Satz 1 HGB bzw. IAS 37.14 zu bilden:
   Buchungssatz 01:

Gewährleistungsaufwand	2 000	
an Sonstige Rückstellungen		2 000

4. Die Autohaus AG hat am 01.12.01 die Miete für ein Jahr im Voraus bezahlt (Zahlung von 120 000 GE netto). Nach § 250 Abs. 1 HGB sind Ausgaben vor dem Abschlussstichtag, die Aufwand für eine bestimmte Zeit nach diesem Tag darstellen, als aktiver Rechnungsabgrenzungsposten auszuweisen (gesonderter Ausweis in der Bilanz nach § 266 Abs. 2 C HGB). Von der Zahlung entfallen 10 000 GE (ein Monat) auf das Jahr 01 und 110 000 GE auf das Jahr 02. Zu buchen ist wie folgt:

Buchungssatz 01:

Mietaufwendungen	10 000	
Aktiver Rechnungsabgrenzungsposten	110 000	
an Bank		120 000

Buchungssatz 02:

Mietaufwendungen	110 000	
an Aktiver Rechnungsabgrenzungsposten		110 000

Nach den IFRS ist entsprechend dem Accrual-Prinzip ebenfalls eine periodengerechte Abgrenzung vorzunehmen. Da es nach den IFRS keine Rechnungsabgrenzungsposten gibt, wird der Betrag als prepaid expenses unter den current assets erfasst.

5. Die Zahlung ist in 01 erfolgt, es darf jedoch aufgrund des Realisationsprinzips noch kein Umsatzerlös realisiert werden, da die Lieferung erst in 02 erbracht wird. Es handelt sich um »erhaltene Anzahlungen auf Bestellungen«, die gem. § 266 Abs. 3 C.3 HGB gesondert in der Bilanz auszuweisen sind. Alternativ ist es möglich, die Anzahlungen auf Vorräte offen von der Position Vorräte abzusetzen (§ 268 Abs. 5 Satz 2 HGB). Die Restlaufzeit der erhaltenen Anzahlungen ist kleiner als ein Jahr und insofern gem. § 268 Abs. 5 Satz 1 HGB gesondert zu vermerken.
Nach IFRS ist die Behandlung analog, wobei ein offenes Absetzen von den Vorräten nicht zulässig ist (strittig). Es liegt eine kurzfristige sonstige Verbindlichkeit vor.
Der Buchungssatz in 01 lautet:

Bank	11 900	
an Erhaltene Anzahlungen		10 000
an Umsatzsteuer		1 900

Die erhaltenen Anzahlungen werden netto (d. h. ohne Umsatzsteuer) ausgewiesen. Die Umsatzsteuer wird bis zur Abführung unter den sonstigen Verbindlichkeiten passiviert.
In 02 wird der Pkw an den Kunden geliefert. Der noch zu zahlende Restbetrag wird als Forderung aus Lieferungen und Leistungen erfasst, die erhaltenen Anzahlungen werden in die Umsatzerlöse umgebucht.
Damit ergeben sich folgende Buchungen in 02:

Forderungen aus Lieferungen und Leistungen	23 800	
an Umsatzerlöse		20 000
an Umsatzsteuer		3 800

Erhaltene Anzahlungen	10 000	
an Umsatzerlöse		10 000

6. Der Brand am 07.01.02 stellt ein sog. wertbegründendes bzw. nicht zu berücksichtigendes Ereignis nach dem Bilanzstichtag dar. Die Ursache dieses Ereignisses liegt wirtschaftlich nach dem Bilanzstichtag, insofern bleibt dieses Ereignis im Jahresabschluss (sowohl nach HGB als auch nach IFRS) zum 31.12.01 unberücksichtigt. Nach § 289 Abs. 2 Nr. 1 HGB ist aber im Lagebericht über Vorgänge von besonderer Bedeutung, die nach dem Schluss des Geschäftsjahres eingetreten sind, zu berichten.
   Nach IAS 10.21 ist eine Berichterstattungspflicht im Anhang über wesentliche nicht im Jahresabschluss zu berücksichtigende Ereignisse vorgesehen.
   Die Kosten des Brandschadens sind damit sowohl nach HGB als auch nach IFRS im Abschluss 02 zu erfassen, wobei der Bilanzleser über dieses wesentliche Ereignis im Lagebericht (HGB) bzw. Anhang (IFRS) für das Geschäftsjahr 01 unterrichtet wird.
7. Die Eröffnung des Insolvenzverfahrens am 08.01.02 stellt ein sog. wertaufhellendes bzw. berücksichtigungspflichtiges Ereignis nach dem Bilanzstichtag dar. Die Forderungen gegenüber Meier waren bereits am Bilanzstichtag mit einem erheblichen Ausfallrisiko behaftet, es kann eigentlich ausgeschlossen werden, dass Meier erst in der Zeit zwischen 31.12.01 und 08.01.02 in wirtschaftliche Schwierigkeiten geraten ist. Die Forderungen aus Lieferungen und Leistungen sind insofern auf die zu erwartende Insolvenzquote (hierzu enthält der Sachverhalt keine Angaben) abzuwerten.

9.2 Rechnungsabgrenzungsposten

Sachverhalt

Bei der Arcus AG sind folgende Sachverhalte unter dem Gesichtspunkt der Abgrenzung zum 31.12.01 bzw. der periodengerechten Erfolgszurechnung zu würdigen (Hinweis: Umsatzsteuer sei jeweils unbeachtlich, sofern nicht gesondert angegeben):

1. Die Arcus AG erhält am 01.12.01 die Miete für eine vermietete Lagerfläche für vier Monate im Voraus per Banküberweisung i. H.v. 6 000 GE.
2. Die Wartungsrechnung für die EDV-Anlage für den Monat Januar 02 wird am 19.12. des alten Jahres per Bank i. H.v. 2 856 GE (inkl. 19 % Umsatzsteuer) überwiesen.
3. Am 31.10.2010 hat die Arcus AG ein Darlehen i. H.v. 50 000 GE zum Zinssatz von 6 % p. a. aufgenommen. Die Zinsen für das Jahr 2010 wurden erst am 05.01. vom Bankkonto abgebucht.
4. Am 31.12.01 ist die Telefonrechung für Dezember i. H.v. brutto 321,30 GE (inkl. 19 % Umsatzsteuer) von der Arcus AG noch nicht bezahlt. Die Banküberweisung erfolgt am 10.01. des neuen Jahres. Die Rechnung liegt bereits vor.
5. Am 31.12.01 besteht ein Anspruch gegenüber der Versicherung auf Erstattung eines Transportschadens i. H.v. 1 000 GE. Die Zahlung erfolgt Mitte Januar 02.
6. Am 28.12.01 wird die Kfz-Versicherung für den Fuhrpark für ein Jahr im Voraus gezahlt; die Zahlung beläuft sich auf 12 000 GE.

Aufgabe

Welche Auswirkungen ergeben sich auf Abgrenzung bzw. die periodengerechte Erfolgszurechnung im Jahresabschluss zum 31.12.01 nach HGB und IFRS? Geben Sie jeweils die erforderlichen Buchungssätze für 01 und 02 an.

Lösung

Die periodengerechte Zuordnung von Aufwendungen und Erträgen ist in § 252 Abs. 1 Nr. 5 HGB gesetzlich kodifiziert. Hiernach sind Aufwendungen und Erträge des Geschäftsjahres unabhängig von den Zeitpunkten der entsprechenden Zahlungen im Jahresabschluss zu berücksichtigen. Ergänzend ist die Bildung von Rechnungsabgrenzungsposten in § 250 HGB geregelt:

- Ein aktiver Rechnungsabgrenzungsposten ist nach § 250 Abs. 1 HGB bei Ausgaben vor dem Abschlussstichtag zu bilden, die Aufwand für eine bestimmte Zeit nach diesem Tag darstellen.
- Ein passiver Rechnungsabgrenzungsposten ist nach § 250 Abs. 2 HGB einschlägig bei Einnahmen vor dem Abschlussstichtag, die Ertrag für eine bestimmte Zeit nach diesem Tag darstellen.

Die Rechnungsabgrenzungsposten werden in der Bilanz gemäß § 266 Abs. 2 C bzw. Abs. 3 D HGB gesondert ausgewiesen.

Nach F.22 und IAS 1.27 gilt der handelsrechtliche Grundsatz der Aufwands- und Ertragsperiodisierung auch für den IFRS-Abschluss (»accrual basis«). Nach den IFRS gibt es keine gesonderten Bilanzpositionen für die Rechnungsabgrenzung. Sofern die Rechnungsabgrenzungsposten innerhalb von 12 Monaten realisiert werden, sind diese als prepaid expenses bzw. deferred income unter den kurzfristigen Forderungen bzw. Verbindlichkeiten (current assets/liabilities) auszuweisen. Ansonsten erfolgt der Ausweis als non-current.

Die einzelnen Sachverhalte sind damit wie folgt zu beurteilen:

1. Hier liegt eine Einnahme der Arcus AG vor dem Stichtag, die Ertrag für eine bestimmte Zeit nach diesem Tag darstellt, vor. Es ist ein passiver Rechnungsabgrenzungsposten gem. § 250 Abs. 2 HGB zu bilanzieren (bzw. nach IFRS deferred income unter den current liabilities).
   Buchungssatz 01:

Bank	6 000	
an Mietertrag		1 500
Passiver Rechnungsabgrenzungsposten		4 500

   Die Mieterträge sind dann in 02 periodengerecht zu realisieren, der passive Rechnungsabgrenzungsposten dementsprechend mit folgender Buchung in 02 aufzulösen:
   Buchungssatz 02:

Passiver Rechnungsabgrenzungsposten	4 500	
an Mietertrag		4 500

2. Es handelt sich um eine Ausgabe der Arcus AG vor dem Stichtag, die Aufwand für eine bestimmte Zeit nach diesem Tag darstellt. Es ist ein aktiver Rechnungsabgrenzungsposten gem. § 250 Abs. 1 HGB zu bilanzieren (bzw. nach IFRS prepaid expenses unter den current assets).
   Buchungssatz 01:

Aktiver Rechnungsabgrenzungsposten	2 400	
Vorsteuer	456	
an Bank		2 856

Buchungssatz 02:

Sonstiger betrieblicher Aufwand	2 400	
an Aktiver Rechnungsabgrenzungsposten		2 400

3. Nach § 252 Abs. 1 Nr. 5 HGB sind Aufwendungen und Erträge unabhängig vom Zahlungszeitpunkt im Jahresabschluss zu berücksichtigen (analoger Abgrenzungsgrundsatz im IFRS-Abschluss). Der Zinsaufwand (6 % von 50 000 GE für zwei Monate) ist deswegen im Jahr 01 zu erfassen.
   Buchungssatz 01:

Zinsaufwand	500	
an Sonstige Verbindlichkeiten		500

   Buchungssatz 02 (Abbuchung der Zinsen):

Sonstige Verbindlichkeiten	500	
an Bank		500

4. Nach § 252 Abs. 1 Nr. 5 HGB sind Aufwendungen und Erträge unabhängig vom Zahlungszeitpunkt im Jahresabschluss zu berücksichtigen (analoger Abgrenzungsgrundsatz im IFRS-Abschluss). Der Aufwand für Telefonkosten ist deswegen im Jahr 01 zu erfassen.
   Buchungssatz 01:

Telefonkosten	270,00	
Vorsteuer	51,30	
an Sonstige Verbindlichkeiten		321,30

   Buchungssatz 02:

Sonstige Verbindlichkeiten	321,30	
an Bank		321,30

5. Nach § 252 Abs. 1 Nr. 5 HGB sind Aufwendungen und Erträge unabhängig vom Zahlungszeitpunkt im Jahresabschluss zu berücksichtigen (analoger Abgrenzungsgrundsatz im IFRS-Abschluss). Der Anspruch gegenüber der Versicherung auf Erstattung des Transportschadens i. H. v. 1 000 GE ist deswegen im Jahr 01 zu erfassen.
   Buchungssatz 01:

Sonstige Forderungen	1 000	
an Sonstiger betrieblicher Ertrag		1 000

Buchungssatz 02:

Bank	1 000	
an Sonstige Forderungen		1 000

6. Es handelt sich um eine Ausgabe der Arcus AG vor dem Stichtag, die Aufwand für eine bestimmte Zeit nach diesem Tag darstellt. Es ist ein aktiver Rechnungsabgrenzungsposten gem. § 250 Abs. 1 HGB zu bilanzieren (bzw. nach IFRS prepaid expenses unter den current assets).
   Buchungssatz 01:

Aktiver Rechnungsabgrenzungsposten	12 000	
an Bank		12 000

Buchungssatz 02:

Aufwand für Versicherungen	12 000	
an Aktiver Rechnungsabgrenzungsposten		12 000

10 Latente Steuern im Einzelabschluss

10.1 Latente Steuern nach HGB

Sachverhalt

Bei der Bertam-AG sind folgende Sachverhalte unter dem Gesichtspunkt der Abgrenzung latenter Steuern im HGB-Abschluss zum 31.12.01 zu würdigen. Der relevante Ertragsteuersatz beträgt 30 %, die Bertram-AG nimmt das Aktivierungswahlrecht nach § 274 Abs. 1 Satz 2 HGB für aktive latente Steuern in Anspruch.

1. In 01 wurde eine Rückstellung für drohende Verluste aus schwebenden Geschäften nach § 249 Abs. 1 Satz 1 HGB i. H.v. 100 000 GE gebildet.
2. Die Bertram-AG hat in 01 eine Software zur Steuerung der Produktionsprozesse selber entwickelt und die Entwicklungskosten hierfür unter Inanspruchnahme des Aktivierungswahlrechts nach § 248 Abs. 2 HGB i. H.v. 200 000 GE aktiviert. Die Betriebsbereitschaft und der Nutzungsbeginn dieser Software liegen im Geschäftsjahr 02, so dass in 01 keine Abschreibung zu erfassen war.
3. Eine Anfang 01 für Anschaffungskosten von 600 000 GE erworbene Spezialmaschine wird handelsrechtlich linear über 10 Jahre abgeschrieben. Nach Auskunft des Steuerberaters wird steuerlich nur eine lineare Abschreibung über 15 Jahre akzeptiert.
4. Die Bewertung der Pensionsrückstellungen im handelsrechtlichen Jahresabschluss führt zu einem Wert von 80 000 GE (betrifft ausschließlich in 01 erteilte Zusagen). Der steuerliche Wertansatz nach § 6a EStG beläuft sich auf 60 000 GE.
5. In 01 wurde insbesondere aufgrund des Ausfalls eines Großkunden ein steuerlicher Verlust i. H. v. 500 000 GE erlitten. Da der Verlust aus Sondereffekten resultiert, geht die Bertram-AG davon aus, den Verlust in den nächsten drei Jahren in voller Höhe nutzen zu können.

Aufgabe

Welche Auswirkungen ergeben sich auf die latenten Steuern nach HGB (Steuersatz 30 %)?

Lösung

Die Bilanzierung latenter Steuern ist in § 274 HGB geregelt. Nach dem Temporary-Konzept entstehen latente Steuern, wenn der Ansatz in der Handelsbilanz von dem in der Steuerbilanz abweicht. Aktive latente Steuern sind einschlägig, wenn bei einem Vermögensgegenstand in der Handelsbilanz der Wert geringer als in der Steuerbilanz bzw. bei einer Schuld der Wert höher als in der Steuerbilanz ist. Passive latente Steuern entstehen dann, wenn bei einem Vermögensgegenstand in der Handelsbilanz der Wert höher als in der Steuerbilanz bzw. bei einer Schuld der Wert geringer als in der Steuerbilanz ist.

Die Sachverhalte sind insofern wie folgt zu beurteilen:

1. Die in 01 gebildeten Rückstellungen für drohende Verluste aus schwebenden Geschäften i. H.v. 100 000 GE sind steuerlich aufgrund der Vorschrift des § 5 Abs. 4 a EStG nicht anerkannt. Es entsteht somit eine temporäre Differenz zwischen dem handelsrechtlichen und dem steuer-

lichen Wertansatz, die sich mit Eintritt des Verlustgeschäfts (oder auch mit Auflösung der Rückstellung) in Folgejahren automatisch wieder umkehrt. Es liegt ein Anwendungsfall aktiver latenter Steuern vor, es ermittelt sich eine aktive latente Steuer von 100 000 GE × 30 % = 30 000 GE.

2. Vor dem Hintergrund des steuerlichen Aktivierungsverbots für selbst geschaffene immaterielle Wirtschaftsgüter des Anlagevermögens (vgl. § 5 Abs. 2 EStG) resultiert eine zu versteuernde temporäre Differenz von 200 000 GE. Diese Differenz kehrt sich in den Folgejahren aufgrund der Abschreibung der aktivierten Software wieder um. Bei einem Steuersatz von 30 % ermitteln sich passive latente Steuern von 60 000 GE.
3. Handelsrechtlich wird die Maschine über 10 Jahre abgeschrieben. Nach Berücksichtigung der planmäßigen Abschreibung verbleibt in der Handelsbilanz zum 31.12.01 ein Restbuchwert von 540 000 GE. Die steuerliche Abschreibung beträgt 40 000 GE (15 Jahre Nutzungsdauer), der Restbuchwert der Maschine in der Steuerbilanz beläuft sich damit auf 560 000 GE. Es resultiert eine temporäre Differenz von 20 000 GE, die aktive latente Steuern von 6 000 GE (= 20 000 GE × 30 %) nach sich zieht. Die temporäre Differenz wird sich in den folgenden Jahren zunächst jeweils um 20 000 GE (jährlicher Abschreibungsunterschied) erhöhen und dann nach erfolgter vollständiger Abschreibung in der Handelsbilanz und noch verbleibender Abschreibung in der Steuerbilanz umkehren.
4. Die unterschiedliche Bewertung der Pensionsrückstellungen führt zu einer temporären Differenz i. H.v. 20 000 GE. Folge sind aktive latente Steuern i. H.v. 6 000 GE (= 20 000 GE × 30 %).
5. Nach § 274 Abs. 1 Satz 4 HGB sind steuerliche Verlustvorträge bei der Berechnung aktiver latenter Steuern i. H.d. innerhalb der nächsten fünf Jahre zu erwartenden Verlustverrechnung zu berücksichtigen. Da der Verlust aus Sondereffekten resultiert, geht die Bertram-AG davon aus, den Verlust in den nächsten drei Jahren in voller Höhe nutzen zu können. Damit beträgt der als aktive latente Steuer zu berücksichtigende Steuervorteil 500 000 GE × 30 % = 150 000 GE.

   In der Übersicht ergeben sich in 01 folgende Effekte (in GE):

Bilanzposition	**Wert lt. Handelsbilanz**	**Wert lt. Steuerbilanz**	**Differenz**	**Latente Steuer = Differenz × Steuersatz (30 %)**
Immaterielle Vermögensgegenstände (Software)	200 000	0	200 000	./. 60 000
Sachanlagevermögen (Maschine)	540 000	560 000	20 000	6 000
Pensionsrückstellungen	80 000	60 000	20 000	6 000
Sonstige Rückstellungen (Drohverlustrückstellung)	100 000	0	100 000	30 000
Latente Steuern aus temporären Differenzen				./. 18 000
Steuerlicher Verlustvortrag			500 000	**150 000**
Gesamt				**132 000**

In der Gesamtbetrachtung resultieren passive latente Steuern von 60 000 GE und aktive latente Steuern von 192 000 GE, die Gesamtdifferenz beträgt 132 000 GE. Nach § 274 Abs. 1 Satz 2 HGB besteht für diesen Überhang aktiver latenter Steuern ein Aktivierungswahlrecht, das lt. Angabe von der Bertram-AG ausgeübt wird. Nach § 274 Abs. 1 Satz 3 HGB können die aktiven und die passiven latenten Steuern auch unsaldiert angesetzt werden (d. h. entweder sind aktive latente Steuern von 132 000 GE anzusetzen oder bei unsaldiertem Ausweis aktive latente Steuern von 192 000 GE und passive latente Steuern von 60 000 GE). Je nach Ausweisalternative lauten die Buchungssätze:

Saldierter Ausweis:

Aktive latente Steuern	132 000	
an Latenter Steuerertrag		132 000

Unsaldierter Ausweis:

Aktive latente Steuern	192 000	
an Passive latente Steuern		60 000
an Latenter Steuerertrag		132 000

Der saldierte Aufwand oder Ertrag aus der Veränderung bilanzierter latenter Steuern ist in der Gewinn- und Verlustrechnung gesondert unter dem Posten »Steuern vom Einkommen und vom Ertrag« auszuweisen (§ 274 Abs. 2 Satz 3 HGB).

Der Ausweis der latenten Steuern erfolgt in gesonderten Bilanzpositionen nach § 266 HGB. Große Kapitalgesellschaften müssen im Anhang erläutern, auf welchen Differenzen oder steuerlichen Verlustvorträgen die latenten Steuern beruhen und mit welchen Steuersätzen die Bewertung erfolgt ist (§ 285 Nr. 29 HGB).

§ 268 Abs. 8 HGB sieht eine Ausschüttungssperre für das infolge der Aktivierung latenter Steuern im Jahresabschluss erfasste Mehrvermögen vor. Bei der Bertram-AG dürfen Gewinne insofern nur ausgeschüttet werden, wenn die nach der Ausschüttung verbleibenden frei verfügbaren Rücklagen zuzüglich eines Gewinnvortrags und abzüglich eines Verlustvortrags mindestens dem Betrag entsprechen, um den die aktiven latenten Steuern die passiven latenten Steuern übersteigen (hier 132 000 GE).

10.2 Latente Steuern nach IFRS

Sachverhalt

Bei der Arcus-AG sind folgende Sachverhalte unter dem Gesichtspunkt der Abgrenzung latenter Steuern im IFRS-Abschluss zum 31.12.01 zu würdigen. Der relevante Ertragsteuersatz beträgt 30 %.

1. In 01 wurde im HGB-Abschluss und in der Steuerbilanz eine Rückstellung für unterlassene Instandhaltungen nach § 249 Abs. 1 Satz 2 Nr. 1 HGB i. H.v. 40 000 GE gebildet. Mangels Außenverpflichtung ist eine Rückstellungsbilanzierung im IFRS-Abschluss gemäß IAS 37.14 für diesen Sachverhalt nicht zulässig.

2. In 01 wurde eine Rückstellung für drohende Verluste (»onerous contracts«) nach IAS 37.66 i. H.v. 200 000 GE gebildet.
3. Die Arcus-AG hat in 01 eine Software zur Steuerung der Geschäftsprozesse selber entwickelt. Die Ansatzvoraussetzungen nach IAS 38.57 sind erfüllt, insofern wurden die Entwicklungskosten i. H.v. 100 000 GE aktiviert. Die Betriebsbereitschaft und der Nutzungsbeginn dieser Software liegen im Geschäftsjahr 02, so dass in 01 keine Abschreibung zu erfassen war.
4. Die Arcus-AG bilanziert einen langfristigen Fertigungsauftrag entsprechend IAS 11 nach der Percentage-of-completion-Methode. Die Aufträge in Bearbeitung zum 31.12.01 umfassen insofern anteilig erfasste Teilgewinne i. H.v. 400 000 GE. Teilabnahmen liegen nicht vor; in der Steuerbilanz werden deswegen unter Beachtung des Realisationsprinzips diese Teilgewinne nicht erfasst (die Gewinnrealisierung erfolgt dort erst nach Fertigstellung und Abnahme des gesamten Auftrags). In der Steuerbilanz ist der langfristige Fertigungsauftrag zum 31.12.01 als unfertiges Erzeugnis mit den Herstellungskosten von 1 000 000 GE aktiviert.
5. Eine Anfang 01 für Anschaffungskosten von 600 000 GE erworbene Spezialmaschine wird im IFRS-Abschluss linear über 10 Jahre abgeschrieben. Nach Auskunft des Steuerberaters wird steuerlich nur eine lineare Abschreibung über 15 Jahre akzeptiert.
6. Die Bewertung der Pensionsrückstellungen im IFRS-Abschluss nach IAS 19 führt zu einem Wert von 90 000 GE (betrifft ausschließlich in 01 erteilte Zusagen). Der steuerliche Wertansatz nach § 6 a EStG beläuft sich auf 60 000 GE.
7. In 01 wurde insbesondere aufgrund der Schließung einer Betriebsstätte ein steuerlicher Verlust i. H.v. 500 000 GE erlitten. Da der Verlust aus Sondereffekten resultiert, geht die Arcus-AG davon aus, den Verlust in den nächsten drei Jahren in voller Höhe nutzen zu können.

Aufgabe

Welche Auswirkungen ergeben sich auf die latenten Steuern nach IFRS (Steuersatz 30 %)?

Lösung

Die Bilanzierung latenter Steuern im IFRS-Abschluss ist in IAS 12 geregelt. Ebenso wie § 274 HGB folgt auch IAS 12 dem bilanzorientierten Temporary-Konzept. Wie nach HGB beziehen sich die latenten Steuern auf Bilanzdifferenzen zur Steuerbilanz, dabei sind auch erfolgsneutral entstandene Differenzen einschlägig (z. B. bei der Neubewertungsmethode nach IAS 16). Anders als nach § 274 HGB, nach dem für einen Überhang aktiver latenter Steuern ein Aktivierungswahlrecht besteht, gilt nach IAS 12 ein Ansatzgebot für aktive und für passive latente Steuern. Der Ausweis erfolgt nach IAS 12 brutto, d. h. eine Saldierung ist anders als nach § 274 HGB nicht zulässig. Allerdings ist eine Saldierung dann geboten (vgl. IAS 12.74), wenn die latenten Steuern gegenüber derselben Steuerbehörde innerhalb eines Unternehmens bestehen (Winkeljohann/ Buchholz, in: Ellrott u. a., Beck'scher Bilanzkommentar, 7. Aufl., § 274, Rz. 115). IAS 12.79 ff. beinhaltet umfangreiche Angabepflichten im Anhang zu den latenten Steuern.

Die einzelnen Sachverhalte sind damit wie folgt zu beurteilen:

1. Aufgrund der in der Steuerbilanz gebildeten und im IFRS-Abschluss nicht zulässigen Rückstellung für unterlassene Instandhaltungen entsteht eine temporäre Differenz, die sich mit Durchführung der Instandhaltungsmaßnahme (oder auch mit Auflösung der Rückstellung) im Folgejahr automatisch wieder umkehrt. Es liegt ein Anwendungsfall passiver latenter Steuern vor, es ermittelt sich eine passive latente Steuer von 40 000 GE × 30 % = 12 000 GE.
2. Die in 01 gebildeten Rückstellungen für drohende Verluste i. H.v. 200 000 GE sind steuerlich aufgrund der Vorschrift des § 5 Abs. 4 a EStG nicht anerkannt. Es entsteht somit eine temporäre

Differenz zwischen dem IFRS-Wert und dem steuerlichen Wertansatz, die sich mit Eintritt des Verlustgeschäfts (oder auch mit Auflösung der Rückstellung) in Folgejahren automatisch wieder umkehrt. Es liegt ein Anwendungsfall aktiver latenter Steuern vor, es ermittelt sich eine aktive latente Steuer von 200 000 GE × 30 % = 60 000 GE.

3. Vor dem Hintergrund des steuerlichen Aktivierungsverbots für selbst geschaffene immaterielle Wirtschaftsgüter des Anlagevermögens (vgl. § 5 Abs. 2 EStG) resultiert eine zu versteuernde temporäre Differenz von 100 000 GE. Diese Differenz kehrt sich in den Folgejahren aufgrund der Abschreibung der aktivierten Software wieder um. Bei einem Steuersatz von 30 % ermitteln sich passive latente Steuern von 30 000 GE.
4. Es resultiert eine temporäre Differenz i. H.v. 400 000 GE zwischen dem Wertansatz im IFRS-Abschluss und dem steuerlichen Wertansatz. Diese Differenz kehrt sich mit Fertigstellung und Abnahme des langfristigen Fertigungsauftrags automatisch wieder um. Es handelt sich um einen Anwendungsfall passiver latenter Steuern, diese betragen 400 000 GE × 30 % = 120 000 GE.
5. Im IFRS-Abschluss wird die Maschine über 10 Jahre abgeschrieben. Nach Berücksichtigung der planmäßigen Abschreibung verbleibt im IFRS-Abschluss zum 31.12.01 ein Restbuchwert von 540 000 GE. Die steuerliche Abschreibung beträgt 40 000 GE (15 Jahre Nutzungsdauer), der Restbuchwert der Maschine in der Steuerbilanz beläuft sich damit auf 560 000 GE. Es resultiert eine temporäre Differenz von 20 000 GE, die aktive latente Steuern von 6 000 GE (= 20 000 × 30 %) nach sich zieht. Die temporäre Differenz wird sich in den folgenden Jahren zunächst jeweils um 20 000 GE (jährlicher Abschreibungsunterschied) erhöhen und dann nach erfolgter vollständiger Abschreibung im IFRS-Abschluss und noch verbleibender Abschreibung in der Steuerbilanz umkehren.
6. Die unterschiedliche Bewertung der Pensionsrückstellungen führt zu einer temporären Differenz i. H.v. 30 000 GE. Folge sind aktive latente Steuern i. H.v. 9 000 GE (= 30 000 GE × 30 %).
7. Nach IAS 12.34 ist ein latenter Steueranspruch (aktive latente Steuer) für den Vortrag noch nicht genutzter steuerlicher Verluste in dem Umfang zu bilanzieren, in dem es wahrscheinlich ist, dass ein künftiges zu versteuerndes Ergebnis zur Verfügung stehen wird, gegen das der Verlustvortrag verrechnet werden kann. Da der Verlust aus Sondereffekten resultiert, geht die Arcus-AG davon aus, den Verlust in den nächsten drei Jahren in voller Höhe nutzen zu können. Die Verlustnutzung ist damit wahrscheinlich, der als aktive latente Steuer zu berücksichtigende Steuervorteil beträgt 500 000 GE × 30 % = 150 000 GE.

In der Übersicht ergeben sich in 01 folgende Effekte (in GE), wobei unterstellt sei, dass eine Saldierung aktiver und passiver latenter Steuern entsprechend IAS 12.74 geboten ist:

Bilanzposition	Wert lt. IFRS-Bilanz	Wert lt. Steuerbilanz	Differenz	Latente Steuer = Differenz × Steuersatz (30 %)
Immaterielle Vermögensgegenstände (Software)	100 000	0	100 000	./. 30 000
Sachanlagevermögen (Maschine)	540 000	560 000	20 000	6 000
Aufträge in Bearbeitung	1 400 000	1 000 000	400 000	./. 120 000
Pensionsrückstellungen	90 000	60 000	30 000	9 000
Sonstige Rückstellungen – Instandhaltung – drohende Verluste	 0 200 000	 40 000 0	 40 000 200 000	 ./. 12 000 60 000
Latente Steuern aus temporären Differenzen				./. 87 000
Steuerlicher Verlustvortrag			500 000	**150 000**
Gesamt				**63 000**

Aufgrund der nach IAS 12.74 im Sachverhalt gebotenen Saldierung resultieren aktive latente Steuern von 63 000 GE, die verpflichtend anzusetzen sind.

11 Gewinn- und Verlustrechnung

11.1 Ergebnisbestandteile der GuV

Sachverhalt

Für den Jahresabschluss 01 der Atrium GmbH stehen folgende Daten (in GE) zur Verfügung:

Umsatzerlöse	20 500 000
Herstellungskosten der zur Erzielung der Umsatzerlöse erbrachten Leistungen	15 600 000
Vertriebskosten	1 200 000
Verwaltungskosten	950 000
Zinsaufwand	270 000
Beteiligungserträge	30 000
Sonstige betriebliche Erträge	550 000
Sonstige betriebliche Aufwendungen	310 000

Zudem sind noch folgende Geschäftsvorfälle zu verbuchen:

1. Verdorbene Waren des Vorratsvermögens müssen um 20 000 GE abgeschrieben werden.
2. Die jährliche Wartung einer Produktionsmaschine wurde von Dezember 01 in den Januar 02 verschoben. Aus diesem Grund muss eine Instandhaltungsrückstellung i. H.v. 30 000 GE gebildet werden.
3. Die Kosten für die Kantine (Material- und Personalkosten) belaufen sich auf 100 000 GE.
4. Wie üblich wurden im Laufe des Jahres gebrauchte Anlagegegenstände verkauft. Dabei war eine Maschine für 500 000 GE (netto) verkauft worden, die noch mit 300 000 GE in den Büchern stand.
5. Auf festverzinsliche Wertpapiere des Anlagevermögens wurden Zinserträge von 200 000 GE gutgeschrieben.
6. Für Wertpapiere des Umlaufvermögens wurden Dividenden von 120 000 GE gezahlt.
7. Auf den Wertpapierbestand müssen Abschreibungen von 40 000 GE verrechnet werden. Die Wertpapiere wurden weder mit Beteiligungsabsicht erworben noch werden sie für Spekulationszwecke gehalten.
8. Eine Tochtergesellschaft wurde für 3 000 000 GE verkauft. Der Buchwert der Beteiligung lag bei 2 000 000 GE.
9. Durch einen Blitzschlag ist ein Lagerhaus völlig abgebrannt. Die Versicherung erstattete im gleichen Jahr 1 500 000 GE. Der Restbuchwert der Halle stand, auf den Zeitpunkt der Zerstörung berechnet, mit 1 000 000 GE zu Buche.
10. Am Ende des Jahres wurde bekannt, dass der Leiter des Rechnungswesens 800 000 GE unterschlagen und sich damit nach Südamerika abgesetzt hat.

Aufgabe

a) Ermitteln Sie die Höhe des Betriebsergebnisses, des Finanzergebnisses, des außerordentlichen Ergebnisses und des Jahresüberschusses bei einem Steuersatz von 25 % (aus Vereinfachungsgründen sollen steuerlich abweichende Regelungen unberücksichtigt bleiben). Stellen Sie die GuV zum 31.12.01 auf.

b) Stellen Sie die GuV zum 31.12.01 nach IFRS auf. Gehen Sie hier ebenfalls aus Vereinfachungsgründen von einem Steuersatz von 25 % aus und lassen Sie steuerlich abweichende Regelungen unberücksichtigt.

Lösung

a) GuV nach HGB

Die Gewinn- und Verlustrechnung kann gemäß § 275 nach dem Gesamt- oder dem Umsatzkostenverfahren aufgestellt werden. Hier ist durch die Art der Ausgangsdaten die Aufstellung nach dem Umsatzkostenverfahren vorgegeben.

	Ausgangs-daten	Geschäftsvorfälle	**GuV zum 31.12.01**
1. Umsatzerlöse	20 500 000		20 500 000
2. Herstellungskosten	15 600 000	20 000 (01) 30 000 (02)	15 650 000
3. Bruttoergebnis vom Umsatz			**4 850 000**
4. Vertriebskosten	1 200 000		1 200 000
5. Allgemeine Verwaltungskosten	950 000		950 000
6. Sonstige betriebliche Erträge	550 000	200 000 (04)	750 000
7. Sonstige betriebliche Aufwendungen	310 000	100 000 (03)	410 000
Betriebsergebnis			**3 040 000**
8. Erträge aus Beteiligungen	30 000		30 000
9. Erträge aus anderen Wertpapieren und Ausleihungen des Finanzanlagevermögens		200 000 (05)	200 000
10. Sonstige Zinsen und ähnliche Erträge		120 000 (06)	120 000
11. Sonstige Zinsen und ähnliche Aufwendungen	270 000		270 000
12. Abschreibungen auf Finanzanlagen und auf Wertpapiere des Umlaufvermögens		40 000 (07)	40 000
Finanzergebnis			**40 000**
13. Ergebnis der gewöhnlichen Geschäftstätigkeit			**3 080 000**
14. Außerordentliche Erträge		1 000 000 (08) 500 000 (09)	1 500 000
15. Außerordentliche Aufwendungen		800 000 (10)	800 000
16. Außerordentliches Ergebnis			**700 000**
Gewinn vor Steuern			**3 780 000**
17. Steuern vom Einkommen und Ertrag			945 000
19. Jahresüberschuss			**2 835 000**

Nach dem Umsatzkostenverfahren sind die Positionen 1 bis 7 des in § 275 Abs. 3 HGB festgehaltenen Gliederungsschemas der GuV dem Betriebsergebnis zuzurechnen; sie geben das Ergebnis aus dem Betriebszweck des Unternehmens wieder. Jedoch sieht das HGB den Ausweis eines saldierten Betriebsergebnisses nicht vor. Mit der Position 8 beginnt das Finanzergebnis, welches die Positionen 8 bis 12 umfasst. Auch der Ausweis eines saldierten Finanzergebnisses ist nicht Gegenstand des GuV-Gliederungsschemas. Erst mit Position 13 wird als Summe von Betriebs- und Finanzergebnis das Ergebnis der gewöhnlichen Geschäftstätigkeit berechnet. Nr. 14 bis 16 betreffen das außerordentliche Ergebnis, bevor nach Abzug der Steuern (Nr. 17 und 18) in der Position 19 der Jahresüberschuss/Jahresfehlbetrag ausgewiesen wird.

Die Geschäftsvorfälle 1 bis 4 verändern das vorläufige Betriebsergebnis wie folgt:

1. Die Abschreibungen auf Waren um 20 000 GE sind den Herstellungskosten zuzurechnen.
2. Die Bildung dieser Instandhaltungsrückstellung von 30 000 GE ist Gegenstand der Herstellungskosten, da sie diesem Funktionsbereich zugeordnet werden kann. Für den Fall, dass eine Zuordnung zu den Funktionsbereichen Herstellung, Verwaltung oder Vertrieb nicht möglich wäre, ist ein Ausweis unter den »Sonstigen betrieblichen Aufwendungen« geboten.
3. Die Kosten für die Kantine können den Funktionsbereichen nicht zugeordnet werden. Aus diesem Grund werden die 100 000 GE unter der Position »Sonstige betriebliche Aufwendungen« ausgewiesen.
4. Der Verkauf von Anlagegegenständen über Buchwert gehört angabegemäß zum gewöhnlichen Geschäft der Atrium GmbH. Damit ist ein Ausweis des Ertrags von 200 000 GE im Betriebsergebnis unter der Position »Sonstige betriebliche Erträge« geboten.

Das Finanzergebnis wird durch die folgenden Geschäftsvorfälle verändert:

5. Diese Zinserträge i. H.v. 200 000 GE werden unter der Position »Erträge aus anderen Wertpapieren und Ausleihungen des Finanzanlagevermögens« ausgewiesen. In diesem Posten sind die Erträge aus Finanzanlagen zu erfassen, die nicht in das Beteiligungsergebnis (Position 8.) einfließen.
6. Die Dividendenerträge aus Wertpapieren des Umlaufvermögens i. H.v. 120 000 GE sind in den sonstigen Zinsen und ähnlichen Erträgen zu erfassen (Förschle, in: Ellrott u. a., Beck'scher Bilanzkommentar, 7. Aufl., § 275, Rz. 191).
7. Unter dem Posten »Abschreibungen auf Finanzanlagen und Wertpapiere des Umlaufvermögens« werden alle Abschreibungen des Anlage- und Umlaufvermögens verbucht, die den finanziellen Bereich betreffen. So sind auch die Abschreibungen auf Wertpapiere von 40 000 GE hier zu verbuchen.

In dem außerordentlichen Ergebnis werden nach § 277 Abs. 4 HGB alle »unternehmensfremden« Erfolgsbestandteile erfasst. Dieser Posten enthält ungewöhnliche und seltene Geschäftsvorfälle:

8. Der Verkauf von Tochtergesellschaften gehört grundsätzlich nicht zum gewöhnlichen Geschäft. Diesbezügliche Angaben bestehen nicht, deshalb ist der Ertrag i. H.v. 1 000 000 GE außerordentlich (Förschle, in: Ellrott u. a., Beck'scher Bilanzkommentar, § 275, 7. Aufl., Rz. 222).
9. Der Brand der Lagerhalle ist ebenfalls dem außerordentlichen Ergebnis zuzurechnen. In diesem Fall ergibt sich ein außerordentlicher Ertrag von 1 500 000 GE ./. 1 000 000 GE = 500 000 GE.
10. Der Diebstahl von 800 000 GE ist ungewöhnlich und selten und muss daher als außerordentlicher Aufwand verbucht werden.

Außerordentliche Erträge und Aufwendungen sind gemäß § 277 Abs. 4 Satz 2 HGB im Anhang zu erläutern, wenn sie zur Beurteilung der Ertragslage nicht von untergeordneter Bedeutung sind. Das trifft hier für alle Fälle zu, da jeder Vorfall für sich betragsmäßig einen großen Anteil des Gewinns vor Steuern ausmacht.

b) GuV nach IFRS

Die Gesamtergebnisrechnung (statement of comprehensive income) nach IFRS ist zweigeteilt: Zum einen enthält sie erfolgswirksam verrechnete Geschäftsvorfälle, deren Saldo das Periodenergebnis (profit or loss) bildet. Zum anderen werden ergebnisneutrale Aufwendungen und Erträge als sonstiges Periodenergebnis (other comprehensive income) ausgewiesen. Die Summe ergibt nach IAS 1.7 den Periodengesamterfolg (total comprehensive income).

Die erfolgsneutrale Verrechnung von Geschäftsvorfällen mit dem Eigenkapital ist ein Spezifikum der IFRS-Rechnungslegung. Eine vergleichbare Vorschrift gibt es im HGB nicht, ausgenommen bei Währungsumrechnungsdifferenzen im Konzernabschluss. Die erfolgsneutrale Verrechnung mit dem Eigenkapital sehen die IFRS beispielsweise für finanzielle Vermögenswerte vor, die als available-for-sale (IAS 39.55 b) klassifiziert werden oder für Erträge und Aufwendungen aus der Neubewertung von Sachanlagen (IAS 16.39 f.).

Nach IAS 1.81 können die in einer Periode erfassten Erträge und Aufwendungen entweder in einem Bericht (single statement approach) oder in zwei getrennten Rechenwerken (two statement approach) dargestellt werden.

Die formalen Anforderungen an eine GuV sind gering; ein Mindestgliederungsschema analog dem § 275 HGB sehen die IFRS nicht vor. Jedoch sind in IAS 1.82 bestimmte Mindestangaben vorgegeben. Eine Aufstellung ist sowohl nach dem Gesamtkosten- als auch dem Umsatzkostenverfahren möglich; diesbezügliche Hinweise enthält IAS 1.102 f.

Zunächst sind die Ausgangsdaten auf die Positionen der GuV zu verteilen. Hinsichtlich der Zuordnung der Positionen im Betriebsergebnis ergeben sich keine Unterschiede zur GuV nach HGB. Im Finanzergebnis werden nach IFRS lediglich finance revenues und finance costs ausgewiesen; eine Zuordnung ist hier ebenfalls unproblematisch. Die IFRS sehen zwar den Ausweis von Ergebnisbestandteilen nicht vor; zur Übersichtlichkeit sind sie hier aber angegeben.

	Ausgangsdaten	Geschäftsvorfälle	**GuV zum 31.12.01**
Revenues (Umsatzerlöse)	20 500 000		20 500 000
Cost of sales (Kosten der umgesetzten Leistung)	15 600 000	20 000 (01)	15 620 000
Gross profit (Bruttoergebnis)			**4 880 000**
Other income (sonstige betriebliche Erträge)	550 000	200 000 (04) 500 000 (09) 1 000 000 (08)	2 250 000
Distribution cost (Vertriebskosten)	1 200 000		1 200 000
Administrative expenses (Allgemeine Verwaltungskosten)	950 000		950 000
Other expenses (sonstige betriebliche Aufwendungen)	310 000	100 000 (03) 800 000 (10)	1 210 000
Betriebsergebnis			**3 770 000**
Finance costs (Finanzierungsaufwendungen)	270 000		270 000
Finance revenues (Finanzierungserträge)	30 000	200 000 (05) 120 000 (06)	350 000
Finanzergebnis			**80 000**
Gewinn vor Steuern			**3 850 000**
Steuern vom Einkommen und Ertrag			962 500
Periodenergebnis (profit/loss)			**2 887 500**

Für die noch zu verbuchenden Sachverhalte wird auf diejenigen eingegangen, bei denen im Vergleich zum HGB Unterschiede bestehen:

Bei der Rückstellung für Instandhaltung (Nr. 2) handelt es sich um eine Innenverpflichtung, für welche nach IFRS (IAS 37.14 und IAS 37.20) ein Bilanzierungsverbot besteht. Eine Berücksichtigung in der GuV erfolgt nicht.

Der Wertpapierbestand (Nr. 7) ist in die Kategorie »available for sale« einzuordnen, da weder Beteiligungs- noch Spekulationsabsicht vorliegt. Die Folgebewertung wird zum fair value vorgenommen und Wertänderungen werden erfolgsneutral im »other comprehensive income« erfasst (es sei hier eine vorübergehende Wertschwankung unterstellt). Insofern ist die Abschreibung von 40 000 GE erst Bestandteil der unten folgenden Gesamtergebnisrechnung (statement of comprehensive income).

Nach IAS 1.87 ist der Ausweis eines außerordentlichen Ergebnisses verboten. Es ist daher zu prüfen, welchen anderen Positionen die Geschäftsvorfälle zuzuordnen sind:

Für den Brand der Lagerhalle (Nr. 9) ergibt sich ein Ausweis unter »other income«, da dieser keinen Bezug zum operativen Geschäft des Unternehmens hat. Mit der gleichen Begründung werden die unterschlagenen Geldeinheiten den »other expenses« zugeordnet (Nr. 10).

Der Verkauf der Tochtergesellschaft (Nr. 8) ist im Einzelabschluss ebenfalls unter »other income« zu verbuchen. Anzumerken ist noch, dass im Konzernabschluss für aufgegebene Geschäftsbereiche eine separate Ausweispflicht nach IFRS besteht.

Abschließend fehlt noch der Ausweis der Wertschwankung des Wertpapierbestands, der als »available-for-sale« klassifiziert wurde. Dies ist Gegenstand des statement of other comprehensive income:

Periodenergebnis (profit/loss)	**2 887 500**
Verluste aus der Bewertung von zur Veräußerung verfügbaren Wertpapieren zum beizulegenden Zeitwert	./. 40 000
Ertragsteuereffekt (auf das sonstige Periodenergebnis entfallende Ertragsteuern)	10 000
Sonstiges Periodenergebnis (other comprehensive income)	**./. 30 000**
Periodengesamterfolg (total comprehensive income)	**2 857 500**

11.2 Gesamtkosten- und Umsatzkostenverfahren

Sachverhalt

Die Stableford GmbH hat einen Setzkasten für die Sammlung von Golfbällen entwickelt. Es handelt sich hierbei um Designerstücke, welche für einen Verkaufspreis von 80 GE netto verkauft werden können. Zunächst wurde nur auf Bestellung produziert, jedoch stieg im Herbst 01 die Nachfrage so stark an, dass die Stableford GmbH zusätzliche Exemplare hergestellt hat. Von der Gesamtproduktionsmenge von 20 000 Stück sind am Ende des Jahres noch 2 000 Stück auf Lager.

Die Aufwendungen für die Herstellung der Setzkästen wurden von der Buchhaltung bereits ermittelt.

Materialaufwand pro Stück	10 GE
Personalaufwand pro Stück	20 GE
Abschreibung auf Sachanlagen pro Stück	8 GE
Sonstiger betrieblicher Aufwand pro Stück	5 GE

Zusätzlich ist die prozentuale Verteilung der Aufwandsarten auf die drei vorhandenen Kostenstellen bekannt.

in %	**Kostenstellen**		
Kostenarten	Fertigung	Verwaltung	Vertrieb
Materialaufwand	90	5	5
Personalaufwand	65	12,5	22,5
Abschreibungen	81,25	6,25	12,5
Sonstiger betrieblicher Aufwand	70	10	20

Der Anteil der herstellungsbezogenen Verwaltungskosten liegt bei 25 %. Zur Finanzierung der Produktionsanlagen hat die Stableford GmbH ein Darlehen aufgenommen, für das jährlich Zinsen von 20 000 GE zu bezahlen sind. Aufgrund der guten Lage am Aktienmarkt kaufte die Stableford GmbH zu Spekulationszwecken im März 01 ein Aktienpaket für 40 000 GE. Am Bilanzstichtag betrug der Wert dieses Pakets entgegen den Erwartungen nur noch 30 000 GE.

Aufgabe

a) Ermitteln Sie das Ergebnis vor Steuern nach dem Gesamtkosten- und dem Umsatzkostenverfahren gemäß § 275 HGB. Für die Bewertung der Bestände soll die handelsrechtliche Wertobergrenze herangezogen werden.

b) Ermitteln Sie das Ergebnis vor Steuern nach IFRS. Geben Sie auch hier die Lösung nach Gesamt- und Umsatzkostenverfahren an.

Lösung

a) GuV nach HGB

Gesamtkostenverfahren

Die Umsatzerlöse betragen 18 000 Stück × 80 GE/Stück = 1 440 000 GE.

Für die Bewertung der Bestandsveränderungen sind die Herstellungskosten pro Stück zu berechnen.

in GE/Stück	**Kostenstellen**			
Kostenarten	Fertigung	Verwaltung	Vertrieb	Gesamt
Materialaufwand	9,00	0,50	0,50	10,00
Personalaufwand	13,00	2,50	4,50	20,00
Abschreibungen	6,50	0,50	1,00	8,00
Sonstiger betrieblicher Aufwand	3,50	0,50	1,00	5,00
Herstellungsbezogene Zinsen	1,00	0	0	1,00
Summe	33,00	4,00	7,00	44,00

Die Bewertung der Setzkästen soll zur handelsrechtlichen Wertobergrenze erfolgen. Dies bedeutet, dass nach § 255 Abs. 2 HGB neben den Material- und Fertigungskosten auch die Verwaltungskosten einzubeziehen sind.

Darüber hinaus dürfen nach § 255 Abs. 3 HGB auch Zinsen in die Herstellungskosten einbezogen werden, wenn das aufgenommene Fremdkapital zur Finanzierung der Herstellung eines Vermögensgegenstands verwendet wird und die angefallenen Zinsen auf den Zeitraum der Herstellung entfallen. Jedoch ist dies in der Praxis eher in Branchen mit langfristiger Auftragsfertigung von Bedeutung (Ellrott/Brendt, in: Ellrott u. a., Beck'scher Bilanzkommentar, 7. Aufl., § 255, Rz. 507). Aus diesem Grund soll hier auf die Aktivierung der Fremdkapitalzinsen verzichtet werden.

Somit ergibt sich ein Wertansatz pro Stück von

32 GE/Stück + 4 GE/Stück = 36 GE/Stück

Für die auf Lager produzierten Setzkästen ergeben sich dann die Gesamtkosten, indem der Lagerzugang mit den Herstellungskosten/Stück bewertet wird.

Lagerzugang = Produktionsmenge ./. Absatzmenge = 20 000 ./. 18 000 = 2 000 Stück

Bewerteter Lagerzugang = 2 000 Stück × 36,00 GE/Stück = 72 000 GE

Für die GuV sind die gesamten Aufwendungen pro Kostenart zu ermitteln. Hierbei werden sowohl die Kosten für die verkauften als auch für die auf Lager produzierten Setzkästen berücksichtigt.

	GE/Stück	Gesamtaufwand
Materialaufwand	10	200 000
Personalaufwand	20	400 000
Abschreibungen	8	160 000
Sonstiger betrieblicher Aufwand	5	100 000
Summe		**860 000**

Unter Berücksichtigung der Abschreibung auf den Wertpapierbestand hat die GuV folgendes Aussehen:

GuV zum 31.12.01 nach Gesamtkostenverfahren (HGB)	(in GE)
Umsatzerlöse	1 440 000
Bestandsveränderungen fertige Erzeugnisse	72 000
Gesamtleistung	**1 512 000**
Materialaufwand	200 000
Personalaufwand	400 000
Abschreibungen	160 000
Sonstige betriebliche Aufwendungen	100 000
Zinsaufwand	20 000
Abschreibungen auf Wertpapiere des Umlaufvermögens	10 000
Ergebnis vor Steuern	**622 000**

Umsatzkostenverfahren

Die Umsatzerlöse betragen 18 000 Stück × 80 GE/Stück = 1 440 000 GE.

Die Herstellungskosten der umgesetzten Leistung setzen sich zum einen aus den Fertigungskosten und zum anderen aus den herstellungsbezogenen Verwaltungskosten zusammen:

Fertigungskosten: 18 000 Stück × 32 GE/Stück = 576 000 GE

Herstellungsbezogene Verwaltungskosten:

25 % von 4 GE/Stück = 1 GE/Stück × 18 000 Stück = 18 000 GE

Gesamte Herstellungskosten: 576 000 GE + 18 000 GE = 594 000 GE

Die restlichen 75 % der Verwaltungskosten (3 GE × 18 000 Stück = 54 000 GE) werden unter der gleich lautenden Position der GuV ausgewiesen. Anzumerken ist hier, dass der Herstellungskostenbegriff des § 275 Abs. 3 HGB von dem des § 255 Abs. 2 HGB abweicht.

GuV zum 31.12.01 nach Umsatzkostenverfahren (HGB)	(in GE)
Umsatzerlöse	1 440 000
Herstellungskosten	594 000
Bruttoergebnis vom Umsatz	**846 000**
Verwaltungskosten	54 000
Vertriebskosten	140 000
Zinsaufwand	20 000
Abschreibungen auf Wertpapiere des Umlaufvermögens	10 000
Ergebnis vor Steuern	**622 000**

b) GuV nach IFRS

Auch nach IFRS ist eine Aufstellung nach Gesamt- oder Umsatzkostenverfahren erlaubt (IAS 1.102 f.). Die nach HGB mögliche Bewertung der Herstellungskosten zur Wertunter- oder Wertobergrenze gibt es nach IFRS nicht: Nach IAS 2.12 sind bei der Berechnung der Herstellungskosten die produktionsbezogenen Vollkosten anzusetzen. Somit ist anders als nach HGB auch nur eine Aktivierung der produktionsbezogenen Verwaltungskosten erlaubt. Die allgemeinen Verwaltungskosten sind in voller Höhe Aufwand der Periode.

Herstellungsbezogene Zinsen sind nach IAS 23.8 nur bei der Herstellung eines qualifizierten Vermögensgegenstands anzusetzen; dieser liegt hier nicht vor.

Gesamtkostenverfahren

Für die Berechnung der Bestandserhöhungen dürfen neben den Fertigungskosten lediglich die produktionsbezogenen Verwaltungskosten einbezogen werden:

33 GE × 2 000 Stück = 66 000 GE

GuV zum 31.12.01 nach Gesamtkostenverfahren (IFRS)	(in GE)
Umsatzerlöse	1 440 000
Bestandserhöhungen	66 000
Gesamtleistung	**1 506 000**
Materialaufwand	200 000
Personalaufwand	400 000
Abschreibungen	160 000
Sonstige betriebliche Aufwendungen	100 000
Finanzierungsaufwendungen	30 000
Ergebnis vor Steuern	**616 000**

Umsatzkostenverfahren

Auch hier ist zu beachten, dass für die Berechnung der Herstellungskosten lediglich die produktionsbezogenen Verwaltungskosten einberechnet werden dürfen. Die allgemeinen Verwaltungskosten sind in voller Höhe als Aufwand der Periode zu verbuchen; also auch für die auf Lager produzierten Setzkästen:

3 GE/Stück × 20 000 Stück = 60 000 GE

GuV zum 31.12.01 nach Umsatzkostenverfahren (IFRS)	(in GE)
Umsatzerlöse	1 440 000
Kosten der umgesetzten Leistung	594 000
Bruttoergebnis vom Umsatz	**846 000**
Vertriebskosten	140 000
Verwaltungskosten	60 000
Finanzierungsaufwendungen	30 000
Ergebnis vor Steuern	**616 000**

12 Der Konzern

12.1 Beteiligung nach HGB

Sachverhalt

Die Metall AG liefert Bleche an Autohersteller und Bauunternehmen. Sie erwirbt im Jahr 01 Aktien an verschiedenen Unternehmen. Sie kauft im November Anteile im Nennwert von 500 000 GE an der Blech AG. Die Blech AG hat ein Gesamtnennkapital von 1 900 000 GE und ist ein Zulieferer der Metall AG. An der Bau AG erwirbt die Metall AG bei deren Börsengang 12 % des Gesamtnennkapitals. Die Bau AG ist ein wichtiger Kunde; durch den Erwerb der Anteile soll diese Geschäftsbeziehung gefestigt werden und der Bau AG Liquidität zufließen. Die Metall AG will überschüssige Mittel kurzfristig ertragreich anlegen. Der Anlageberater der X-Bank rät dem Vorstand der Metall AG zum Kauf von Aktien der Bier AG und der Malz AG, da hier Kurssteigerungen kurzfristig zu erwarten sind. So kauft die Metall AG Aktien der Bier AG im Umfang von 22,5 % des Gesamtnennkapitals zur kurzfristigen Geldanlage. Von der Malz AG kauft die Metall AG 51 % der Anteile. Die Anteile werden von Beginn an nur zur Weiterveräußerung gehalten und mit dem Verkauf ist der Anlageberater nach erheblichen Kurssteigerungen bereits beauftragt. Geschäftsbeziehungen unterhält die Metall AG weder zur Bier AG noch zur Malz AG. Weiterhin kauft die Metall AG Anteile im Umfang von 55 % der Stimmrechte der Total Werft AG. Mit der Titan AG, einem Zulieferer schließt die Metall AG einen Vertrag, in dem sich die Titan AG der Beherrschung durch die Metall AG unterwirft. Die Metall AG verfügt weiterhin über Anteile im Umfang von 50 % an der Geräte AG, an der auch das von der Metall AG unabhängige Unternehmen Kauf GmbH zu 50 % beteiligt ist. Beide Unternehmen führen die Geräte AG gemeinschaftlich.

Aufgabe

Wie sind diese Unternehmensverbindungen nach dem HGB zu beurteilen?

Lösung

Die Beurteilung erfolgt nach § 271 HGB. Demnach liegt eine Beteiligung (Abs. 1) vor, wenn dem eigenen Geschäftsbetrieb durch eine dauernde Verbindung zu einem anderen Unternehmen gedient werden soll. Im Zweifel gilt dieses Kriterium ab einem Anteil von 20 % des Nennkapitals als erfüllt. Diese Vermutung kann widerlegt werden. Verbundene Unternehmen liegen nach § 271 Abs. 2 HGB vor, wenn ein Mutter-Tochter-Verhältnis nach § 290 HGB gegeben ist und diese als Mutter- oder Tochterunternehmen in den Konzernabschluss eines Mutterunternehmens nach den Vorschriften über die Vollkonsolidierung einzubeziehen sind.

An der **Blech AG** hält die Metall AG 500 000 GE : 1 900 000 GE = 26,3 % > 20 % der Anteile. Es liegt eine Beteiligung i. S.v. § 271 Abs. 1 HGB vor, da die Blech AG Zulieferer ist. Eine Widerlegung der Beteiligungsvermutung ist daher nicht zu erwarten.

Da die **Bau AG** ein wichtiger Kunde der Metall AG ist, liegt auch hier eine Beteiligung vor, selbst wenn die 20 %-Grenze nicht erreicht wird. Alles spricht für die Absicht einer dauernden Geschäftsverbindung durch den Kauf der Anteile.

An der **Bier AG** hält die Metall AG mit 22,5 % des Nennkapitals mehr als 20 %. Da die Anteile aber nur zur kurzfristigen Anlage erworben wurden, liegt keine Beteiligung vor.

Die Metall AG hat eine Mehrheit an der **Malz AG** erworben. Damit ist die Malz AG ein Tochterunternehmen i. S.v. § 290 HGB und insofern ein verbundenes Unternehmen i. S.v. § 271 Abs. 2 HGB. Allerdings sollen die Anteile nur vorübergehend gehalten werden und konkrete Verkaufsabsichten sind erkennbar. Somit ist nach § 296 Abs. 1 Nr. 3 HGB ein Einbeziehungswahlrecht gegeben. Aber auch wenn die Einbeziehung unterbleiben sollte, ist die Malz AG ein mit der Metall AG verbundenes Unternehmen.

An der **Total Werft AG** verfügt die Metall AG über die Aktienmehrheit. Es ist daher ein Mutter-Tochter-Verhältnis nach § 290 HGB gegeben. Damit ist die Total Werft nach § 271 Abs. 2 HGB ein verbundenes Unternehmen.

Mit der **Titan AG** wurde ein Beherrschungsvertrag geschlossen. Dies erfüllt die Mutter-Tochter-Definition (§ 290 HGB). Damit ist auch die Titan AG ein verbundenes Unternehmen.

Die **Geräte AG** wird als Gemeinschaftsunternehmen (§ 310 HGB) zusammen mit der Kauf GmbH betrieben. Gemeinschaftsunternehmen sind keine Tochterunternehmen und sie werden nicht im Wege der Vollkonsolidierung in den Konzernabschluss einbezogen. Somit ist die Geräte AG kein verbundenes Unternehmen nach § 271 Abs. 2 HGB, allerdings liegt eine Beteiligung vor.

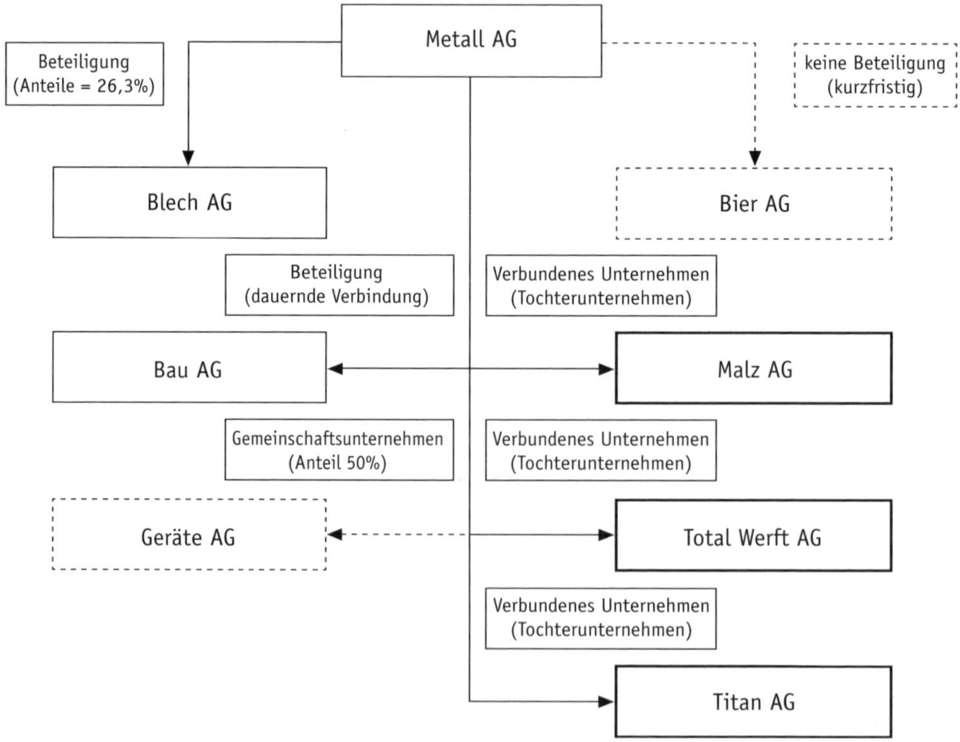

12.2 Aufstellungspflicht nach HGB

Sachverhalt

Die Mühlen AG verfügt über 8 000 Stückaktien an der Treppen AG. Die Treppen AG ist ein Hersteller von Steintreppen und Spezialkränen. Sie hat insgesamt 18 000 Aktien ausgegeben. Derzeit hält die Treppen AG allerdings 3 000 Aktien als eigene Anteile. Die Mühlen AG hält weiterhin die Stimmrechtsmehrheit an der Taler AG. Die Twister AG steht zu 40 % im Eigentum der Mühlen AG und zu 11 % im Eigentum der Taler AG. Alle Unternehmen haben ihren Sitz im Inland.

Aufgabe

Welche Mutter- und Tochterbeziehungen liegen nach HGB vor?

Lösung

Die Mühlen AG hält an der **Treppen AG** zwar nur 8 000 von 18 000 Stimmrechten (ca. 44 %). Allerdings hält die Treppen AG 3 000 Stimmrechte aus eigenen Anteilen. Damit berechnet sich der Anteil der Mühlen AG an der Treppen AG wie folgt (§ 290 Abs. 4 HGB):

8 000 : (18 000 ./. 3 000) = 53,33 %. Die Treppen AG ist demnach entsprechend der unwiderlegbaren Vermutung von § 290 Abs. 2 Nr. 1 HGB Tochterunternehmen der Mühlen AG.

Die **Taler AG** ist aufgrund der Stimmrechtsmehrheit Tochterunternehmen der Mühlen AG (§ 290 HGB).

An der **Twister AG** hält die Mühlen AG zwar nur 40 % der Stimmrechte. Da sie jedoch auch über die 11 % der Stimmrechte der Taler AG verfügt, sind ihr diese nach § 290 Abs. 3 HGB zuzurechnen. Somit verfügt die Mühlen AG über 51 % der Stimmrechte an der Twister AG. Die Twister AG ist damit Tochterunternehmen von der Mühlen AG.

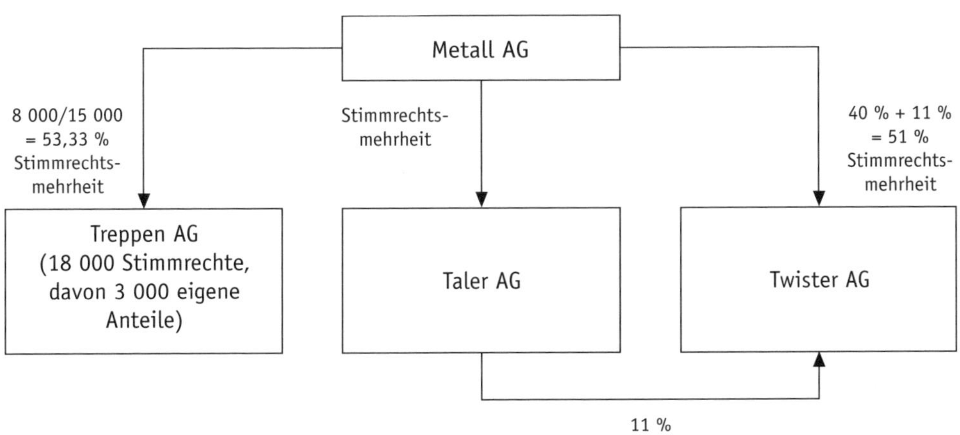

12.3 Präsenzmehrheit und Streubesitz

Sachverhalt

Die Maler AG hat 49,5 % der Stimmrechte der Thurn AG und ist deren größter Aktionär. Sonst sind die Aktien im Streubesitz von Kleinaktionären. Der Großteil dieser Kleinaktionäre kommt regelmäßig nicht zur Hauptversammlung. Die Maler AG kann bei der Thurn AG die wesentlichen Entscheidungen treffen und nimmt auch die Besetzung des Vorstandes dort regelmäßig vor.

Nur für die Gestaltung von Leasinggeschäften hat die Maler AG die TX-AG gegründet. Die Maler AG trägt deren Chancen und Risiken.

Aktien der Tasten AG hält die Maler AG nur aus Gründen der Geldanlage, sie hat wegen einer günstigen Gelegenheit 59 % der Aktien und damit der Stimmrechte erworben, übt einen Einfluss auf die Finanz- und Geschäftspolitik jedoch nicht aus. An der Terra AG hält die Maler AG 55 % der Anteile, die jedoch aufgrund von stimmrechtslosen Vorzugsaktien nur 30 % der Stimmrechte umfassen. Die Taschen AG hat sich durch Vertrag der Beherrschung durch die Maler AG unterworfen.

Alle Unternehmen haben ihren Sitz im Inland.

Aufgabe

Welche Mutter-Tochter-Beziehungen liegen nach HGB vor?

Lösung

Die Maler AG hat an der **Thurn AG** nur eine Minderheitsbeteiligung i. H.v. 49,5 %. Damit kann sie die Geschäftspolitik der Thurn AG grundsätzlich nicht bestimmen. Die restlichen Anteile befinden sich jedoch im Streubesitz und zudem kann die Maler AG den Vorstand der Thurn AG regelmäßig besetzen. Man spricht hier von einer sogenannten verfestigten Präsenzmehrheit, die eine mögliche Beherrschung darstellt (vgl. Küting/Koch, in: Küting u.a., Das neue deutsche Bilanzrecht, 2. Aufl., Stuttgart 2009, 391). Die Maler AG kann versuchen, hier einen Gegenbeweis anzutreten, jedoch ist die tatsächlich ausgeübte Besetzung des Vorstands und der tatsächliche Einfluss auf die Geschäftspolitik ein starkes Indiz für eine Beherrschung auf der Grundlage einer dauerhaften Präsenzmehrheit. Insofern liegt eine Mutter-Tochter-Beziehung (§ 290 Abs. 1 HGB) vor.

Die **TX-AG** ist eine Zweckgesellschaft, da sie nur für die Abwicklung von Leasinggeschäften gegründet wurde. Da die Maler AG alle Risiken und Chancen trägt, ist die TX-AG ein Tochterunternehmen nach § 290 Abs. 2 Nr. 4 HGB.

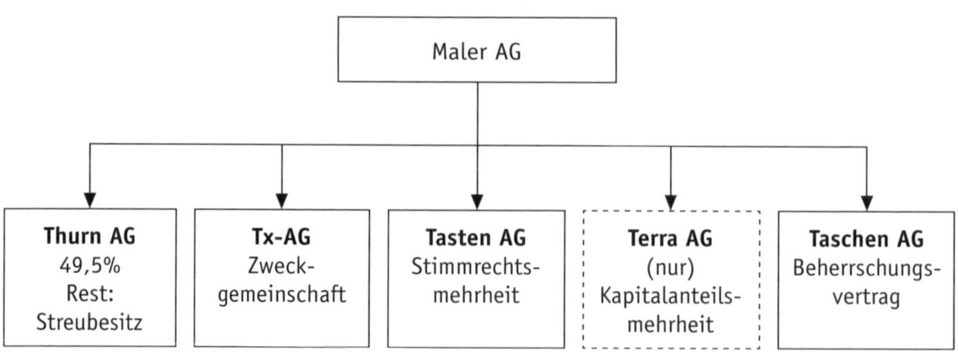

Zwar übt die Maler AG keinen Einfluss auf die Finanz- und Geschäftspolitik der **Tasten AG** aus, aber für die Erfüllung der Konzerndefinition reicht bereits die Möglichkeit der Beherrschung aus (§ 290 Abs. 2 Nr. 1 HGB). Wegen der Stimmrechtsmehrheit ist die Tasten AG als Tochterunternehmen in den Konzernabschluss einzubeziehen.

An der **Terra AG** hat die Maler AG zwar die Mehrheit der Kapitalanteile. Die Konzerndefinition nach § 290 Abs. 2 Nr. 1 HGB stellt jedoch auf die Stimmrechtsmehrheit ab, über die die Maler AG nicht verfügt. Daher ist die Terra AG kein Tochterunternehmen, sondern ein assoziiertes Unternehmen i. S. v. § 311 HGB.

Die **Taschen AG** ist wegen des Beherrschungsvertrages Tochterunternehmen der Maler AG und damit in den Konzernabschluss einzubeziehen (unwiderlegbare Vermutung nach § 290 Abs. 2 Nr. 3 HGB).

12.4 Größenabhängige Befreiung

Sachverhalt

Die Mittag AG verfügt am 31.12.03 über 55 % des stimmberechtigten Kapitals der Tiegel AG. Weitere Unternehmensverbindungen liegen nicht vor. Folgende Daten der letzten drei Jahre sind bekannt. Es liegt keine Kapitalmarktorientierung nach § 264 d HGB vor.

Bruttomethode	Mittag AG			Tiegel AG		
Jahr	01	02	03	01	02	03
Bilanzsumme (in Mio. €)	12	11	12	6	7	3
Umsatz (in Mio. €)	36	18	7	14	10	11
durchschnittliche Mitarbeiterzahl	340	240	234	55	40	40

Nettomethode	01	02	03
Bilanzsumme (in Mio. €)	14	12	10
Umsatzerlöse (in Mio. €)	48	26	15
Arbeitnehmerzahl	395	280	274

Die Tiegel AG hat am 31.12.02 einen nicht durch Eigenkapital gedeckten Fehlbetrag von 2 Mio. € auszuweisen. Im Jahr 00 waren die Größenkriterien des § 293 HGB überschritten.

Aufgabe

Ist eine größenabhängige Befreiung nach § 293 HGB möglich?

Lösung

Ergebnis bei Anwendung der Bruttomethode

Größenkriterien Bruttomethode	01	02	03
Bilanzsumme (in Mio. €)	12 + 6 = 18	11 + 7 ./. 2 = 16	12 + 3 = 15
Umsatzerlöse (in Mio. €)	36 + 14 = 50	18 + 10 = 28	7 + 11 = 18
Arbeitnehmerzahl	340 + 55 = 395	240 + 40 = 280	234 + 40 = 274

Am Ende des Jahres 03 ist für den Konzern nach der Bruttomethode eine größenabhängige Befreiung möglich, da zwei Kriterien an zwei aufeinanderfolgenden Stichtagen erfüllt sind und eine Kapitalmarktorientierung nicht vorliegt.

Ergebnis bei Anwendung der Nettomethode

Größenkriterien Nettomethode	01	02	03
Bilanzsumme (in Mio. €)	14	12	10
Umsatzerlöse (in Mio. €)	48	26	15
Arbeitnehmerzahl	395	280	274

Hier stellt sich dasselbe Ergebnis ein wie bei der Bruttomethode: Befreiung ab dem Jahr 03.

12.5 Aufstellungspflicht und Konsolidierungskreis nach IFRS

Sachverhalt

Die Mittel AG besitzt 49 % der Anteile an der Toner AG. Die restlichen Stimmrechte verteilen sich auf den Streubesitz von Kleinaktionären, von denen regelmäßig ein Großteil nicht zur Hauptversammlung erscheint. Die Mittel AG kann in der Hauptversammlung über die Mehrheit der Stimmen verfügen und dadurch die Finanz- und Geschäftspolitik bestimmen.

Die Mittel AG hat zur weiteren Diversifikation Anteile an der Texco AG gekauft. Sie verfügt nun über 7 000 Stimmrechte an der Texco AG (in Summe hat die Texco AG 18 000 stimmberechtigte Aktien ausgegeben). An der Torkel AG hält die Mittel AG 51 % der Stimmrechte. Die Torkel AG hält 4 000 Stimmrechte an der Texco AG.

Die Mittel AG hat mit der Tender AG einen Vertrag geschlossen, in dem sich die Tender AG der Beherrschung durch die Mittel AG unterwirft.

Die Mittel AG hat nur für die Gestaltung von Leasinggeschäften die Trix AG gegründet und trägt vollständig deren Chancen und Risiken. An der Tumbler Inc. mit Sitz in A-Land hält die Torkel AG die Stimmrechtsmehrheit, allerdings ist Tumbler Inc. von der ausländischen Regierung in A-Land dauerhaft unter Zwangsverwaltung gestellt worden. Am Unternehmen Tomp AG hält die Mittel AG 53 % der Stimmrechte, für alle wichtigen Entscheidungen sieht die Satzung jedoch eine 2/3-Mehrheit vor.

Aufgabe
Beurteilen Sie, ob nach IAS 27 Mutter-Tochter-Beziehungen vorliegen.

Lösung
Beherrschung ist die Möglichkeit, die Finanz- und Geschäftspolitik eines Unternehmens zu bestimmen, um aus dessen Tätigkeit Nutzen zu ziehen (IAS 27.4). Beherrschte Unternehmen sind Tochterunternehmen.

Bei der **Toner AG** verfügt die Mittel AG nicht über die Mehrheit der Stimmrechte. Aber es liegt eine verfestigte Präsenzmehrheit vor. Die Mittel AG kann über die Präsenzmehrheit die Toner AG beherrschen. Dadurch ist die Toner AG gemäß IAS 27.13 Tochterunternehmen der Mittel AG.

Die Mittel AG verfügt nicht direkt über die Stimmrechtsmehrheit bei der **Texco AG** (7 000/18 000 = 38,9 %). Da die Mittel AG jedoch über die Stimmrechtsmehrheit an der **Torkel AG** verfügt, sind der Mittel AG auch deren Stimmrechte an der Texco AG zuzurechen. So stehen der Mittel AG an der Texco AG 7 000 + 4 000 = 11 000 Stimmrechte und damit die Stimmrechtsmehrheit zu (61,1 %). Stimmrechtsmehrheit führt nach IAS 27.13 zur Beherrschung.

Eine Beherrschung ergibt sich unwiderlegbar auch, wenn ein Unternehmen sich vertraglich der Herrschaft eines anderen Unternehmens unterwirft (IAS 27.13 b). Demnach kann die Mittel AG auch bei der **Tender AG** die Geschäfts- und Finanzpolitik bestimmen, um daraus Nutzen zu ziehen. Das Unternehmen ist damit Tochterunternehmen der Mittel AG.

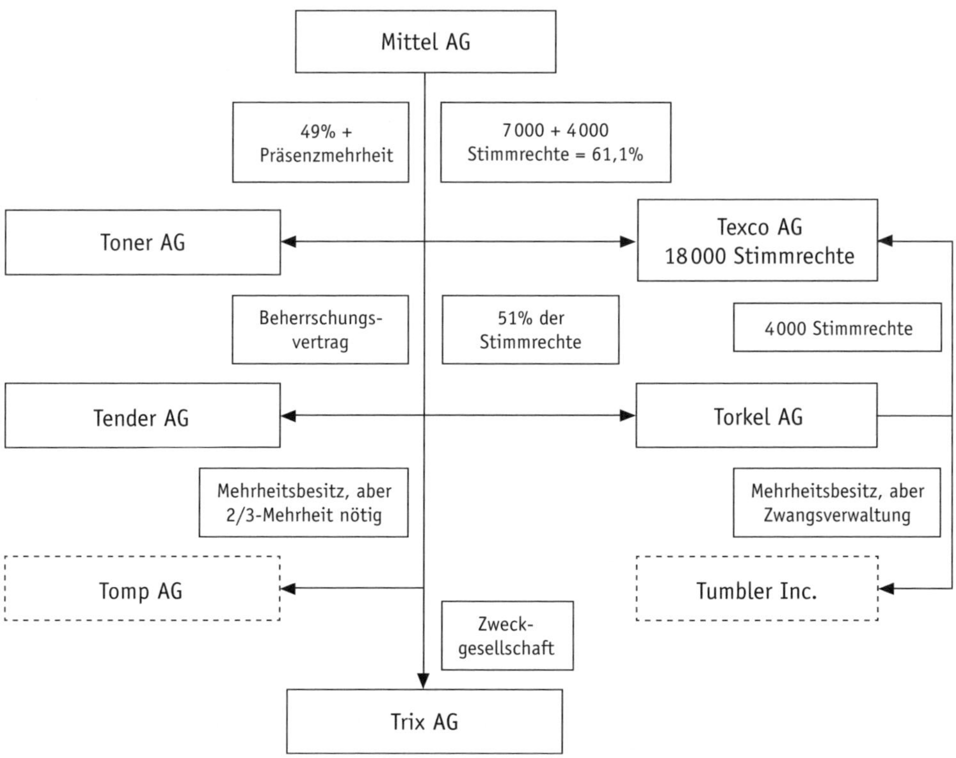

Die **Trix AG** ist eine Zweckgesellschaft und gehört gemäß SIC 12 zu den konsolidierungspflichtigen Tochterunternehmen, da sie ihre Geschäftstätigkeit zu Gunsten der Mittel AG entsprechend deren besonderen Geschäftsbedürfnissen führt, so dass die Mittel AG Nutzen aus der Geschäftstätigkeit der Trix AG zieht und auch deren Chancen und Risiken trägt.

Die **Tumbler Inc.** steht im Mehrheitsbesitz der Torkel AG und somit indirekt auch im Mehrheitsbesitz der Mittel AG. Allerdings steht die Tumbler Inc. dauerhaft unter der Zwangsverwaltung einer ausländischen Regierung. Nach IAS 27.32 haben die Torkel AG und damit die Mittel AG keine Verfügungsmacht mehr über die Tumbler Inc. Die Tumbler Inc. ist daher kein Tochterunternehmen.

Die **Tomp AG** steht im Mehrheitsbesitz der Mittel AG. Allerdings können wichtige Entscheidungen nur mit 2/3-Mehrheit getroffen werden. Somit kann eine Beherrschung nicht ausgeübt werden, in der die Geschäfts- und Finanzpolitik zum Nutzen der Mutter bestimmt wird. Die Tomp AG ist kein Tochterunternehmen der Mittel AG.

12.6 Einbeziehungswahlrechte

Sachverhalt

Die Mistral AG mit Sitz im Inland besitzt zum 31.12.01 60 % der Stimmrechte an der Tiba AG. Die Tiba AG beherrscht durch Vertrag das ausländische Unternehmen Tanz Ltd. Der Vertrag wurde am 03.12.01 geschlossen. Das Rechnungswesen der Tanz Ltd. ist mit dem System der Tiba AG völlig inkompatibel und eine Anpassung blieb trotz mehrerer Versuche bis zum 31.12.01 ergebnislos. Wegen eines Wasserschadens werden die Arbeiten bei der Tanz Ltd. zudem stark behindert.

An der ausländischen Tochter T-Three Inc. besitzt die Mistral AG 54 % der Stimmrechte in der Hauptversammlung. Allerdings konnte die Mistral AG ihre Rechte schon seit mehreren Jahren nicht wahrnehmen, da die ausländische Regierung eine Zwangsverwaltung eingesetzt hat.

Die Mistral AG hat am 15.12.01 zur kurzfristigen Geldanlage 59 % der Stimmrechte an der Test AG erworben und will diese im kommenden Jahr veräußern. Ein entsprechender Verkaufsauftrag wird bei einem Kursgewinn von 15 GE pro Aktie ausgeführt. Der Kursgewinn im Aufstellungszeitpunkt beträgt 14 GE.

Am Unternehmen Toc AG hält die Mistral AG 51 % der Geschäftsanteile und der Stimmrechte. Die Bilanzsumme der Toc AG beträgt 0,01 % der Bilanzsumme der Mistral AG, der Umsatz beläuft sich auf 0,02 % des Umsatzes der Mistral AG. Bei der Toc AG arbeiten neun Mitarbeiter, die Mistral AG beschäftigt 5 500 Mitarbeiter.

Aufgabe

Welche Einbeziehungswahlrechte kann die Mistral AG nach HGB geltend machen?

Lösung

Die Mistral AG ist Mutter der **Tiba AG**, da sie über die Stimmrechtsmehrheit (§ 290 HGB) verfügt. Damit ist auch die **Tanz Ltd.** wegen des Beherrschungsvertrages indirekt Tochterunternehmen der Mistral AG. Für den Konzernabschluss zum 31.12.01 kann die Mistral AG aber auf § 296 Abs. 1 Nr. 2 HGB zurückgreifen. Die Beschaffung der Daten ist für die Mistral AG nicht bis zur Aufstellung des

Abschlusses möglich. Daher gilt für die Tanz Ltd. ein Einbeziehungswahlrecht, wobei dieses Wahlrecht sehr eng ausgelegt werden muss.

Die **T-Three Inc.** ist wegen der Stimmrechtsmehrheit Tochterunternehmen der Mistral AG. Da jedoch die Möglichkeiten der Mistral AG, die T-Three Inc. zu beherrschen, durch die staatliche Zwangsverwaltung andauernd und erheblich beschränkt sind, besteht für die T-Three Inc. ein Einbeziehungswahlrecht nach § 296 Abs. 1 Nr. 1 HGB.

An der **Test AG** hat die Mistral AG die Mehrheit der Stimmrechte. Jedoch werden die Anteile nur zur Weiterveräußerung im Umlaufvermögen gehalten. Die Verkaufsabsicht hat sich bereits so weit konkretisiert, dass ein Verkaufsauftrag erteilt wurde. Nach § 296 Abs. 1 Nr. 3 HGB besteht für die Test AG daher ein Einbeziehungswahlrecht.

Die **Toc AG** steht unter der Beherrschung durch die Mistral AG. Die Gesamtsicht der Kriterien Umsatz, Bilanzsumme und Arbeitnehmerzahl spricht für eine untergeordnete Bedeutung zur Vermittlung eines den tatsächlichen Verhältnissen entsprechenden Bildes der Vermögens-, Finanz- und Ertragslage. Somit besteht für die Toc AG ein Einbeziehungswahlrecht nach § 296 Abs. 2 HGB.

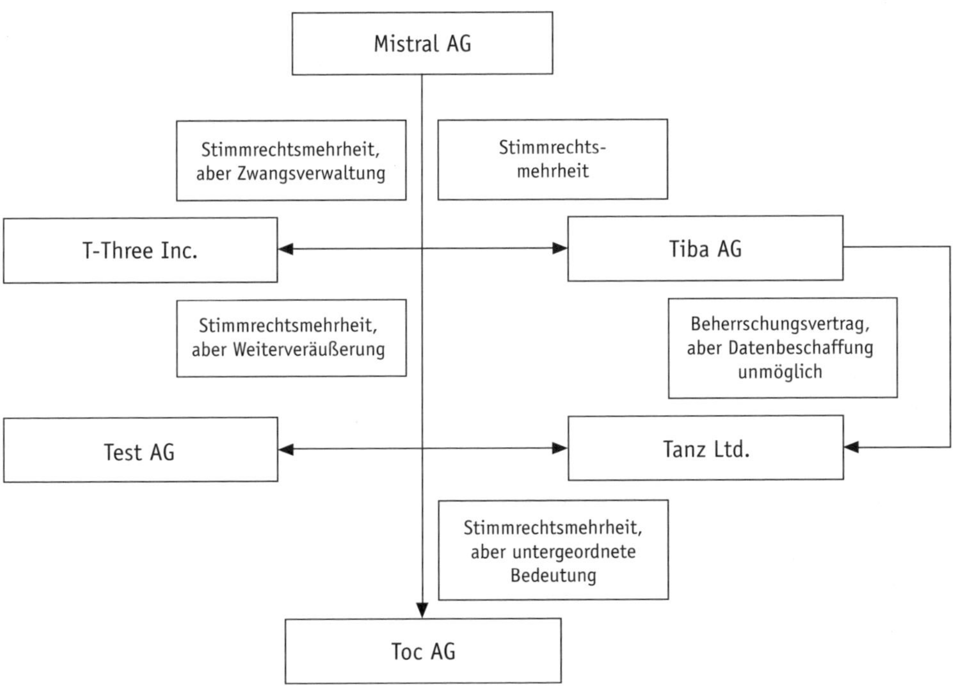

13 Konsolidierungsvorbereitung

13.1 Einheitlicher Bilanzansatz

Sachverhalt

Die Mogul AG besitzt drei Töchter: die Togo AG mit Sitz im EWR-Ausland, die Tux AG und die Thilax AG, die ihren Sitz beide im Inland haben. Bei der Vorbereitung des Konzernabschlusses sind folgende Besonderheiten zu beachten:

1. Die Togo AG ist ein Bauunternehmen. Es bilanziert keine Rückstellungen für Abraumbeseitigung i. S.v. § 249 HGB, auch wenn Bauschutt noch nicht beseitigt worden ist und die Nachholung innerhalb des Folgejahres vorgenommen werden soll.
2. Die Tux AG aktiviert das Disagio nach § 250 Abs. 3 HGB nicht. Im Konzernabschluss wird das Disagio unter den Rechnungsabgrenzungsposten erfasst.
3. Die Thilax AG aktiviert selbst erstelltes immaterielles Vermögen nach § 248 Abs. 2 HGB nicht. Im Konzernabschluss macht die Mogul AG von dem Aktivierungswahlrecht Gebrauch.
4. Die Togo AG hat den Markennamen eines Produktes von der Tux AG gekauft.

Aufgabe

Was ist bei der Aufstellung des Konzernabschlusses nach HGB und IFRS zu beachten?

Lösung

In § 300 Abs. 2 HGB ist festgelegt, dass für den Bilanzansatz im Konzernabschluss das Recht der Mutterunternehmung und das Vollständigkeitsgebot gilt. Die Bilanzierungswahlrechte sind einheitlich auszuüben und leben bei der Erstellung des Konzernabschlusses neu auf.

1. Die Rückstellung für unterlassene Abraumbeseitigung ist wegen § 249 Abs. 1 Satz 2 Nr. 1 HGB zwingendes Recht des Mutterunternehmens. Sie muss daher von der Togo AG gebildet werden.
2. Die Aktivierung des Disagios und des selbst erstellten immateriellen Vermögens ist vorzunehmen, da diese Bilanzierungswahlrechte vom Mutterunternehmen ausgeübt wurden.
3. Der Verkauf des Markennamens schlägt sich im Konzernabschluss nicht nieder, da aus der Sicht des Konzerns ein solcher Verkauf innerbetrieblich erfolgt ist und damit der Markenname weiterhin als selbst erstellt zu behandeln ist, mit der Folge eines Bilanzierungsverbotes nach § 248 Abs. 2 HGB.

Auch die IFRS fordern eine Einheitlichkeit beim Bilanzansatz. Gleichartige Sachverhalte sind im Konzernabschluss gleich zu behandeln (IAS 27.24): »Bei der Aufstellung eines Konzernabschlusses sind für ähnliche Geschäftsvorfälle und andere Ereignisse unter vergleichbaren Umständen einheitliche Rechnungslegungsmethoden anzuwenden.« Weicht ein Tochterunternehmen von der einheitlichen Vorgehensweise ab, so muss eine Anpassung in der Handelsbilanz II erfolgen (IAS 27.25). Explizite Ansatzwahlrechte kennen die IFRS nicht, daher stellt sich das Problem nur bei Unternehmen, die ihren Einzelabschluss nicht nach IFRS aufstellen.

13.2 Einheitliche Bewertung

Sachverhalt

Die Mendel AG mit Sitz in Münster besitzt die Tochterunternehmen Tengel AG mit Sitz im EWR-Ausland und die Tupax AG mit Sitz in Treuchtlingen.

Die Tupax AG setzt im Einzelabschluss die Herstellungskostenuntergrenze an, schreibt Vermögensgegenstände degressiv ab und nutzt das FIFO-Verfahren für die Bewertung von Vorräten.

Die Tengel AG bewertet Grundstücke und Gebäude im Einzelabschluss zum beizulegenden Zeitwert. Langfristige Rückstellungen werden von der Tengel AG nicht abgezinst und das Unternehmen verbucht die Gewinne aus langfristigen Fertigungsaufträgen nach dem Fertigstellungsgrad. Die Tengel AG schreibt Vermögenswerte linear ab und verwendet für die Bewertung von Vorräten das FIFO-Verfahren.

Die Mendel AG nimmt im Konzernabschluss lineare Abschreibungen vor, bilanziert zur Herstellungskostenobergrenze und verwendet das Durchschnittswertverfahren. Grundstücke und Gebäude werden zu fortgeführten Anschaffungskosten bewertet.

Aufgabe

Wie ist im Hinblick auf den Konzernabschluss nach HGB und IFRS mit diesen Sachverhalten umzugehen?

Lösung

§ 308 HGB fordert, im Konzernabschluss einheitlich nach den für das Mutterunternehmen geltenden Regeln zu bewerten. Daher muss die Tengel AG in der Handelsbilanz II bei der Bewertung das Anschaffungskostenprinzip beachten und darf keine Bewertung zu einem höher liegenden Zeitwert vornehmen. Langfristige Rückstellungen sind gemäß § 253 Abs. 2 HGB abzuzinsen und Gewinne dürfen wegen des Realisationsprinzips nicht nach dem Fertigstellungsgrad verbucht werden, sondern erst mit der Übergabe an den Auftraggeber (§ 252 Abs. 1 Nr. 4 HGB). Bei der Bewertung der Vorräte müssen die Tengel AG und die Tupax AG das Durchschnittswertverfahren verwenden. Die Tupax AG hat die Herstellungskostenobergrenze anzusetzen und die lineare Abschreibung zu verwenden.

Nach IFRS sind ähnliche Geschäftsvorfälle und andere Ereignisse bei vergleichbaren Umständen einheitlich zu behandeln (IAS 27.24). Wurden in den Jahresabschlüssen unterschiedliche Bewertungsmethoden verwendet, so sind diese an die Konzernrechnungslegung anzupassen und Wahlrechte daher neu auszuüben (IAS 27.25).

Die Tengel AG muss in der Handelsbilanz II das Anschaffungskostenprinzip einhalten und darf keine Bewertung zu einem höher liegenden Zeitwert vornehmen. Langfristige Rückstellungen sind abzuzinsen. Die Gewinnrealisation erfolgt nach IAS 11 weiterhin nach dem Fertigstellungsgrad, sofern die Voraussetzungen erfüllt sind. Bei der Bewertung der Vorräte müssen die Tengel AG und die Tupax AG das Durchschnittswertverfahren verwenden. Die Tupax AG hat die Herstellungskosten entsprechend IAS 2 (Vollkosten) anzusetzen und die lineare Abschreibung zu verwenden.

14 Kapitalkonsolidierung

14.1 Erstkonsolidierung nach der Neubewertungsmethode (100 % Anteile)

Sachverhalt

Die M-AG erwirbt und konsolidiert die T-GmbH (100 %) zum 31.12.01 (Anschaffungskosten für die Anteile: 2 000 GE). Gegeben sind folgende Bilanzen (Handelsbilanzen II vor Neubewertung) zum Stichtag 31.12.01 (in GE):

Aktiva	Bilanz M-AG		Passiva
Sachanlagevermögen	2 000	Gezeichnetes Kapital	2 000
Anteile an verbundenen Unternehmen	2 000	Rücklagen	3 000
Umlaufvermögen	8 000	Fremdkapital	7 000
	12 000		**12 000**

Aktiva	Bilanz T-GmbH (Buchwerte, HB II)		Passiva
Sachanlagevermögen	2 000	Gezeichnetes Kapital	600
		Rücklagen	1 200
Umlaufvermögen	1 200	Fremdkapital	1 400
	3 200		**3 200**

Bei der T-GmbH bestehen stille Reserven im Sachanlagevermögen i. H.v. 120 GE und stille Reserven beim Umlaufvermögen i. H.v. 40 GE (d. h. die Buchwerte beim Sachanlagevermögen und beim Umlaufvermögen unterschreiten in dieser Höhe die Zeitwerte, z. B. aufgrund der handelsrechtlichen Anschaffungskostenrestriktion).

Aufgabe

a) Erstellen Sie die Konzernbilanz zum Erstkonsolidierungszeitpunkt nach der Neubewertungsmethode (§ 301 Abs. 1 HGB). Aus Vereinfachungsgründen bleiben latente Steuern unberücksichtigt.
b) Erläutern Sie, ob und ggf. welche Abweichungen sich nach IFRS ergeben.

Lösung

a) Erstellung der Konzernbilanz nach der Neubewertungsmethode (§ 301 Abs. 1 HGB)

Nach der Neubewertungsmethode hat in einem ersten Schritt eine Neubewertung des Vermögens der Tochtergesellschaft zu erfolgen. Die Vermögensgegenstände und Schulden der T-GmbH sind zu deren Zeitwerten anzusetzen, wobei ggf. auch bislang bei der T-GmbH nicht bilanziertes Vermögen zum Ansatz kommt (z. B. selbst erstelltes immaterielles Anlagevermögen). Aufgrund der Aufdeckung der stillen Reserven lt. Angabe resultiert folgende »neubewertete« Bilanz der T-GmbH (in GE):

Aktiva	**Bilanz T-GmbH**	**(Zeitwerte, HB III)**	Passiva
Sachanlagevermögen	2 120	Gezeichnetes Kapital	600
		Rücklagen	1 360
Umlaufvermögen	1 240	Fremdkapital	1 400
	3 360		**3 360**

Die Neubewertung erfolgt also in einer der Kapitalkonsolidierung vorgelagerten Rechnung, häufig auch als Handelsbilanz III bezeichnet. Infolge unterschiedlicher Wertansätze zwischen den Buchwerten in der Handelsbilanz II und den Zeitwerten sind Anpassungen zur Aufdeckung der stillen Reserven erforderlich.

Als Gegenposition zu den auf der Aktivseite aufgedeckten stillen Reserven werden die Rücklagen korrespondierend erhöht. Die Anpassungsbuchung von der HB II zur HB III lautet:

Sachanlagevermögen	120	
Umlaufvermögen	40	
an Rücklagen		160

Gemäß § 301 Abs. 1 HGB hat eine Verrechnung der Anteile mit dem anteiligen neubewerteten Eigenkapital zu erfolgen. Hierfür ist zunächst die Summenbilanz zu erstellen und dann sind die erforderlichen Konsolidierungsbuchungen vorzunehmen (in GE):

Bilanzpositionen	**M-AG**	**T-GmbH (HB III)**	**Summen-bilanz**	**Konsolidierung**		**Konzern-bilanz**
				S	**H**	
Sachanlagevermögen	2 000	2 120	4 120			4 120
Geschäftswert				40		40
Anteile an verbundenen Unternehmen	2 000		2 000		2 000	
Umlaufvermögen	8 000	1 240	9 240			9 240
Summe	**12 000**	**3 360**	**15 360**			**13 400**
Gezeichnetes Kapital	2 000	600	2 600	600		2 000
Rücklagen	3 000	1 360	4 360	1 360		3 000
Fremdkapital	7 000	1 400	8 400			8 400
Summe	**12 000**	**3 360**	**15 360**	**2 000**	**2 000**	**13 400**

Nach Addition zur Summenbilanz ergibt sich folgende Konsolidierungsbuchung:

- Die dem Mutterunternehmen M gehörenden Anteile an T werden mit dem neubewerteten Eigenkapital der T ergebnisneutral verrechnet [2 000 GE ./. (600 GE + 1 360 GE)], es verbleibt ein aktiver Unterschiedsbetrag von 40 GE.
- Dieser verbleibende aktive Unterschiedsbetrag i. H.v. 40 GE ist gemäß § 301 Abs. 3 Satz 1 HGB als Geschäfts- oder Firmenwert auszuweisen.

Gezeichnetes Kapital	600	
Rücklagen	1 360	
Geschäftswert	40	
an Anteile an verbundenen Unternehmen		2 000

b) Konzeptionelle Abweichungen nach IFRS

Die grundsätzliche Vorgehensweise der Konsolidierungstechnik bei der Erstkonsolidierung ohne Minderheitenanteile entspricht der handelsrechtlichen Konzeption. Im obigen Beispiel resultieren insofern keine materiellen Unterschiede.

Unterschiede bei der Erstkonsolidierung ergäben sich bei einem sog. negativen Unterschiedsbetrag, d. h. bei Anschaffungskosten für die Beteiligung, die unter dem Betrag des neubewerteten Eigenkapitals liegen. Bei unterstellten Anschaffungskosten von 1 000 GE (statt 2 000 GE) und unverändertem neubewertetem Eigenkapital von 1 960 GE entsteht nach HGB ein passiver Unterschiedsbetrag von 960 GE, der zu passivieren und grundsätzlich unverändert fortzuführen ist (vgl. § 301 Abs. 3 Satz 1 HGB). Zu einer erfolgswirksamen Auflösung dieses passiven Unterschiedsbetrags kommt es erst dann, wenn eine zum Erwerbszeitpunkt erwartete ungünstige Entwicklung eingetreten ist oder feststeht, dass der negative Unterschiedsbetrag einem realisierten Gewinn entspricht (vgl. § 309 Abs. 2 HGB).

Nach IFRS wird ein negativer Unterschiedsbetrag dagegen nach einer erneuten Untersuchung der Wertermittlung der stillen Reserven sofort ertragswirksam erfasst (IFRS 3.34 ff.).

14.2 Erstkonsolidierung nach der Neubewertungsmethode (90 % Anteile)

Sachverhalt

Die M-AG erwirbt und konsolidiert die T-GmbH (90 %) zum 31.12.01 (Anschaffungskosten für die Anteile: 1 800 GE). Gegeben sind folgende Bilanzen (Handelsbilanzen II vor Neubewertung) zum Stichtag 31.12.01 (in GE):

Aktiva	**Bilanz M-AG**		Passiva
Sachanlagevermögen	2 000	Gezeichnetes Kapital	2 000
Anteile an verbundenen Unternehmen	1 800	Rücklagen	3 000
Umlaufvermögen	8 200	Fremdkapital	7 000
	12 000		**12 000**

Aktiva	Bilanz T-GmbH (Buchwerte, HB II)		Passiva
Sachanlagevermögen	2 000	Gezeichnetes Kapital	600
		Rücklagen	1 200
Umlaufvermögen	1 200	Fremdkapital	1 400
	3 200		**3 200**

Die Bilanz der T-GmbH stellt die Buchwerte dieser Gesellschaft zum Erwerbszeitpunkt dar. Die Zeitwerte zum Erwerbszeitpunkt sind wie folgt (in GE):

Sachanlagevermögen	2 120
Umlaufvermögen	1 240
Fremdkapital	1 400

Aufgabe

a) Erstellen Sie die Konzernbilanz zum Erstkonsolidierungszeitpunkt nach der Neubewertungsmethode (§ 301 Abs. 1 HGB). Aus Vereinfachungsgründen bleiben latente Steuern unberücksichtigt.
b) Erläutern Sie, ob und ggf. welche Abweichungen sich nach IFRS ergeben.

Lösung

a) Erstellung der Konzernbilanz nach der Neubewertungsmethode (§ 301 Abs. 1 HGB)

Nach der Neubewertungsmethode hat in einem ersten Schritt eine Neubewertung des Vermögens der Tochtergesellschaft zu erfolgen. Bei der T-GmbH bestehen stille Reserven im Sachanlagevermögen i. H.v. 120 GE und im Umlaufvermögen i. H.v. 40 GE. Damit resultiert folgende »neubewertete« Bilanz der T-GmbH (in GE):

Aktiva	Bilanz T-GmbH (Zeitwerte, HB III)		Passiva
Sachanlagevermögen	2 120	Gezeichnetes Kapital	600
		Rücklagen	1 360
Umlaufvermögen	1 240	Fremdkapital	1 400
	3 360		**3 360**

Als Gegenposition zu den auf der Aktivseite aufgedeckten stillen Reserven werden die Rücklagen korrespondierend erhöht. Die Anpassungsbuchung zur HB III lautet also:

Sachanlagevermögen	120	
Umlaufvermögen	40	
an Rücklagen		160

Gemäß § 301 Abs. 1 HGB hat eine Verrechnung der Anteile mit dem anteiligen (hier jetzt 90 %) neubewerteten Eigenkapital zu erfolgen. Hierfür ist zunächst die Summenbilanz zu erstellen und dann sind die erforderlichen Konsolidierungsbuchungen vorzunehmen:

Bilanzpositionen	M-AG	T-GmbH (HB III)	Summen-bilanz	Konsolidierung		Konzern-bilanz
				S	H	
Sachanlagevermögen	2 000	2 120	4 120			4 120
Geschäftswert				(a) 36		36
Anteile an verbundenen Unternehmen	1 800		1 800		(a) 1 800	
Umlaufvermögen	8 200	1 240	9 440			9 440
Summe	**12 000**	**3 360**	**15 360**			**13 596**
Gezeichnetes Kapital	2 000	600	2 600	(a) 540 (b) 60		2 000
Rücklagen	3 000	1 360	4 360	(a) 1 224 (b) 136		3 000
Anteile anderer Gesellschafter					(b) 196	196
Fremdkapital	7 000	1 400	8 400			8 400
Summe	**12 000**	**3 360**	**15 360**	**1 996**	**1 996**	**13 596**

Nach Addition zur Summenbilanz ergeben sich folgende Konsolidierungsbuchungen:

- Die dem Mutterunternehmen M gehörenden Anteile an T werden mit dem neubewerteten anteiligen (hier 90 % Beteiligung) Eigenkapital der T ergebnisneutral verrechnet [1 800 ./. 0,9 × (600 + 1 360)], es verbleibt ein aktiver Unterschiedsbetrag von 36 GE (Konsolidierungsbuchung (a)).
- Dieser verbleibende aktivische Unterschiedsbetrag i. H.v. 36 GE ist gemäß § 301 Abs. 3 Satz 1 HGB als Geschäfts- oder Firmenwert auszuweisen (Konsolidierungsbuchung (a)).
- Der den anderen Gesellschaftern zustehende Anteil (10 %) am Eigenkapital der T [0,1 × (600 + 1 360) = 196] wird gesondert innerhalb des Eigenkapitals als Ausgleichsposten für die Anteile anderer Gesellschafter ausgewiesen (Konsolidierungsbuchung (b)).

Konsolidierungsbuchung (a) »90 %«

Gezeichnetes Kapital	540	
Rücklagen	1 224	
Geschäftswert	36	
an Anteile an verbundenen Unternehmen		1 800

Konsolidierungsbuchung (b) »10 %«

Gezeichnetes Kapital	60	
Rücklagen	136	
an Anteile anderer Gesellschafter		196

b) Konzeptionelle Abweichungen nach IFRS
Die grundsätzliche Vorgehensweise der Konsolidierungstechnik bei der Erstkonsolidierung entspricht der handelsrechtlichen Konzeption (hinsichtlich der unterschiedlichen Behandlung eines negativen Unterschiedsbetrags sei auf Aufgabe 14.1 verwiesen).

Allerdings gewährt IFRS 3.19 hinsichtlich der Minderheitenanteile (»nicht beherrschende Anteile«) das für jede Transaktion gesondert ausübbare Wahlrecht, diese entweder

- wie nach HGB zum entsprechenden anteiligen Wert des neu bewerteten Nettovermögens des erworbenen Unternehmens oder
- zum beizulegenden Wert (sog. Full-Goodwill-Methode)

anzusetzen.

Unterstellt man, dass im vorliegenden Fall keine Kontrollprämie o. Ä. bezahlt wurde, so kann vom Kaufpreis der Mehrheitsanteile auf den beizulegenden Wert der Minderheitenanteile geschlossen werden (aufgrund von Kontrollprämien kann aber in der Praxis der Kaufpreis für den Mehrheitsanteil nicht unmittelbar auf einen Unternehmensgesamtwert hochgerechnet werden, so dass eine Unternehmensbewertung erforderlich wird, vgl. IFRS 3.B44). Für 90 % der Anteile wurden 1 800 GE bezahlt, hieraus ergibt sich ein fiktiver Kaufpreis von 2 000 GE für 100 % der Anteile und damit ein fair value der Minderheitenanteile von 200 GE. Der Goodwill kann nach IFRS alternativ nach folgenden Methoden ermittelt werden (in GE):

Full-Goodwill-Methode		**Beteiligungsproportionaler Ansatz (wie HGB)**	
Anschaffungskosten	1 800	Anschaffungskosten	1 800
+ fair value Minderheitenanteil	200	+ Minderheitenanteil (beteiligungsproportional)	196
./. fair value Nettovermögen	./. 1 960	./. fair value Nettovermögen	./. 1 960
Goodwill	**40**	**Goodwill**	**36**

Nach IFRS besteht also das Wahlrecht, auch den auf die Minderheiten entfallenden Goodwill (4 GE) aufzudecken.

14.3 Folgekonsolidierung nach der Neubewertungsmethode (100 % Anteile)

Sachverhalt

Gegeben ist der Ausgangssachverhalt aus Aufgabe 14.1. Auf der Grundlage der zum 31.12.01 durchgeführten Erstkonsolidierung soll jetzt die Folgekonsolidierung durchgeführt werden. Gegeben sind dabei folgende Bilanzen (Handelsbilanzen II vor Neubewertung) zum Stichtag 31.12.02 (in GE):

Aktiva	**Bilanz M-AG 31.12.02**		Passiva
Sachanlagevermögen	2 200	Gezeichnetes Kapital	2 000
Anteile an verbundenen Unternehmen	2 000	Rücklagen	3 000
		Jahresüberschuss	400
Umlaufvermögen	8 200	Fremdkapital	7 000
	12 400		**12 400**

Aktiva	Bilanz T-GmbH (Buchwerte, HB II) 31.12.02		Passiva
Sachanlagevermögen	2 000	Gezeichnetes Kapital	600
		Rücklagen	1 200
		Jahresüberschuss	200
Umlaufvermögen	1 600	Fremdkapital	1 600
	3 600		**3 600**

Hinsichtlich der im Rahmen der Erstkonsolidierung aufgedeckten stillen Reserven (siehe hierzu Aufgabe 14.1) soll gelten:

Die stillen Reserven beim Sachanlagevermögen (120 GE) resultieren aus einer Zeitbewertung von Maschinen, die ausgehend vom Erstkonsolidierungszeitpunkt 31.12.01 eine Restnutzungsdauer von fünf Jahren haben. Die stillen Reserven beim Umlaufvermögen (40 GE) wurden bei Vorräten (Waren) aufgedeckt, die in voller Höhe im Folgejahr 02 weiterveräußert wurden. Der im Rahmen der Erstkonsolidierung aufgedeckte Geschäfts- oder Firmenwert wird über eine Nutzungsdauer von vier Jahren abgeschrieben.

Aufgabe

a) Führen Sie auf Grundlage dieser Daten die Folgekonsolidierung nach der Neubewertungsmethode durch (von der Berücksichtigung latenter Steuern wird wiederum aus Vereinfachungsgründen abgesehen).
b) Erläutern Sie, ob und ggf. welche Abweichungen sich nach IFRS ergeben.

Lösung

a) Folgekonsolidierung nach der Neubewertungsmethode

Im ersten Schritt hat eine Wiederholung der Neubewertung der Vermögensgegenstände und Schulden des Tochterunternehmens zu erfolgen. Es ist also die Anpassungsbuchung von der HB II zur HB III aus dem letzten Jahr, d. h. die Aufdeckung der stillen Reserven beim Sachanlagevermögen (120 GE) und beim Umlaufvermögen (40 GE), zu wiederholen:

Sachanlagevermögen	120	
Umlaufvermögen	40	
an Rücklagen		160

Die stillen Reserven beim Sachanlagevermögen sind über fünf Jahre (Restnutzungsdauer) erfolgswirksam abzuschreiben. Aufgrund der Veräußerung der Waren, die im Konzern mit einem um 40 GE höheren Wert angesetzt wurden, ergibt sich ein entsprechend höherer Materialaufwand, verbunden mit einer ebenfalls erfolgswirksamen Folgekonsolidierung. Ergänzend zur obigen Wiederholungsbuchung ist deswegen im zweiten Schritt wie folgt zu buchen:

Abschreibungen	24	
an Sachanlagevermögen		24
Materialaufwand	40	
an Vorräte (Umlaufvermögen)		40

Aufgrund der Aufdeckung und der Fortschreibung der stillen Reserven resultiert folgende »neubewertete« Bilanz der T-GmbH zum 31.12.02 (in GE):

Aktiva	**Bilanz T-GmbH (Zeitwerte, HB III) 31.12.02**		Passiva
Sachanlagevermögen	2 096*	Gezeichnetes Kapital	600
		Rücklagen	1 360
		Jahresüberschuss	136***
Umlaufvermögen	1 600**	Fremdkapital	1 600
	3 696		**3 696**

* Betrag ergibt sich aus HB II und obigen Buchungssätzen: 2 000 + 120 ./. 24 = 2 096
** Betrag ergibt sich aus HB II und obigen Buchungssätzen: 1 600 + 40 ./. 40 = 1 600
*** Betrag ergibt sich aus HB II und obigen Buchungssätzen: 200 ./. 24 ./. 40 = 136

Im dritten Schritt erfolgt die Wiederholung der Erstkonsolidierung. Schritt vier setzt dann die Fortschreibung des Geschäfts- oder Firmenwertes um. Die Nutzungsdauer des Geschäfts- oder Firmenwertes soll im Beispielsfall vier Jahre betragen.

Ausgangspunkt ist zunächst wieder die Summenbilanz:

Bilanzpositionen	**M-AG**	**T-GmbH (HB III)**	**Summenbilanz**	**Erstkonsolidierung**		**Folgekonsolidierung**		**Konzernbilanz**
				S	**H**	**S**	**H**	
Sachanlagevermögen	2 200	2 096	4 296					4 296
Geschäftswert				40			10	30
Anteile an verbundenen Unternehmen	2 000		2 000		2 000			
Umlaufvermögen	8 200	1 600	9 800					9 800
Summe	**12 400**	**3 696**	**16 096**					**14 126**
Gezeichnetes Kapital	2 000	600	2 600	600				2 000
Rücklagen	3 000	1 360	4 360	1 360				3 000
Jahresüberschuss	400	136	536			10		526
Fremdkapital	7 000	1 600	8 600					8 600
Summe	**12 400**	**3 696**	**16 096**	**2 000**	**2 000**	**10**	**10**	**14 126**

Die HB III der T-GmbH umfasst wie oben dargestellt die Vermögensgegenstände und Schulden der T-GmbH inkl. der im Rahmen der Erstkonsolidierung aufgedeckten und bei der Folgekonsolidierung fortgeführten stillen Reserven. In der Spalte Erstkonsolidierung wird unverändert die Erstkonsolidierungsbuchung wiederholt. In der Spalte Folgekonsolidierung wird der Geschäfts- oder Firmenwert abgeschrieben, hier über die angegebene Nutzungsdauer von vier Jahren.

Analysiert man abschließend die Ergebniseffekte der Folgekonsolidierung, ergibt sich folgendes Bild (in GE):

Jahresüberschuss M-AG (Einzelabschluss)	**400**
Jahresüberschuss T-GmbH (Einzelabschluss HB II)	200
Abschreibung stille Reserven Maschinen	./. 24
Abwicklung stille Reserven Vorräte	./. 40
Jahresüberschuss T-GmbH (Einzelabschluss HB III)	**136**
Jahresüberschuss gemäß Summenbilanz	**536**
Abschreibung Geschäfts-/Firmenwert	./. 10
Konzernjahresüberschuss	**526**

b) Konzeptionelle Abweichungen nach IFRS

Zentrale Besonderheit der Folgekonsolidierung nach IFRS ist der sog. Impairment-only-approach beim Goodwill. Ein Geschäfts- oder Firmenwert wird nach IFRS nicht planmäßig über die Nutzungsdauer abgeschrieben, sondern einem zumindest jährlichen Werthaltigkeitstest unterzogen (IAS 36.80 ff.). Der Geschäftswert muss denjenigen Einheiten des Unternehmens (sog. zahlungsmittelgenerierenden Einheiten) zugeordnet werden, die den ökonomischen Nutzen aus dem Erwerb ziehen. Auf Ebene dieser zahlungsmittelgenerierenden Einheiten erfolgt dann die Prüfung, ob eine außerplanmäßige Abschreibung des Geschäftswerts erforderlich ist. Sofern kein Wertberichtigungsbedarf beim Geschäftswert besteht, ist dieser unverändert, d. h. ohne planmäßige Abschreibung, fortzuführen (im Beispiel entfällt damit die Abschreibung des Geschäftswerts i. H.v. 10 GE). Zur Vorgehensweise beim sog. Goodwill-Impairmenttest sei auf Aufgabe 14.5 verwiesen.

14.4 Folgekonsolidierung nach der Neubewertungsmethode (90 % Anteile)

Sachverhalt

Gegeben ist der Ausgangssachverhalt aus Aufgabe 14.2. Auf der Grundlage der zum 31.12.01 durchgeführten Erstkonsolidierung soll jetzt die Folgekonsolidierung durchgeführt werden. Gegeben sind dabei folgende Bilanzen (Handelsbilanzen II vor Neubewertung) zum Stichtag 31.12.02 (in GE):

Aktiva	Bilanz M-AG 31.12.02		Passiva
Sachanlagevermögen	2 200	Gezeichnetes Kapital	2 000
Anteile an verbundenen Unternehmen	1 800	Rücklagen	3 000
		Jahresüberschuss	400
Umlaufvermögen	8 400	Fremdkapital	7 000
	12 400		**12 400**

Aktiva	Bilanz T-GmbH (Buchwerte, HB II) 31.12.02		Passiva
Sachanlagevermögen	2 000	Gezeichnetes Kapital	600
		Rücklagen	1 200
		Jahresüberschuss	200
Umlaufvermögen	1 600	Fremdkapital	1 600
	3 600		**3 600**

Hinsichtlich der im Rahmen der Erstkonsolidierung aufgedeckten stillen Reserven (siehe Aufgabe 14.2) soll gelten:

Die stillen Reserven beim Sachanlagevermögen (120 GE) resultieren aus einer Zeitbewertung von Maschinen, die ausgehend vom Erstkonsolidierungszeitpunkt 31.12.01 eine Restnutzungsdauer von fünf Jahren haben. Die stillen Reserven beim Umlaufvermögen (40 GE) wurden bei Vorräten (Waren) aufgedeckt, die in voller Höhe im Folgejahr 02 weiterveräußert wurden. Der im Rahmen der Erstkonsolidierung aufgedeckte Geschäfts- oder Firmenwert wird über eine Nutzungsdauer von vier Jahren abgeschrieben.

Aufgabe

a) Führen Sie auf Grundlage dieser Daten die Folgekonsolidierung nach der Neubewertungsmethode durch (von der Berücksichtigung latenter Steuern wird aus Vereinfachungsgründen abgesehen).
b) Erläutern Sie, ob und ggf. welche Abweichungen sich nach IFRS ergeben.

Lösung

a) Folgekonsolidierung nach der Neubewertungsmethode

Im ersten Schritt wird die Neubewertung der Vermögensgegenstände und Schulden des Tochterunternehmens wiederholt. Hierfür ist die Anpassungsbuchung von der HB II zur HB III aus dem letzten Jahr, d. h. die Aufdeckung der stillen Reserven beim Sachanlagevermögen (120 GE) und beim Umlaufvermögen (40 GE), zu wiederholen:

Sachanlagevermögen	120	
Umlaufvermögen	40	
an Rücklagen		160

Der zweite Schritt beinhaltet die Fortschreibung der aufgedeckten stillen Reserven (Abschreibung bei den Maschinen über die Restnutzungsdauer von fünf Jahren; Auflösung der stillen Reserven bei den Vorräten aufgrund der erfolgten Veräußerung dieser Vorräte).
Ergänzend zur obigen Wiederholungsbuchung ist deswegen wie folgt zu buchen:

Abschreibungen	24	
an Sachanlagevermögen		24
Materialaufwand	40	
an Vorräte (Umlaufvermögen)		40

Aufgrund der Aufdeckung und der Fortschreibung der stillen Reserven resultiert damit folgende »neubewertete« Bilanz der T-GmbH zum 31.12.02 (in GE):

Aktiva	**Bilanz T-GmbH (Zeitwerte, HB III) 31.12.02**		Passiva
Sachanlagevermögen	2 096*	Gezeichnetes Kapital	600
		Rücklagen	1 360
		Jahresüberschuss	136***
Umlaufvermögen	1 600**	Fremdkapital	1 600
	3 696		**3 696**

* Betrag ergibt sich aus obigen Buchungssätzen: 2 000 + 120 ./. 24 = 2 096
** Betrag ergibt sich aus obigen Buchungssätzen: 1 600 + 40 ./. 40 = 1 600
*** Betrag ergibt sich aus obigen Buchungssätzen: 200 ./. 24 ./. 40 = 136

Im dritten Schritt erfolgt die Wiederholung der Erstkonsolidierung. Schritt vier setzt dann die Fortschreibung des Geschäfts- oder Firmenwertes (Nutzungsdauer vier Jahre) um. Schritt fünf beinhaltet die Dotierung des Ausgleichspostens für Anteile anderer Gesellschafter. Ausgangspunkt ist zunächst wieder die Summenbilanz:

Bilanzpositionen	M-AG	T-GmbH (HB III)	Summen-bilanz	Erstkonsolidierung		Folge-konsolidierung		Konzern-bilanz
				S	H	S	H	
Sachanlage-vermögen	2 200	2 096	4 296					4 296
Geschäftswert				(a) 36			(c) 9	27
Anteile an verbundenen Unternehmen	1 800		1 800		(a) 1 800			
Umlaufvermögen	8 400	1 600	10 000					10 000
Summe	**12 400**	**3 696**	**16 096**					**14 323**
Gezeichnetes Kapital	2 000	600	2 600	(a) 540 (b) 60				2 000
Rücklagen	3 000	1 360	4 360	(a) 1 224 (b) 136				3 000
Jahresüberschuss	400	136	536			(c) 9 (d) 13,6		513,4
Anteile anderer Gesellschafter					(b) 196		(d) 13,6	209,6
Fremdkapital	7 000	1 600	8 600					8 600
Summe	**12 400**	**3 696**	**16 096**	**1 996**	**1 996**	**22,6**	**22,6**	**14 323**

In der Spalte Folgekonsolidierung wird der Geschäfts- oder Firmenwert abgeschrieben, hier über die angegebene Nutzungsdauer von vier Jahren. Des Weiteren wird der den Minderheitsgesellschaftern zustehende Anteil am Ergebnis der T-GmbH (10 % von 136 GE) in den Ausgleichsposten für die Anteile anderer Gesellschafter umgegliedert. Der Ergebnisanteil der anderen Gesellschafter i. H.v. 13,6 GE setzt sich wie folgt zusammen:

Anteiliger Jahresüberschuss T-GmbH (Einzelabschluss HB II, 10 %)	20 GE
Anteilige Abschreibung stille Reserven Maschinen	./. 2,4 GE
Anteilige Abwicklung stille Reserven Vorräte	./. 4 GE
Ergebnisanteil anderer Gesellschafter	**13,6 GE**

Analysiert man abschließend die Ergebniseffekte der Folgekonsolidierung, ergibt sich hier folgendes Bild (in GE):

Jahresüberschuss M-AG (Einzelabschluss)	**400**
Jahresüberschuss T-GmbH (Einzelabschluss HB II)	200
Abschreibung stille Reserven Maschinen	./. 24
Abwicklung stille Reserven Vorräte	./. 40
Jahresüberschuss T-GmbH (Einzelabschluss HB III)	**136**
Jahresüberschuss gemäß Summenbilanz	**536**
Abschreibung Geschäfts-/Firmenwert	./. 9
Jahresüberschuss	**527**
Ergebnisanteil anderer Gesellschafter	**./. 13,6**
Konzernjahresüberschuss	**513,4**

b) Konzeptionelle Abweichungen nach IFRS

Als Besonderheiten nach IFRS sind zu erwähnen:

- Wie in Aufgabe 14.2 dargestellt besteht das Wahlrecht, die Minderheitenanteile (»nicht beherrschende Anteile«) entweder zum beizulegenden Zeitwert (Full-Goodwill-Methode) oder wie nach HGB zum entsprechenden anteiligen Wert des neubewerteten Nettovermögens der T-GmbH anzusetzen.
- Wie in Aufgabe 14.3 erläutert wird der Geschäftswert nach IFRS keiner planmäßigen Abschreibung unterzogen, sondern unterliegt einem zumindest jährlich durchzuführenden Wertminderungstest (vgl. hierzu die nachfolgende Aufgabe 14.5).

14.5 Goodwill-Impairmenttest

Sachverhalt

Ende des Jahres 01 kauft die Food AG die Mahlzeit GmbH zu einem Preis von 11 400 GE (100 %ige Beteiligung). Die Mahlzeit GmbH verfügt über drei zahlungsmittelgenerierende Einheiten (ZGE) Wurst, Fleisch und Käse mit den folgenden fair values zum Erwerbszeitpunkt (in GE):

Kaufpreis		11 400
fair value:		
Wurst	4 800	
Fleisch	3 200	
Käse	1 600	
		./. 9 600
Goodwill		1 800

Am Ende des Jahres 02 wird der erzielbare Betrag (recoverable amount) der ZGE Wurst auf 5 600 GE geschätzt. Die Buchwerte (einschließlich Zugänge und sonstige Veränderungen seit Erwerb) stellen sich zu diesem Zeitpunkt wie folgt dar (in GE):

Wurst	5 200	
Fleisch	4 800	
Käse	3 200	13 200
Goodwill		1 800
Gesamt		15 000

Aufgabe

Untersuchen Sie entsprechend IAS 36 die Werthaltigkeit der ZGE Wurst im Konzernabschluss der Food AG zum 31.12.02, und zwar für die folgenden Alternativen:

a) Alternative I: Der Goodwill ist den ZGE auf der Basis von deren fair values im Erwerbszeitpunkt vernünftig zurechenbar.
b) Alternative II: Der Goodwill ist den ZGE nicht auf einer vernünftigen und stetigen Basis zurechenbar. Der erzielbare Betrag der Mahlzeit GmbH wird zum 31.12.02 auf 14 000 GE geschätzt.

Lösung

Gemäß IAS 36.90 ist der Buchwert der ZGE (bilanzielles Eigenkapital inkl. Geschäftswert) mit dem erzielbaren Betrag der ZGE zu vergleichen. Dieser wiederum ergibt sich als der höhere Wert aus beizulegendem Zeitwert abzgl. Veräußerungskosten und Nutzungswert. Ein Wertberichtigungsbedarf resultiert, sofern der Buchwert über dem erzielbaren Betrag liegt. Diese Differenz zwischen Buchwert und erzielbarem Betrag ist nach IAS 36.104 als Goodwillabschreibung zu berücksichtigen.

a) Alternative I: Goodwill ist den ZGE zurechenbar

Da der Goodwill den einzelnen ZGE (darunter ZGE Wurst) eindeutig zugeordnet werden kann, ist in einem ersten Schritt der Buchwert des Goodwills auf Basis der fair values der ZGE im Erwerbszeitpunkt auf Wurst, Fleisch und Käse zu verteilen:

	Wurst	Fleisch	Käse	Total
fair values zum Erwerbszeitpunkt	4 800	3 200	1 600	9 600
Anteil am gesamten fair value	50 %	33 %	17 %	100 %
Buchwerte zum 31.12.02	5 200	4 800	3 200	13 200
Verteilung des Goodwill	900 (50 %)	600 (33 %)	300 (17 %)	1 800 (100 %)
Buchwerte (inkl. zugerechnetem Goodwill)	6 100	5 400	3 500	15 000

In einem zweiten Schritt ist dem Buchwert der ZGE Wurst einschließlich des anteilig zugerechneten Goodwills dessen erzielbarer Betrag gegenüberzustellen:

Buchwert (inkl. zugerechnetem Goodwill)	6 100 GE
Erzielbarer Betrag	./. 5 600 GE
Wertminderung	500 GE

Der Wertminderungsaufwand von 500 GE wird gemäß IAS 36.104 in vollem Maße beim Goodwill berücksichtigt.

b) Alternative II: Goodwill ist den ZGE nicht zurechenbar
Da die Mahlzeit GmbH nun die kleinste zahlungsmittelgenerierende Einheit darstellt, der der Goodwill auf einer vernünftigen und stetigen Basis zugerechnet werden kann, ist der Buchwert der Mahlzeit GmbH als Ganzes (15 000 GE) mit ihrem erzielbaren Betrag (14 000 GE) zu vergleichen. Die Food AG hat demzufolge einen Wertminderungsaufwand von 1 000 GE (15 000 GE ./. 14 000 GE) zu erfassen, der gemäß IAS 36.104 vollständig dem Goodwill zuzuordnen ist.

14.6 Endkonsolidierung (90 % Anteile, Neubewertungsmethode)

Sachverhalt
Gegeben ist der Ausgangssachverhalt aus den Aufgaben 14.2 und 14.4. Auf der Grundlage der zum 31.12.01 durchgeführten Erstkonsolidierung und der zum 31.12.02 vorgenommenen Folgekonsolidierung wird jetzt unterstellt, dass die Tochtergesellschaft zum 01.01.03 zu einem Veräußerungspreis von 3 000 GE verkauft wird. Im Einzelabschluss der M-AG resultiert insofern ein Veräußerungsgewinn von 1 200 GE (Veräußerungserlös 3 000 GE abzgl. Buchwert der Beteiligung 1 800 GE). Endkonsolidierungszeitpunkt ist der 01.01.03, insofern ist kein Zwischenabschluss für die T-GmbH erforderlich. Für die Ermittlung des zutreffenden Endkonsolidierungserfolgs kann auf die Werte zum 31.12.02 bei der T-GmbH abgestellt werden (latente Steuern bleiben aus Vereinfachungsgründen unberücksichtigt). Für die Konsolidierung zum 31.12.03 sollen damit folgende Bilanzen relevant sein (in GE):

Aktiva	**Bilanz M-AG**	**31.12.03**	Passiva
Sachanlagevermögen	2 000	Gezeichnetes Kapital	2 000
Anteile an verbundenen Unternehmen	0	Rücklagen	3 000
		Gewinnvortrag	400
		Jahresüberschuss	1 200
Umlaufvermögen	11 000	Fremdkapital	6 400
	13 000		**13 000**

Aktiva	**Bilanz T-GmbH (Zeitwerte,**	**HB III) 01.01.03***	Passiva
Sachanlagevermögen	2 096	Gezeichnetes Kapital	600
		Rücklagen	1 360
		Gewinnvortrag	136
Umlaufvermögen	1 600	Fremdkapital	1 600
	3 696		**3 696**

* Entspricht Bilanz zum 31.12.02, vgl. hierzu Aufgabe 14.4, allerdings Gewinnvortrag statt Jahresüberschuss

Aufgabe
Führen Sie auf Grundlage dieser Daten die Endkonsolidierung durch (von der Berücksichtigung latenter Steuern wird wiederum aus Vereinfachungsgründen abgesehen). Hinweis: Die Vorgehensweise der Endkonsolidierung ist nach HGB und IFRS identisch.

Lösung

In einem vorgelagerten Schritt ist die im Einzelabschluss der M-AG verbuchte Anteilsveräußerung zu stornieren. Im Einzelabschluss der M-AG wurde der Verkauf der Anteile wie folgt verbucht:

Bank (Umlaufvermögen)	3 000	
an Anteile an verbundenen Unternehmen		1 800
an Sonstiger betrieblicher Ertrag (Jahresüberschuss)		1 200

Diese Buchung wird im Vorfeld storniert; im Summenabschluss der M-AG sind damit keinerlei Ergebniseffekte aus der Anteilsveräußerung enthalten (diese Stornierungsbuchung kann natürlich genauso erst nach der Summenbilanz, d. h. im Zusammenhang mit den Endkonsolidierungsbuchungen, vorgenommen werden):

Anteile an verbundenen Unternehmen	1 800	
Sonstiger betrieblicher Ertrag (Jahresüberschuss)	1 200	
an Bank (Umlaufvermögen)		3 000

Ausgangspunkt ist dann die um diesen Veräußerungseffekt bereinigte Summenbilanz:

Bilanzpositionen	M-AG	T-GmbH (HB III)	Summenbilanz	Erstkonsolidierung		Folgekonsolidierung		Endkonsolidierung		Konzernbilanz
				S	H	S	H	S	H	
Sachanlagevermögen	2 000	2 096	4 096						2 096	2 000
Geschäftswert				(a) 36			(c) 9		27	0
Anteile an verbundenen Unternehmen	1 800		1 800		(a) 1 800					
Umlaufvermögen	8 000	1 600	9 600					3 000	1 600	11 000
Summe	**11 800**	**3 696**	**15 496**							**13 000**
Gezeichnetes Kapital	2 000	600	2 600	(a) 540 (b) 60						2 000
Rücklagen	3 000	1 360	4 360	(a) 1 224 (b) 136						3 000
Gewinnvortrag	400	136	536			(c) 9 (d) 13,6				513,4
Jahresüberschuss	0		0						1 086,6	1 086,6
Anteile anderer Gesellschafter					(b) 196		(d) 13,6	209,6		0
Fremdkapital	6 400	1 600	8 000					1 600		6 400
Summe	**11 800**	**3 696**	**15 496**	**1 996**	**1 996**	**22,6**	**22,6**	**4 809,6**	**4 809,6**	**13 000**

Die Bilanz der M-AG wurde wie erläutert um die Veräußerungsbuchung bereinigt (wobei eine Korrektur erst im Rahmen der Konsolidierungsbuchungen genauso üblich und sachgerecht ist). Die HB III der T-GmbH umfasst wie oben dargestellt die Vermögensgegenstände und Schulden der T-GmbH inkl. der im Rahmen der Erstkonsolidierung aufgedeckten und bei der Folgekonsolidierung fortgeführten stillen Reserven zum Endkonsolidierungszeitpunkt 01.01.03. In der Spalte Erstkonsolidierung wird unverändert die Erstkonsolidierungsbuchung wiederholt. In der Spalte Folgekonsolidierung wird die im Jahr 02 gebuchte Abschreibung des Geschäfts- oder Firmenwerts erfolgsneutral wiederholt. Für 03 ist aufgrund des Abgangs der T-GmbH zum 01.01.03 keine erfolgswirksame Abschreibung des Geschäfts- oder Firmenwertes zu erfassen.

In der Spalte Endkonsolidierung wird dann die Veräußerung aus Konzernsicht gebucht. Zum einen ist der Veräußerungserlös (3 000 GE im Umlaufvermögen, da entsprechender Zugang auf dem Bankkonto) aufzunehmen, zum anderen ist der Abgang der Vermögensgegenstände (inkl. Geschäfts- oder Firmenwert) und der Schulden der T-GmbH zu erfassen. Aus der Gegenüberstellung des Veräußerungserlöses mit dem anteilig abgehenden Reinvermögen der T-GmbH zum Endkonsolidierungszeitpunkt ergibt sich der aus Konzernsicht zutreffende Abgangserfolg von 1 086,6 GE. Der auf die Minderheitsgesellschafter entfallende Anteil am Reinvermögen (10 % von (3 696 GE ./. 1 600 GE) = 209,6 GE) wird erfolgsneutral gegen den Ausgleichsposten für die Anteile anderer Gesellschafter ausgebucht.

Auf direktem Wege ermittelt stellt sich der Endkonsolidierungserfolg damit wie folgt dar (in GE):

	Veräußerungserlös für die Beteiligung	3 000,0
./.	Anteilige Vermögenswerte (90 %) des Tochterunternehmens (HB III, d. h. inkl. noch nicht erfolgswirksam verrechneter stiller Reserven/Lasten)	./. 3 326,4
+	Anteilige Schulden (90 %) des Tochterunternehmens (HB III, d. h. inkl. noch nicht erfolgswirksam verrechneter stiller Reserven/Lasten)	1 440,0
./.	Noch nicht ergebniswirksam verrechneter Geschäfts- oder Firmenwert aus der Erstkonsolidierung	./. 27,0
=	**Endkonsolidierungsergebnis im Konzern**	**1 086,6**

15 Schuldenkonsolidierung

15.1 Geschäfte aus Lieferung und Leistung

Sachverhalt

Die M-AG hat gegenüber der konsolidierten Tochtergesellschaft T-AG eine Forderung aus Lieferungen und Leistungen i. H.v. 100 000 GE (Umsatzsteuer bleibt unberücksichtigt). Am Bilanzstichtag 31.12.01 musste diese Forderung um 30 % abgeschrieben werden. Ausgehend von diesem Wert wurde sie ein Jahr später erneut um 20 000 GE abgeschrieben. Im Geschäftsjahr 03 tritt ein Sachverhalt ein, der nach § 253 Abs. 5 HGB eine Wertaufholung der Forderung um 10 000 GE vorsieht. Im Jahr 04 wird die ausstehende Forderung letztendlich in voller Höhe (100 000 GE) überwiesen.

Aufgabe

Führen Sie die Schuldenkonsolidierung für die Geschäftsjahre 01, 02, 03 und 04 nach HGB und IFRS durch.

Lösung

Die Schuldenkonsolidierung ist in § 303 HGB geregelt. Dieser besagt, dass Forderungen und Verbindlichkeiten zwischen Konzernunternehmen wegzulassen sind. Die Verpflichtung zur Schuldenkonsolidierung nach IFRS ergibt aus IAS 27.20-21, nach dem konzerninterne Salden und Geschäftsvorfälle zu eliminieren sind.

Problematisch wird das einfache »Weglassen« von Forderungen und Verbindlichkeiten, wenn sich diese, wie im vorliegenden Fall, nicht in gleicher Höhe gegenüberstehen. Es kommt dann zu Aufrechnungsdifferenzen, die erfolgswirksam zu eliminieren sind.

Schuldenkonsolidierung Geschäftsjahr 01:

Werte in TGE	M-AG		T-AG		Summe		Konsolidierung		Konzernabschluss	
Jahr 01	A	P	A	P	A	P	S	H	A	P
Bilanz										
Forderungen	70				70			70		
JÜ/JF	30				30			30		
Ergebnisvortrag										
Verbindlichkeiten				100		100	100			
GuV	A	E	A	E	A	E	S	H	A	E
Abschreibungen auf Forderungen	30				30			30		
JÜ/JF		30				30	30			

Im Geschäftsjahr 02 steht der Verbindlichkeit von 100 000 GE nur noch eine Forderung von 50 000 GE gegenüber. Es entsteht eine Aufrechnungsdifferenz von 50 000 GE. Von dieser Differenz sind jedoch 30 000 GE der Vorperiode zuzurechnen. Dieser Teil der Differenz wird deswegen erfolgsneutral mit dem Ergebnisvortrag verrechnet.

Schuldenkonsolidierung Geschäftsjahr 02:

Werte in TGE	M-AG		T-AG		Summe		Konsolidierung		Konzernabschluss	
Jahr 02	A	P	A	P	A	P	S	H	A	P
Bilanz										
Forderungen	50				50			50		
JÜ/JF	20				20			20		
Ergebnisvortrag	30				30			30		
Verbindlichkeiten				100		100	100			
GuV	A	E	A	E	A	E	S	H	A	E
Abschreibungen auf Forderungen	20				20			20		
JÜ/JF		20				20	20			

Im Geschäftsjahr 03 tritt die Wertsteigerung der Forderung um 10 000 GE ein. Die Aufrechnungsdifferenz beträgt nur noch 40 000 GE. Der Ertrag aus der Wertaufholung der Forderung ist im Rahmen der Konsolidierung rückgängig zu machen. Der Ergebnisvortrag erfasst die Wertänderung von 50 000 GE aus den vergangenen zwei Perioden (30 000 GE + 20 000 GE).

Schuldenkonsolidierung Geschäftsjahr 03:

Werte in TGE	M-AG		T-AG		Summe		Konsolidierung		Konzernabschluss	
Jahr 03	A	P	A	P	A	P	S	H	A	P
Bilanz										
Forderungen	60				60			60		
JÜ/JF		10				10	10			
Ergebnisvortrag	50				50			50		
Verbindlichkeiten				100		100	100			
GuV	A	E	A	E	A	E	S	H	A	E
Erträge aus Zuschreibung von VGG des UV		10				10	10			
JÜ/JF	10				10			10		

Im Geschäftsjahr 04 werden zur Begleichung der Forderung 100 000 GE bezahlt. Forderung und Verbindlichkeit werden ausgebucht, wobei die M-AG einen sonstigen betrieblichen Ertrag von 40 000 GE realisiert. Dieser ist im Rahmen der Konsolidierung mit dem Ergebnisvortrag zu verrechnen.

Schuldenkonsolidierung Geschäftsjahr 04:

Werte in TGE	M-AG		T-AG		Summe		Konsolidierung		Konzernabschluss	
Jahr 04	A	P	A	P	A	P	S	H	A	P
Bilanz										
Forderungen										
JÜ/JF		40				40	40			
Ergebnisvortrag	40				40			40		
Verbindlichkeiten										
GuV	A	E	A	E	A	E	S	H	A	E
Sonstiger betrieblicher Ertrag		40				40	40			
JÜ/JF	40				40			40		

Nach IFRS ergibt sich keine andere Lösung, da auch hier die Forderungen zu fortgeführten Anschaffungskosten bewertet werden.

15.2 Fremdwährungskreditbeziehungen

Sachverhalt

Die M-AG begründet am 01.12.01 eine kurzfristige Forderung aus einer Warenlieferung i. H.v. 100 000 FCU (FCU = Fremdwährungseinheit) gegenüber der vollkonsolidierungspflichtigen T-Ltd. mit Sitz im Ausland. Der FCU-Kurs betrug zu diesem Zeitpunkt 1,40 GE.

Aufgabe

Wie sind eventuelle Aufrechnungsdifferenzen im Konzernabschluss nach HGB und IFRS zu behandeln, wenn der Kurs am Abschlussstichtag 31.12.01 bei

a) 1,20 GE,
b) 1,60 GE

liegt?

Lösung

a) Kurs am Bilanzstichtag = 1,20 GE

Nach § 256 a Satz 1 HGB sind auf fremde Währung lautende Vermögensgegenstände und Verbindlichkeiten zum Devisenkassamittelkurs am Bilanzstichtag umzurechnen. Die Umrechnung der Forderung und Verbindlichkeit am Fakturierungs- und Bilanzerstellungszeitpunkt ist der Tabelle zu entnehmen.

	M-AG Forderung	T-Ltd. Verbindlichkeit
01.12.01 Fakturierungszeitpunkt	100 000 FCU × 1,40 GE = **140 000 GE**	Nicht erforderlich
31.12.01 Bilanzstichtag	100 000 FCU × 1,20 GE = **120 000 GE**	100 000 GE × 1,20 GE = **120 000 GE**

Im Einzelabschluss ist die Forderung der M-AG aufgrund des strengen Niederstwertprinzips des § 253 Abs. 4 HGB mit 120 000 GE zu bewerten.

Es ist ersichtlich, dass bei der Umrechnung der Forderung und der korrespondierenden Verbindlichkeit bei der T-Ltd. am Bilanzstichtag keine Aufrechnungsdifferenzen entstehen: Einer Forderung von 120 000 GE steht eine Verbindlichkeit in identischer Höhe gegenüber. Diese könnten bei Erstellung des Konzernabschlusses unproblematisch weggelassen werden.

Jedoch ist in dem Einzelabschluss der M-AG ein Währungsverlust aus einer konzerninternen Kreditbeziehung von 20 000 GE enthalten, der zunächst unverändert in die Summenbilanz übernommen wird.

Aus Sicht der Einheitstheorie wird hinsichtlich der Behandlung derartiger Währungsverluste im Konzernabschluss die Auffassung vertreten, dass Wechselkursveränderungen bei konzerninternen Forderungen und Verbindlichkeiten keine Auswirkungen auf den Konzernabschluss haben dürfen. Folglich sind diese im Jahresabschluss enthaltenen Kursverluste im Konzernabschluss **ergebniswirksam** zu eliminieren. (Kozikowski/ Leistner, in: Ellrott u. a., Beck'scher Bilanzkommentar, 7. Aufl., § 308 a, Rz. 84).

Inzwischen wird es jedoch auch als zulässig erachtet, die **ergebniswirksame** Eliminierung der Kursverluste aus konzerninternen Forderungen und Verbindlichkeiten aus dem Jahresabschluss im Konzernabschluss **zu unterlassen** (Kozikowski/Leistner, in: Ellrott u. a., Beck'scher Bilanzkommentar, 7. Aufl., § 308 a, Rz. 86). Dies wird neben der Angleichung an internationale Vorschriften (IAS 21.45) auch damit begründet, dass der deutsche Gesetzgeber mit den Regelungen des Bilanzrechtsmodernisierungsgesetzes eine Vereinfachung der Währungsumrechnung angestrebt hat (Winkeljohann/Beyersdorff, in: Ellrott u. a., Beck'scher Bilanzkommentar, 7. Aufl., § 303, Rz. 16).

b) Kurs am Bilanzstichtag = 1,60 GE
Für den Fall steigender Kurse ändert sich die Tabelle wie folgt:

	M-AG Forderung	T-Ltd. Verbindlichkeit
01.12.01 Fakturierungszeitpunkt	100 000 FCU × 1,40 GE = **140 000 GE**	Nicht erforderlich
31.12.01 Bilanzstichtag	100 000 FCU × 1,60 GE = **160 000 GE**	100 000 GE × 1,60 GE = **160 000 GE**

Nach § 256 a Satz 1 HGB sind auf fremde Währung lautende Vermögensgegenstände und Verbindlichkeiten zum Devisenkassamittelkurs am Bilanzstichtag umzurechnen. Zudem ist in § 256 a Satz 2 HGB geregelt, dass kurzfristige Vermögensgegenstände und Verbindlichkeiten unter Nichtbeachtung des Anschaffungskosten- und des Vorsichtsprinzip zu bewerten sind.

Folglich muss die M-AG die Forderung am Bilanzstichtag mit 160 000 GE bewerten. Es ergibt sich auch für diesen Fall keine Aufrechnungsdifferenz. Hinsichtlich der Behandlung des im Einzelabschluss der M-AG enthaltenen Währungsgewinns wird auf den Aufgabenteil a) verwiesen. Die dortigen Erläuterungen gelten analog.

Anzumerken ist noch, dass nach § 256 a Satz 2 HGB bei langfristigen Fremdwährungskreditbeziehungen das Anschaffungskosten- und das Vorsichtsprinzip bei der Bewertung von Forderungen und Verbindlichkeiten weiterhin zu beachten ist.

Dies würde für den vorliegenden Fall b) beispielsweise bedeuten, dass die Forderung am Bilanzstichtag unter Berücksichtigung des Anschaffungskostenprinzips nicht mit dem höheren Tageswert bewertet werden darf; es bliebe bei einer Bewertung mit 140 000 GE. Im Rahmen der Konsolidierung käme es dann zu einer Aufrechnungsdifferenz von 20 000 GE, da sich Forderung (140 000 GE) und Verbindlichkeit (160 000 GE) in ungleicher Höhe gegenüberstehen. Die unrealisierten Kursgewinne werden somit erst im Rahmen der Schuldenkonsolidierung aufgedeckt. Für diesen Fall ist eine erfolgsneutrale Verrechnung mit dem Eigenkapital geboten, da diese Aufrechnungsdifferenz auch erfolgsneutral entstanden ist. Eine Verrechnung mit dem Posten »Eigenkapitaldifferenzen aus Währungsumrechnung« ist hier sachgemäß (Kozikowski/Leistner, in: Ellrott u. a., Beck'scher Bilanzkommentar, 7. Aufl., § 308 a, Rz. 84).

15.3 Rückstellungen

Sachverhalt

Die M-AG hat im November 01 mit ihrer Tochtergesellschaft T-AG einen Vertrag über die Lieferung von 10 000 elektronischen Bauteilen für 220 GE/Stück geschlossen. Lieferung der Ware und Bezahlung des Kaufpreises sollen im Februar 02 erfolgen. Bei der T-AG gehen die Bauteile in die Produktion von Küchenmaschinen ein. Die Küchenmaschinen sollen im Laufe des Jahres an verschiedene Einzelhändler verkauft werden. Verträge hierüber bestehen aber noch nicht. Im Dezember steigen die Kupferpreise so an, dass die Herstellungskosten der Bauteile auf 250 GE/Stück ansteigen. Die vereinfachten Bilanzen der beiden Gesellschaften können der Tabelle entnommen werden.

Bilanz (in TGE)	M-AG		T-AG		Summe		Konsolidierung		Konzern	
	A	P	A	P	A	P	S	H	A	P
Anlagevermögen	700		200							
Umlaufvermögen	300		400							
Eigenkapital/JÜ		200		200						
Rückstellungen		300		100						
Sonstiges FK		500		300						
Summe	1 000	1 000	600	600						

Aufgabe

Führen Sie die Schuldenkonsolidierung nach HGB und IFRS durch. Vervollständigen Sie dazu die gegebene Tabelle.

Lösung

Die M-AG hat in ihrem Jahresabschluss eine Rückstellung für drohende Verluste aus schwebenden Geschäften nach § 249 Abs. 1 HGB gebildet, da weder Leistung noch Gegenleistung des Vertrages erfüllt sind und der M-AG ein Verlust von 30 GE/Stück × 10 000 Stück = 300 000 GE droht.

Auch nach IFRS besteht für Drohverlustrückstellungen nach IAS 37.66 eine Passivierungspflicht, wenn ein belastender Vertrag (onerous contract) vorliegt. Dies ist hier zu bejahen, da die unvermeidbaren Kosten zur Erfüllung der vertraglichen Verpflichtungen höher als der erwartete wirtschaftliche Nutzen sind (IAS 37.68).

In dem vorliegenden Fall ist die Rückstellung zur Abdeckung einer Verpflichtung gegenüber einem Konzernunternehmen gebildet worden. Aus Sicht der Einheitsfiktion handelt es sich damit um eine Verpflichtung des Unternehmens gegenüber sich selbst. Dieser Verpflichtung steht kein entsprechender Posten beim Tochterunternehmen gegenüber, so dass eine erfolgswirksame Konsolidierung erforderlich ist.

Die Rückstellung für drohende Verluste aus schwebenden Geschäften ist nur **nicht** zu eliminieren, wenn eine vertragliche Vereinbarung zwischen dem Empfängerunternehmen und einem fremden Dritten besteht und der vereinbarte Preis keine Deckung der Konzernherstellungskosten erwarten lässt (Winkeljohann/Beyersdorff, in: Ellrott u. a., Beck'scher Bilanzkommentar, 7. Aufl., § 303, Rz. 22). Dies trifft auf den Sachverhalt nicht zu, da die Bauteile in die allgemeine Produktion bei der T-AG eingehen.

Die Konsolidierung ist sowohl nach HGB als auch nach IFRS wie folgt durchzuführen:

Bilanz (in TGE)	M-AG		T-AG		Summe		Konsolidierung		Konzern	
	A	P	A	P	A	P	S	H	A	P
Anlagevermögen	700		200		900				900	
Umlaufvermögen	300		400		700				700	
Eigenkapital/JÜ		200		200		400		300		700
Rückstellungen		300		100		400	300			100
Sonstiges FK		500		300		800				800
Summe	1 000	1 000	600	600	1 600	1 600	300	300	1 600	1 600

16 Zwischengewinneliminierung

16.1 Ermittlung der Zwischenergebnisse: Konzernanschaffungskosten

Sachverhalt

Die T-AG kauft im Mai 01 eine Werkzeugmaschine mit einem Anschaffungspreis von 50 000 GE und Anschaffungsnebenkosten von 10 000 GE. Noch im gleichen Monat stellt sie fest, dass sie die Maschine nicht wie geplant einsetzen kann und verkauft sie an das Mutterunternehmen M-AG für 70 000 GE. An Montagekosten fallen 5 000 GE an, die von der M-AG übernommen werden (alle Beträge netto).

Aufgabe

Berechnen Sie den eliminierungspflichtigen Zwischenerfolg nach HGB und IFRS.

Lösung

Zwischengewinne entstehen im Konzernabschluss, wenn der Wertansatz des gelieferten Vermögensgegenstands im Einzelabschluss des belieferten Unternehmens höher ist als der Wertansatz im Konzernabschluss. Diese Zwischenergebnisse sind nach § 304 HGB bzw. IAS 27.21 zu eliminieren. Hinsichtlich der Konsolidierung von Zwischenergebnissen bestehen keine Unterschiede zwischen den beiden Rechnungslegungsvorschriften.

Die M-AG aktiviert die Maschine im Einzelabschluss mit 75 000 GE. Die Montagekosten sind als Anschaffungsnebenkosten zu aktivieren (Winkeljohann/Beyersdorff, in: Ellrott u. a., Beck'scher Bilanzkommentar, 7. Aufl., § 304, Rz. 12). Die T-AG erzielt durch den Verkauf der Maschine im Einzelabschluss einen Ertrag von 10 000 GE.

Die Konzernanschaffungskosten betragen lediglich 65 000 GE. Zu deren Berechnung müssen neben dem Anschaffungspreis (50 000 GE) auch die Anschaffungsnebenkosten (10 000 GE) und die Montagekosten (5 000 GE) aktiviert werden.

Insofern ist der Wertansatz der Maschine bei der M-AG aus Sicht der Einheitsfiktion überhöht und muss auf die Konzernanschaffungskosten mit gleichzeitiger Neutralisierung des Zwischenerfolgs (10 000 GE) reduziert werden.

Die Konsolidierungsbuchung lautet wie folgt:

Sonstiger betrieblicher Ertrag	10 000	
an Maschine		10 000

16.2 Ermittlung der Zwischenergebnisse: Konzernherstellungskosten

Sachverhalt

Das Mutterunternehmen M-AG verkauft an ihre voll konsolidierungspflichtige Tochtergesellschaft T-AG eine technische Anlage für 2 600 000 GE (Umsatzsteuer bleibt unberücksichtigt). Dem Verkaufspreis der M-AG liegt folgende Kalkulation zu Grunde (in GE):

Materialeinzelkosten	470 000
Materialgemeinkosten	820 000
Fertigungseinzelkosten	160 000
Fertigungsgemeinkosten	250 000
Sondereinzelkosten der Fertigung	40 000
Fertigungsbezogene Abschreibungen	100 000
Verwaltungsgemeinkosten	130 000
Vertriebskosten	80 000
Gewinnaufschlag	550 000
Verkaufspreis	2 600 000

Für die Finanzierung der Produktion wurde ein Darlehen aufgenommen. Auf den Zeitraum der Herstellung entfallen an Zinsen 30 000 GE. Der Anteil der produktionsbezogenen Verwaltungsgemeinkosten beträgt 50 %. In den Sondereinzelkosten der Fertigung sind Lizenzgebühren von 20 000 GE enthalten, die die M-AG an ein anderes Konzernunternehmen gezahlt hat. Von einem weiteren Konzernunternehmen wurde eine Lagerhalle für 30 000 GE gemietet, in der verschiedene Bauteile für die technische Anlage untergebracht wurden.

Die innerbetrieblichen Transportkosten, um die Bauteile der technischen Anlage von der M-AG zur T-AG zu transportieren, betragen 20 000 GE.

Bei der T-AG fallen bis zur endgültigen Fertigstellung der technischen Anlage noch weitere Kosten an:

Materialeinzelkosten	150 000 GE
Materialgemeinkosten	110 000 GE
Fertigungseinzelkosten	200 000 GE
Fertigungsgemeinkosten	150 000 GE

Aufgabe

Berechnen Sie die Konzernherstellungskostenunter- und -obergrenze

a) nach HGB und
b) nach IFRS.
c) Ermitteln Sie das Zwischenergebnis nach HGB und IFRS. Gehen Sie davon aus, dass ein Abgleich der Tageswerte mit den Einzelbilanzwerten keine Korrektur der Einzelbilanzwerte erforderlich macht.

Lösung

a) Konzernherstellungskosten nach HGB

Die Berechnung der Herstellungskosten ist in § 255 Abs. 2 HGB geregelt, in welchem die Pflicht- und Wahlbestandteile der Herstellungskosten aufgeführt sind. Im Konzern sind die Herstellungskosten ebenfalls nach diesem Schema zu berechnen (§ 298 Abs. 1 HGB). Zusätzlich sind konzernspezifische Korrekturen der Herstellungskosten zu berücksichtigen:

- Aufwendungen, die im Einzelabschluss nicht aktivierungsfähig sind, für die aber aus Konzernsicht eine Aktivierungspflicht oder -wahlrecht besteht, sind zu addieren.
- Aufwendungen, die im Einzelabschluss aktiviert werden dürfen oder müssen, aus Konzernsicht jedoch ganz oder teilweise einem Aktivierungsverbot unterliegen, sind zu subtrahieren.

Die Wertuntergrenze der Konzernherstellungskosten (KHK) umfasst Materialkosten, Fertigungskosten, Sonderkosten der Fertigung und Abschreibungen. Für den Ansatz der KHK ist die Einheitsfiktion zu beachten, d. h. es sind sowohl Kosten des liefernden als auch des belieferten Unternehmens anzusetzen. Die Material- und Fertigungskosten der M-AG und der T-AG sind deshalb zu addieren.

An konzernspezifischen Herstellungskostenminderungen sind für die Lizenzgebühren und die Mietaufwendungen der Lagerhalle insgesamt 50 000 GE zu berücksichtigen. Da die Lizenzgebühren an ein Konzernunternehmen bezahlt wurden, dürfen sie in die Berechnung der Herstellungskosten nicht eingehen. Sie sind im Rahmen der Aufwands- und Ertragskonsolidierung zu eliminieren. Die Mietaufwendungen für die Lagerhalle sind ebenfalls im Rahmen der Aufwands- und Ertragskonsolidierung zu eliminieren. An Stelle der Miete sollten alternativ angemessene Teile des Wertverzehrs des Anlagevermögens einberechnet werden (Winkeljohann/Beyersdorff, in: Ellrott u. a., Beck'scher Bilanzkommentar, 7. Aufl., § 304, Rz. 15).

Konzernspezifische Herstellungskostenmehrungen betreffen die innerbetrieblichen Transportkosten von 20 000 GE. Diese dürfen bei der Herstellungskostenberechnung im Einzelabschluss der M-AG nicht berücksichtigt werden, da es sich um Vertriebskosten handelt.

Bei der Berechnung der Herstellungskostenobergrenze besteht ein Einbeziehungswahlrecht hinsichtlich der Verwaltungsgemeinkosten sowie der Fremdkapitalzinsen. Fremdkapitalzinsen dürfen nach § 255 Abs. 3 HGB in die Berechnung der Herstellungskosten einbezogen werden, soweit sie auf den Zeitraum der Herstellung entfallen.

	(in GE)
Materialeinzelkosten	620 000
Materialgemeinkosten	930 000
Fertigungseinzelkosten	360 000
Fertigungsgemeinkosten	400 000
Sondereinzelkosten der Fertigung	40 000
Abschreibungen	100 000
Herstellungskostenminderung	./. 50 000
Herstellungskostenmehrung	20 000
Wertuntergrenze der KHK	**2 420 000**
Verwaltungsgemeinkosten	130 000
Fremdkapitalzinsen	30 000
Wertobergrenze der KHK	**2 580 000**

b) Konzernherstellungskosten nach IFRS

Nach IFRS bestehen keine Wahlrechte bei der Berechnung der Herstellungskosten. Bei der Ermittlung der Herstellungskosten sind nach IAS 2.12 die produktionsbezogenen Vollkosten anzusetzen. So darf auch bei den Verwaltungsgemeinkosten nur der Anteil berücksichtigt werden, der dem Produktionsbereich direkt zuzuordnen ist (50 % von 130 000 GE = 65 000 GE).

Fremdkapitalzinsen sind nach IAS 23.8 Pflichtbestandteil der Herstellungskosten, wenn sie direkt dem Erwerb oder der Herstellung eines qualifizierten Vermögensgegenstands zugeordnet werden können. Konzernspezifische Herstellungskostenmehrungen und -minderungen sind auch nach IFRS zu berücksichtigen.

	(in GE)
Materialeinzelkosten	620 000
Materialgemeinkosten	930 000
Fertigungseinzelkosten	360 000
Fertigungsgemeinkosten	400 000
Sondereinzelkosten der Fertigung	40 000
Abschreibungen	100 000
Herstellungskostenminderung	./. 50 000
Herstellungskostenmehrung	20 000
produktionsbezogene Verwaltungsgemeinkosten	65 000
Fremdkapitalzinsen	30 000
KHK	**2 515 000**

c) Berechnung der Zwischenergebnisse

Bezüglich der Ermittlung der Zwischenergebnisse ergeben sich keine Unterschiede nach HGB und IFRS. Das Zwischenergebnis wird ermittelt, indem der Wertansatz des Einzelabschlusses mit dem Wertansatz im Konzernabschluss verglichen wird.

Nach der Rechnungslegung des HGB variiert die Höhe des Zwischenerfolgs je nachdem, ob bei der Berechnung der Herstellungskosten die Wertunter- oder Wertobergrenze angesetzt wurde. In der Folge ergeben sich eliminierungspflichtige und -fähige Zwischenerfolge. Der Einzelbilanzwert (EBW) beträgt laut Angabe 2 600 000 GE und liegt damit über der Konzernherstellungskostenobergrenze. Die Zwischengewinne berechnen sich wie folgt:

Eliminierungspflichtiger Zwischengewinn = EBW ./. KHKOG
= 2 600 000 GE ./. 2 580 000 GE = 20 000 GE

Eliminierungsfähiger Zwischengewinn = KHKOG ./. KHKUG
= 2 580 000 GE ./. 2 420 000 GE = 160 000 GE

Da nach den IFRS bezüglich des Ansatzes der Herstellungskosten keine Wahlrechte bestehen, beträgt der eliminierungspflichtige Zwischengewinn:

EBW ./. KHK = 2 600 000 GE ./. 2 515 000 GE = 85 000 GE

16.3 Konzerninterne Lieferung von selbst erstellten Vermögensgegenständen (Anlagevermögen)

Sachverhalt

Konzernunternehmen Arquas (A) liefert an Konzernunternehmen Bertram (B) am 01.07.01 eine selbst erstellte Maschine zum Preis von 1 000 000 GE (netto). Diesen Preis hat Konzernunternehmen A auf Basis folgender Kostendaten kalkuliert:

Materialeinzelkosten	500 000 GE
Lohneinzelkosten	150 000 GE
Material-/Fertigungsgemeinkosten	150 000 GE
Gewinnaufschlag	200 000 GE

Unternehmen B setzt die Maschine in der Produktion ein und schreibt diese über 5 Jahre linear ab. Der Kaufpreis wurde bereits bezahlt, so dass keine Schuldenkonsolidierung durchgeführt werden muss.

Aufgabe

Wie ist dieser Sachverhalt im Konzernabschluss nach HGB und nach IFRS zu behandeln? Geben Sie die erforderliche(n) Konsolidierungsbuchung(en) an. Latente Steuern bleiben aus Vereinfachungsgründen unberücksichtigt.

Lösung

Konzernunternehmen A hat aus der Veräußerung der Maschine an B im Einzelabschluss einen Gewinn i. H.v. 200 000 GE erzielt. Aus Konzernsicht ist dieser Gewinn aber nicht realisiert, da kein Außenumsatz getätigt wurde und es sich nach der Fiktion der rechtlichen Einheit nur um eine Verlagerung der Maschine von einer Betriebsstätte zu einer anderen handelt. Den Erfolg, der aus dem Geschäft der Konzernunternehmen entsteht, nennt man Zwischengewinn. Dieser ist im Rahmen der Konsolidierung zu eliminieren.

Für die Eliminierung der Zwischenergebnisse ist § 304 HGB bzw. IAS 27.21 maßgeblich (die Vorgehensweise und konsolidierungstechnische Umsetzung ist nach HGB und IFRS identisch). Das Zwischenergebnis kann definiert werden als Differenz zwischen dem Wertansatz eines Vermögensgegenstands im Einzelabschluss des bilanzierenden Konzernunternehmens und seiner Bewertung im Konzernabschluss.

Im Einzelabschluss des Unternehmens B ist die Maschine zunächst mit den Anschaffungskosten von 1 000 000 GE zu bewerten. Aus Konzernsicht hat die Ausgangsbewertung zu Konzernherstellungskosten zu erfolgen; diese umfassen nach § 255 Abs. 2 HGB und nach IAS 2.10 und 2.12–2.14 neben den Einzelkosten auch die Material- und Fertigungsgemeinkosten.

Anschaffungskosten im Einzelabschluss B	1 000 000 GE	
Konzernherstellungskosten	./. 800 000 GE	(§ 255 Abs. 2 HGB bzw. IAS 2)
Zu eliminierender Zwischengewinn	200 000 GE	

Der Ansatz der Maschine ist damit in einem ersten Schritt um 200 000 GE zu mindern. Der Konzern hat keinen Umsatz mit konzernfremden Dritten getätigt, d. h. die im Einzelabschluss von A erfassten Umsatzerlöse sind zu eliminieren.

Des Weiteren ist zu berücksichtigen, dass die Abschreibung der Maschine aus Konzernsicht ausgehend von den Konzernherstellungskosten und nicht von den Anschaffungskosten im Einzelabschluss zu erfolgen hat. Die Abschreibung wird linear über 5 Jahre vorgenommen (Abschreibung beginnend ab 01.07.01, d. h. Abschreibung für ein halbes Jahr).

in TGE	**Konzernabschluss**		**Einzelabschluss**	**Differenz**
Herstellungskosten	800	Anschaffungskosten	1 000	200
Abschreibung	./. 80	Abschreibung	./. 100	./. 20
Buchwert	720		900	180

Die im Einzelabschluss von B erfasste Abschreibung von 100 000 GE ist aus Konzernsicht um 20 000 GE zu hoch und dementsprechend zu korrigieren.

Sofern die GuV nach dem Umsatzkostenverfahren (§ 275 Abs. 3 HGB bzw. IAS 1.103) erstellt wird, sind ergänzend zur Umsatzstornierung die Herstellungskosten des Umsatzes und die Abschreibungen zu mindern (die Abschreibungen werden in nachfolgender Tabelle aus Gründen der besseren Übersichtlichkeit separat ausgewiesen).

	Unternehmen A		Unternehmen B		Summe		Konsolidierung		Konzern	
GuV (in TGE)	A	E	A	E	A	E	S	H	A	E
Umsatz		1 000				1 000	1 000			
Herstellungskosten	800				800			800		
Abschreibungen			100		100			20	80	
Jahresüberschuss	200			100	100			180		80
Summe GuV	1 000	1 000	100	100	1 000	1 000	1 000	1 000	80	80

	Unternehmen A		Unternehmen B		Summe		Konsolidierung		Konzern	
Bilanz (in TGE)	A	P	A	P	A	P	S	H	A	P
...										
Maschine			900		900		20	200	720	
Eigenkapital (JÜ)		200	100			100	200	20	80	
...										

Zusammengefasst ergibt sich nach dem **Umsatzkostenverfahren** folgende Konsolidierungsbuchung (in TGE):

Umsatzerlöse	1 000	
an Herstellungskosten des Umsatzes		800
an Maschine		200
Maschine	20	
an Abschreibungen auf Sachanlagen		20

Bei Anwendung des **Gesamtkostenverfahrens** (§ 275 Abs. 2 HGB bzw. IAS 1.102) ist für die aus Konzernsicht selbst erstellte und nicht verkaufte, sondern selbst genutzte Maschine eine aktivierte Eigenleistung von 800 000 GE zu erfassen. Damit resultiert im Gesamtkostenverfahren folgende Konsolidierungsbuchung (in TGE):

Umsatzerlöse	1 000	
an Aktivierte Eigenleistung		800
an Maschine		200
Maschine	20	
an Abschreibungen auf Sachanlagen		20

16.4 Konzerninterne Lieferung von selbst erstellten Erzeugnissen (Umlaufvermögen)

Sachverhalt

Konzernunternehmen T1 liefert an Konzernunternehmen T2 am 24.10.01 selbst erstellte fertige Erzeugnisse zum Preis von 3 000 000 GE (Nettowert). Diesen Preis hat Konzernunternehmen T1 auf Basis folgender Kostendaten kalkuliert:

Materialeinzelkosten	1 800 000 GE
Lohneinzelkosten	350 000 GE
Material-/Fertigungsgemeinkosten	450 000 GE
Gewinnaufschlag	400 000 GE

Zum 31.12.01 befinden sich sämtliche Erzeugnisse noch bei Unternehmen T2 auf Lager. Unternehmen T2 hat die Erzeugnisse im Einzelabschluss sachgerecht zu Anschaffungskosten aktiviert. Der Kaufpreis wurde bereits bezahlt, so dass keine Schuldenkonsolidierung erforderlich ist.

Aufgabe

a) Ausgangssachverhalt: Wie ist dieser Sachverhalt im Konzernabschluss 01 nach HGB und nach IFRS zu behandeln? Geben Sie die erforderliche(n) Konsolidierungsbuchung(en) an! Gehen Sie auf latente Steuern ein (Steuersatz 30 %).

b) Alternative: Geben Sie die erforderliche(n) Konsolidierungsbuchung(en) an, wenn Unternehmen T2 im Einzelabschluss 01 die Erzeugnisse aufgrund schwieriger Veräußerbarkeit sachgerecht auf einen niedrigeren beizulegenden Wert bzw. Nettoveräußerungswert von 2 000 000 GE abgeschrieben hat.

Lösung

a) Ausgangssachverhalt

Konzernunternehmen T1 hat aus der Veräußerung der Erzeugnisse an T2 im Einzelabschluss einen Gewinn i. H.v. 400 000 GE erzielt. Aus Konzernsicht ist dieser Gewinn aber nicht realisiert, da kein Außenumsatz getätigt wurde und es sich nach der Fiktion der rechtlichen Einheit nur um eine Verlagerung von Vermögensgegenständen von einer Betriebsstätte zu einer anderen handelt. Die Erfolge, die aus den Geschäften mit Konzernunternehmen entstehen, nennt man Zwischengewinne bzw. -verluste. Diese sind im Rahmen der Konsolidierung zu eliminieren.

Für die Eliminierung der Zwischenergebnisse ist § 304 HGB bzw. IAS 27.21 maßgeblich (die Vorgehensweise und konsolidierungstechnische Umsetzung ist nach HGB und IAS identisch). Das Zwischenergebnis kann definiert werden als Differenz zwischen dem Wertansatz eines Vermögensgegenstands im Einzelabschluss des bilanzierenden Konzernunternehmens und seiner Bewertung im Konzernabschluss.

Im Einzelabschluss des Unternehmens T2 sind die selbst erstellten fertigen Erzeugnisse (Vorräte) mit den Anschaffungskosten von 3 000 000 GE zu bewerten. Aus Konzernsicht hat die Bewertung zu Konzernherstellungskosten zu erfolgen, diese umfassen nach § 255 Abs. 2 HGB und nach IAS 2.10 und 2.12–2.14 neben den Einzelkosten auch die Material- und Fertigungsgemeinkosten.

Ansatz im Einzelabschluss T2	3 000 000 GE	
Konzernherstellungskosten	./. 2 600 000 GE	(§ 255 Abs. 2 HGB bzw. IAS 2)
Zu eliminierender Zwischengewinn	400 000 GE	

Die fertigen Erzeugnisse sind damit um 400 000 GE zu mindern. Der Konzern hat keinen Umsatz mit konzernfremden Dritten getätigt, d. h. die im Einzelabschluss von T1 erfassten Umsatzerlöse sind zu eliminieren. Sofern die GuV nach dem Umsatzkostenverfahren (§ 275 Abs. 3 HGB bzw. IAS 1.103) erstellt wird, sind die Herstellungskosten des Umsatzes zu mindern. Vor Berücksichtigung latenter Steuern ist die Darstellung damit wie folgt:

	T1		T2		Summe		Konsolidierung		Konzern	
GuV (in TGE)	A	E	A	E	A	E	S	H	A	E
Umsatz		3 000				3 000	3 000			
Herstellungskosten	2 600				2 600			2 600		
Jahresüberschuss	400				400			400		
Summe GuV	3 000	3 000			3 000	3 000	3 000	3 000		

	T1		T2		Summe		Konsolidierung		Konzern	
Bilanz (in TGE)	A	P	A	P	A	P	S	H	A	P
...										
Vorräte			3 000		3 000			400	2 600	
Eigenkapital (JÜ)		400				400	400			0
...										

Zusammengefasst ergibt sich nach dem **Umsatzkostenverfahren** folgende Konsolidierungsbuchung (in TGE):

Umsatzerlöse	3 000	
an Herstellungskosten des Umsatzes		2 600
an Vorräte		400

Bei Anwendung des **Gesamtkostenverfahrens** (§ 275 Abs. 2 HGB bzw. IAS 1.102) ist für die selbst erstellten und aus Konzernsicht noch nicht verkauften Erzeugnisse eine Bestandserhöhung von 2 600 000 GE zu erfassen. Damit resultiert im Gesamtkostenverfahren folgende Konsolidierungsbuchung (in TGE):

Umsatzerlöse	3 000	
an Bestandserhöhung		2 600
an Vorräte		400

Nach § 306 HGB bzw. IAS 12 sind aufgrund der Differenz zwischen dem handelsrechtlichen Wertansatz der Erzeugnisse im Konzernabschluss (2 600 000 GE) und dem steuerlichen Wertansatz (3 000 000 GE) verpflichtend latente Steuern zu berücksichtigen. Die Differenz i. H.v. 400 000 GE wird sich im Jahr der Veräußerung der Erzeugnisse an konzernfremde Dritte wieder umkehren, da dann im Konzern ein um 400 000 GE höherer Veräußerungsgewinn resultiert (steuerlich wurde der Gewinn bereits in 01 im Einzelabschluss der T1 erfasst). Es sind aktive latente Steuern i. H.v. 120 000 GE zu erfassen.

In TGE	Wert lt. Konzernbilanz	Wert lt. Steuerbilanz	Differenz	Latente Steuer (Differenz × Steuersatz)
Vorräte	2 600	3 000	400	120

Die Buchung (in TGE) lautet:

Aktive latente Steuern	120	
an Latenter Steuerertrag		120

b) Alternative

T2 hat die Vorräte im Einzelabschluss sachgerecht nach § 253 Abs. 4 HGB bzw. IAS 2.9 auf den niedrigeren Wert von 2 000 000 GE abgeschrieben. Im Einzelabschluss der T2 wurde insofern eine außerplanmäßige Abschreibung auf Umlaufvermögen i. H.v. 1 000 000 GE erfasst.

Ausgangswert im Konzernabschluss sind die Konzernherstellungskosten i. H.v. 2 600 000 GE. Das Niederstwertprinzip bzw. die Abschreibungspflicht auf einen niedrigeren Nettoveräußerungswert ist auch im Konzernabschluss zu berücksichtigen. Ausgehend von den Konzernherstellungskosten ergibt sich damit im Konzernabschluss eine außerplanmäßige Abschreibung von 600 000 GE.

Vorräte in TGE	**Einzelabschluss T2**	**Konzernabschluss**
Ausgangswert	3 000	2 600
Außerplanmäßige Abschreibung	./. 1 000	./. 600
Bilanzansatz	2 000	2 000

Die im Summenabschluss erfassten außerplanmäßigen Abschreibungen von 1 000 000 GE sind insofern um 400 000 GE zu mindern.

	T1		T2		Summe		Konsolidierung		Konzern	
GuV (in TGE)	A	E	A	E	A	E	S	H	A	E
Umsatz		3 000				3 000	3 000			
Herstellungskosten	2 600				2 600			2 600		
Abschreibung UV*			1 000		1 000			400	600	
Jahresüberschuss	400			1 000	400	1 000				600
Summe GuV	3 000	3 000	1 000	1 000	4 000	4 000	3 000	3 000	600	600

* Aus Gründen der besseren Übersichtlichkeit hier gesondert dargestellt (auch in nachfolgender Buchung).

	T1		T2		Summe		Konsolidierung		Konzern	
Bilanz (in TGE)	A	P	A	P	A	P	S	H	A	P
...										
Vorräte			2 000		2 000		400	400	2 000	
Eigenkapital (JÜ)		400	1 000		1 000	400	400	400	600	
...										

Die Konsolidierungsbuchungen lauten bei der Alternative (in TGE):

Umsatzerlöse	3 000	
an Bestandserhöhung bzw. Herstellungskosten des Umsatzes		2 600
an Vorräte		400
Vorräte	400	
an Abschreibungen auf Umlaufvermögen		400

Die Erzeugnisse sind unverändert zum Einzelabschluss mit 2 000 000 GE bilanziert. Die aus Konzernsicht um 400 000 GE zu hohen Abschreibungen auf Umlaufvermögen wurden dementsprechend gemindert.

Der Wert der Erzeugnisse im Konzernabschluss (2 000 000 GE) entspricht dem steuerbilanziellen Wert (es sei eine dauerhafte Teilwertminderung nach § 6 EStG unterstellt). Latente Steuern sind deswegen in der Alternative nicht zu berücksichtigen.

17 Aufwands- und Ertragskonsolidierung

17.1 Konzerninterne Lieferung von selbst erstellten Erzeugnissen und Verkauf an Dritte

Sachverhalt

Die M-AG produziert Lampen, die sie an ihre Vertriebsgesellschaft T-AG weiterveräußert. In der Abrechnungsperiode wurden 10 000 Lampen für jeweils 80 GE (netto) geliefert. Die Herstellungskosten bei der M-AG betragen pro Stück:

Materialaufwand	20 GE
Personalaufwand	40 GE
Abschreibungen	5 GE
Gesamt	65 GE

Die T-AG verkauft die Lampen für 120 GE/Stück an Einzelhändler. Der gesamte Lampenbestand der Abrechnungsperiode wurde von der T-AG in der Periode verkauft.

Aufgabe

Wie ist dieser Sachverhalt in der Konzern-GuV nach HGB und IFRS bei Anwendung des Gesamtkostenverfahrens zu behandeln (Steuern bleiben aus Vereinfachungsgründen unberücksichtigt)?

Lösung

Nach § 305 Abs. 1 HGB sind in der Konzern-GuV die Innenumsatzerlöse mit den auf sie entfallenden Aufwendungen zu verrechnen. Eine analoge Vorschrift findet sich in IAS 27.20, nach welcher konzerninterne Erträge und Aufwendungen in voller Höhe zu eliminieren sind.

Die Aufstellung der GuV kann sowohl nach HGB als auch nach IFRS nach dem Gesamt- oder dem Umsatzkostenverfahren erfolgen. Hinsichtlich der Vorgehensweise und der technischen Umsetzung ergeben sich nach HGB und IFRS keine Unterschiede.

Für den obigen Fall ist die Eliminierung eines Zwischengewinns nicht erforderlich, da die Vermögensgegenstände bereits an Dritte verkauft wurden. Der Gewinn von 550 000 GE (1 200 000 GE ./. 650 000 GE) gilt aus Konzernsicht als realisiert. Deshalb sind nur die Innenumsatzerlöse von 800 000 GE zu eliminieren, die durch den Verkauf der Lampen an die T-AG entstanden sind. Eine Verrechnung erfolgt bei dem Gesamtkostenverfahren mit dem Materialaufwand, der bei der T-AG eingebucht wurde. Im Konzernabschluss stehen den Außenumsatzerlösen von 1 200 000 GE die Herstellungskosten i. H.v. 650 000 GE gegenüber.

GuV (in TGE)	M-AG		T-AG		Summe		Konsolidierung		Konzern	
GuV-Position	A	E	A	E	A	E	S	H	A	E
Umsatzerlöse		800		1 200		2 000	800			1 200
Materialaufwand	200		800		1 000			800	200	
Personalaufwand	400				400				400	
Abschreibung	50				50				50	
Jahresüberschuss	150		400		550				550	
Summe GuV	800	800	1 200	1 200	2 000	2 000	800	800	1 200	1 200

Die Konsolidierungsbuchung lautet:

Umsatzerlöse	800 000	
an Materialaufwand		800 000

Hinweis: Bei Anwendung des Umsatzkostenverfahrens sind die Umsatzerlöse mit den Herstellungskosten der zur Erzielung der Umsatzerlöse erbrachten Leistungen zu konsolidieren.

17.2 Konzerninterne Lieferung von weiterbearbeiteten Erzeugnissen und Verkauf an Dritte

Sachverhalt

Die M-AG produziert PET-Flaschen für 0,20 GE. Diese verkauft sie weiter an die konzerneigene Tochter T-AG für 0,50 GE. Die T-AG füllt die Flaschen mit Getränken; hierfür fallen Herstellungskosten von 0,20 GE an. Anschließend verkauft sie die Produkte an konzernfremde Dritte für 1,10 GE. Die gesamte Produktion von 1 000 000 Flaschen wurde in der Abrechnungsperiode verkauft.

Aufgabe

Wie ist dieser Sachverhalt in der Konzern-GuV nach HGB und IFRS bei Anwendung des Umsatzkostenverfahrens zu behandeln (Steuern bleiben aus Vereinfachungsgründen unberücksichtigt)?

Lösung

Durch den Verkauf der leeren Flaschen generiert die M-AG Umsatzerlöse, die aus Konzernsicht nicht entstanden sind: Aus Sicht der Einheitsfiktion handelt es sich hierbei um Lieferbeziehungen zwischen zwei Produktionsstätten. Die im Konzern angefallenen Innenumsatzerlöse sind nach § 305 Abs. 1 HGB bzw. IAS 27.20 in der Konzern-GuV mit den auf sie entfallenden Aufwendungen zu verrechnen.

Bei Anwendung des Umsatzkostenverfahrens ergibt sich folgende Lösung:

GuV (in TGE)	M-AG		T-AG		Summe		Konsolidierung		Konzern	
GuV-Position	A	E	A	E	A	E	S	H	A	E
Umsatzerlöse		500		1 100		1 600	500			1 100
Herstellungskosten	200		700		900			500	400	
Jahresüberschuss	300		400		700				700	
Summe GuV	500	500	1 100	1 100	1 600	1 600	500	500	1 100	1 100

Bei der M-AG stehen den Umsatzerlösen von 500 000 GE (0,50 GE/Stück × 1 Mio. Stück) Herstellungskosten von 200 000 GE gegenüber.

Die Herstellungskosten bei der T-AG setzen sich zusammen aus den 500 000 GE für die gekauften Flaschen und den eigenen Herstellungskosten von 200 000 GE. Durch den Verkauf an Dritte erzielt sie Umsatzerlöse von 1 100 000 GE und weist somit einen Erfolg von 400 000 GE aus. Die Eliminierung der Umsatzerlöse ist i. H.v. 500 000 GE erforderlich, da diese nur konzernintern erwirtschaftet wurden. Bei Anwendung des Umsatzkostenverfahrens ist eine Verrechnung mit den Herstellungskosten der zur Erziehung der Umsatzerlöse erbrachten Leistungen geboten.

Die Eliminierung eines Zwischengewinns ist nicht erforderlich, da die Produkte an Dritte verkauft wurden und so der Gewinn i. H.v. 700 000 GE realisiert wurde.

17.3 Konsolidierung anderer Erträge und Aufwendungen

Sachverhalt

Im Rahmen der Aufwands- und Ertragskonsolidierung sind folgende Sachverhalte zu beurteilen.

1. Die M-AG vermietet an die konzernzugehörige T-AG eine Lagerhalle für jährlich 300 000 GE.
2. Die T-AG hat von der M-AG ein Darlehen aufgenommen. Hieraus resultiert eine jährliche Zinsbelastung von 20 000 GE.
3. Die M-AG hat im Geschäftsjahr eine Maschine an die T-AG geliefert. Hieraus resultiert ein Gewährleistungsfall, für den bei der M-AG eine Rückstellung von 100 000 GE zu passivieren ist.
4. Die M-AG hat im vergangenen Geschäftsjahr einen neuen Markennamen entwickelt und diesen zu Jahresbeginn für 80 000 GE an die T-AG verkauft. Für die Entwicklung des Markennamens waren Personalaufwendungen von 50 000 GE entstanden. Die T-AG schätzt die Nutzungsdauer des Markennamens auf 4 Jahre und wählt die lineare Abschreibung.

Aufgabe

Wie sind diese Sachverhalte hinsichtlich der Aufwands- und Ertragskonsolidierung zu beurteilen (Steuern bleiben aus Vereinfachungsgründen unberücksichtigt)? Geben Sie evtl. Unterschiede bei der Anwendung von Gesamt- oder Umsatzkostenverfahren an. Wie sind die Sachverhalte nach IFRS zu beurteilen?

Lösung

Die Konsolidierung anderer Erträge und Aufwendungen ist in § 305 Abs. 1 Nr. 2 HGB geregelt. Demnach sind neben den Innenumsatzerlösen auch andere Erträge mit den auf sie entfallenden Aufwendungen zu verrechnen. Unter die anderen Erträge fallen alle Erträge, die in der GuV nicht als Umsatzerlöse zu verbuchen sind. Das betrifft die Posten Sonstige betriebliche Erträge und Aufwendungen, Außerordentliche Erträge und Aufwendungen sowie Erträge und Aufwendungen des Finanzergebnisses.

1. Die Mietaufwendungen bzw. Mieterträge werden bei Anwendung des Gesamtkostenverfahrens unter den sonstigen betrieblichen Aufwendungen bzw. Erträgen ausgewiesen. Die Konsolidierung der in gleicher Höhe angefallenen Positionen führt zu keinem Ausweis in der Konzern-GuV.

GuV (in TGE)	M-AG		T-AG		Summe		Konsolidierung		Konzern	
GuV-Position	A	E	A	E	A	E	S	H	A	E
sonstige betriebliche Erträge		300				300	300			
sonstige betriebliche Aufwendungen			300		300			300		
Jahresüberschuss	300			300						

Bei Anwendung des Umsatzkostenverfahrens sind die Mietaufwendungen der T-AG dahingehend zu untersuchen, welchem betrieblichen Funktionsbereich sie zuzuordnen sind. Dementsprechend ist ein Ausweis als Herstellungskosten, Verwaltungs- oder Vertriebskosten geboten. Die Mieterträge bei der M-AG werden auch bei Anwendung des Umsatzkostenverfahrens als sonstiger betrieblicher Ertrag ausgewiesen. Die Konsolidierungsbuchungen sind entsprechend anzupassen. Für die Rechnungslegung nach IFRS gibt es keine Unterschiede zur HGB-Regelung.

2. Zinserträge und -aufwendungen sind Gegenstand des Finanzergebnisses. Die Konsolidierungsbuchungen führen hier zu keinem Ausweis im Konzern. Es ergeben sich nach Gesamt- und Umsatzkostenverfahren keine Unterschiede. Auch nach IFRS sind Finanzierungserträge mit den entsprechenden Finanzierungsaufwendungen zu konsolidieren.

GuV (in TGE)	M-AG		T-AG		Summe		Konsolidierung		Konzern	
GuV-Position	A	E	A	E	A	E	S	H	A	E
Zinserträge		20				20	20			
Zinsaufwendungen			20		20			20		
Jahresüberschuss	20			20						

3. Konzeptionell handelt es sich bei diesem Sachverhalt zwar um einen Anwendungsfall der Schuldenkonsolidierung. Jedoch soll an dieser Stelle der Zusammenhang mit der simultanen Eliminierung von Aufwendungen und Erträgen in der GuV verdeutlicht werden:
Bei dem Gewährleistungsfall handelt es sich um eine Rückstellung für ungewisse Verbindlichkeiten nach § 249 Abs. 1 Satz 1 HGB. Diese Verpflichtung ist aus Sicht der Einheitstheorie eine Innenverpflichtung. Für Innenverpflichtungen besteht eine Rückstellungspflicht nach § 249 Abs. 1 Satz 2 Nr. 1 HGB nur für unterlassene Instandhaltungen. Im Sachverhalt wurde keine dahingehende Aussage getroffen, so dass die Rückstellung im Konzernabschluss zu eliminieren

ist. Der Rückstellung bei der M-AG steht bei der T-AG kein entsprechender Gegenposten gegenüber, so dass eine erfolgswirksame Konsolidierung notwendig wird. Die Gewährleistungsaufwendungen sind bei Anwendung des Gesamtkostenverfahrens Gegenstand der sonstigen betrieblichen Aufwendungen. Die Konsolidierung ist wie folgt durchzuführen:

Werte in TGE	M-AG		T-AG		Summe		Konsolidierung		Konzern-abschluss	
Bilanz	A	P	A	P	A	P	S	H	A	P
EK (JÜ/JF)	100				100			100		
Rückstellungen		100				100	100			
GuV	A	E	A	E	A	E	S	H	A	E
Sonstiger betrieblicher Aufwand	100				100			100		
JÜ/JF		100				100	100			

Nach IFRS ist im Einzelabschluss analog eine Rückstellung zu passivieren, da die Ansatzvoraussetzungen nach IAS 37.14 erfüllt sind. Hinsichtlich der Konsolidierung ergeben sich nach HGB und nach IFRS keine Unterschiede.

Sowohl nach HGB als auch nach IFRS ist bei Anwendung des Umsatzkostenverfahrens die Rückstellungsbildung unter den Herstellungskosten auszuweisen. Die Konsolidierungsbuchungen sind entsprechend anzupassen.

4. Konzeptionell handelt es sich bei diesem Sachverhalt zwar um einen Anwendungsfall der Zwischenergebniseliminierung. Jedoch soll auch hier der Zusammenhang mit der simultanen Eliminierung von Aufwendungen und Erträgen in der GuV verdeutlicht werden:

   Für selbst geschaffene Markennamen besteht sowohl nach HGB als auch nach IFRS ein Aktivierungsverbot (§ 248 Abs. 2 HGB, IAS 38.63). Durch den Verkauf wurde der Markenname bei der T-AG als immaterieller Vermögensgegenstand aktiviert. Die M-AG verbuchte hierfür sonstige betriebliche Erträge von 80 000 GE, da es sich nicht um ein unternehmenstypisches Produkt handelt. Da die Aktivierung aus Konzernsicht verboten ist, sind die daraus resultierenden Erträge zu eliminieren. Im Konzernabschluss sind in der GuV nur noch die Personalaufwendungen für die Markennamenentwicklung enthalten. Die im Einzelabschluss aktivierte Marke wird ebenso wie die gebuchte Abschreibung in voller Höhe eliminiert.

Werte in TGE	M-AG		T-AG		Summe		Konsolidierung		Konzern	
Bilanz	A	P	A	P	A	P	S	H	A	P
Immaterielle VGG			60		60			60		
EK (JÜ/JF)		30	20			10	60		50	
GuV-Position	A	E	A	E	A	E	S	H	A	E
Sonstige betriebliche Erträge		80				80	80			
Personalaufwand	50				50				50	
Abschreibung			20		20			20		
Jahresergebnis	30			20	10			60		50

17.4 Erstellung der Konzern-GuV

Sachverhalt

Die M-AG und die konzerneigene 100 %ige Tochter T-AG weisen für das Geschäftsjahr 01 folgende Gewinn- und Verlustrechnungen aus:

GuV für das Geschäftsjahr 01 (in TGE)	**M-AG**	**T-AG**
Umsatzerlöse	10 590	5 860
Herstellungskosten	6 670	3 680
Bruttoergebnis vom Umsatz	3 920	2 180
Vertriebskosten	1 320	480
Allgemeine Verwaltungskosten	860	590
Sonstige betriebliche Erträge	460	360
Sonstige betriebliche Aufwendungen	960	480
Erträge aus Beteiligungen	1 300	760
Erträge aus anderen Wertpapieren	360	580
Zinserträge	450	260
Zinsaufwendungen	330	840
Ergebnis der gewöhnlichen Geschäftstätigkeit	**3 020**	**1 750**
Sonstige Steuern	50	20
Steuern vom Einkommen und Ertrag	750	430
Jahresüberschuss	**2 220**	**1 300**

Folgende Informationen liegen für die Erstellung der Konzern-GuV vor:

1. Die T-AG hat Anfang des Jahres von der M-AG eine Produktionsmaschine für 300 GE erworben. Die Maschine hat eine Nutzungsdauer von 10 Jahren und wird linear abgeschrieben. Die Herstellungskosten bei der M-AG beliefen sich auf 200 GE.
2. Die T-AG hat von der M-AG einen Posten Halbfertigfabrikate für 100 GE gekauft. Diese wurden unbearbeitet auf Lager genommen. Die Herstellungskosten bei der M-AG beliefen sich auf 50 GE.
3. Die T-AG hat von der M-AG einen Posten Rohstoffe für 150 GE erworben und weiterverarbeitet. Hierbei entstanden der T-AG Herstellungskosten von 100 GE. Noch in der gleichen Periode konnten die entstandenen Fertigerzeugnisse an die konzernfremde X-AG für 500 GE verkauft werden.
4. Die T-AG hat von der M-AG ein Bürogebäude für 80 GE pro Jahr angemietet.
5. Die T-AG hat bei der M-AG ein Darlehen aufgenommen, für welches jährlich Zinsen von 160 GE zu bezahlen waren.
6. Zwischen den beiden Gesellschaften besteht kein Gewinnabführungsvertrag. Der Jahresüberschuss der T-AG wurde bei der M-AG als Beteiligungsertrag vereinnahmt. Die Gewinnverwendung/Feststellung des Jahresabschlusses des Tochterunternehmens wurde vor Beendigung der Prüfung des Jahresabschlusses des Mutterunternehmens beschlossen.

Aufgabe

Erstellen Sie auf Grundlage dieser Informationen die Konzern-GuV (Steuern bleiben aus Vereinfachungsgründen unberücksichtigt).

Lösung

Periode 01	M-AG		T-AG		Summe		Konsolidierung		Konzern	
GuV-Position	A	E	A	E	A	E	S	H	A	E
Umsatzerlöse		10 590		5 860		16 450	300 (1) 100 (2) 150 (3)			15 900
Herstellungskosten	6 670		3 680		10 350			200 (1) 10 (1) 50 (2) 150 (3)	9 940	
Bruttoergebnis		3 920		2 180		6 100				5 960
Vertriebskosten	1 320		480		1 800				1 800	
Allgemeine Verwaltungskosten	860		590		1 450			80 (4)	1 370	
Sonstige betriebliche Erträge		460		360		820	80 (4)			740
Sonstige betriebliche Aufwendungen	960		480		1 440				1 440	
Erträge aus Beteiligungen		1 300		760		2 060	1 300 (6)			760
Erträge aus anderen Wertpapieren		360		580		940				940
Zinserträge		450		260		710	160 (5)			550
Zinsaufwendungen	330		840		1 170			160 (5)	1 010	
Ergebnis der gewöhnlichen Geschäftstätigkeit		3 020		1 750	4 770					3 330
Sonstige Steuern	50		20		70				70	
EE-Steuern	750		430		1 180				1 180	
Jahresüberschuss		2 220		1 300		3 520	10 (1)	100 (1) 50 (2) 1 300 (6)		2 080

Für die Konsolidierung sind folgende Informationen zu berücksichtigen:

1. Die Konsolidierung der Innenumsatzerlöse von 300 GE erfolgt gegen die Herstellungskosten von 200 GE. Der enthaltene Zwischengewinn von 100 GE ist gegen das Jahresergebnis zu eliminieren. Die Abschreibungen betragen aus Konzernsicht nicht 30 GE (300 GE : 10 Jahre), sondern nur 20 GE (200 GE : 10 Jahre). Diese überhöhten Abschreibungen von 10 GE sind ebenfalls ergebniswirksam zu korrigieren. Bei Anwendung des Umsatzkostenverfahrens sind die Abschreibungen Bestandteil der Herstellungskosten.
2. Auch bei diesem Fall erfolgt die Konsolidierung der Innenumsatzerlöse i. H.v. 100 GE mit den Herstellungskosten von 50 GE. Der enthaltene Zwischengewinn von 50 GE ist mit dem Jahresüberschuss zu saldieren.
3. Durch den Verkauf realisiert die T-AG einen Erlös von 500 GE und erwirtschaftet einen Ertrag von 250 GE. Im Rahmen der Konsolidierung sind lediglich die Umsatzerlöse der M-AG mit den Herstellungskosten der T-AG zu saldieren. Hierbei dürfen aber nur die Herstellungskosten eliminiert werden, die durch den Einsatz des gelieferten Rohlings bei der T-AG entstanden sind, also 150 GE. Die Herstellungskosten, die bei der T-AG für die Weiterverarbeitung entstanden sind, gehen in die Konzern-GuV ein.
4. Die Mietaufwendungen für das Verwaltungsgebäude sind bei der T-AG in den Verwaltungskosten enthalten, da sie diesem Funktionsbereich zugeordnet werden können. Bei der M-AG erfolgt der Ausweis in den sonstigen betrieblichen Erträgen. Die Konsolidierung ist unproblematisch.
5. Zinsaufwendungen und Zinserträge sind ebenfalls unproblematisch zu konsolidieren.
6. Die Gewinnverwendung und die Feststellung des Jahresabschlusses des Tochterunternehmens wurde vor Beendigung der Prüfung des Jahresabschlusses des Mutterunternehmens beschlossen. Zudem handelt es sich um eine 100 %ige Beteiligung und übereinstimmende Geschäftsjahre. Somit sind die Voraussetzungen für eine periodengleiche Gewinnvereinnahmung erfüllt. Im Rahmen der Konsolidierung ist der Beteiligungsertrag ergebniswirksam auszubuchen, da es ansonsten zu einer Doppelerfassung käme.

17.5 Erträge aus Beteiligungen

Sachverhalt

Die T-AG ist eine 100 %ige Tochter der M-AG. Zwischen den beiden Gesellschaften besteht kein Gewinnabführungsvertrag. Für die Periode 01 liegen folgende Gewinn- und Verlustrechnungen vor. Der Abschluss der M-AG enthält unter den Beteiligungserträgen die Gewinnausschüttung der Tochter aus dem Bilanzgewinn des Vorjahres. Der aktuelle Jahresüberschuss der T-AG wird erst in der Periode 02 an die M-AG ausgeschüttet.

GuV (in GE) Periode 01	M-AG	T-AG
Umsatzerlöse	800 000	70 000
Herstellungskosten der zur Erzielung der Umsatzerlöse erbrachten Leistungen	360 000	35 000
Vertriebskosten	80 000	5 000
Allgemeine Verwaltungskosten	50 000	10 000
Sonstige betriebliche Erträge	30 000	
Sonstige betriebliche Aufwendungen	60 000	10 000
Erträge aus Beteiligungen	2 000	0
Zinsaufwand	15 000	3 000
Steuern	68 000	2 000
Jahresüberschuss	**199 000**	**5 000**

Aufgabe

Führen Sie eine Aufwands- und Ertragskonsolidierung für den Beteiligungsertrag durch.

Lösung

Es liegt eine zeitverschobene Gewinnvereinnahmung vor. Der Beteiligungsertrag von 2 000 GE stammt aus der Vorperiode. Er wurde bereits in der Vorperiode als Jahresüberschuss in die Konzern-GuV übernommen. Insofern darf in der Periode 01 der Beteiligungsertrag nicht noch einmal ausgewiesen werden. Er ist bei der M-AG zu eliminieren und in den Gewinnvortrag oder die Gewinnrücklagen umzugliedern (Winkeljohann/Beyersdorff, in: Ellrott u. a., Beck'scher Bilanzkommentar, 7. Aufl., § 305, Rz. 46).

Periode 01 (in TGE)	M-AG		T-AG		Summe		Konsolidierung		Konzern	
Bilanzposition	A	P	A	P	A	P	S	H	A	P
Gewinnrücklagen		500		200		700		2		702
GuV-Position	A	E	A	E	A	E	S	H	A	E
Umsatzerlöse		800		70		870				870
Herstellungskosten	360		35		395				395	
Vertriebskosten	80		5		85				85	
Allgemeine Verwaltungskosten	50		10		60				60	
Sonstige betriebliche Erträge		30				30				30
Sonstige betriebliche Aufwendungen	60		10		70				70	
Beteiligungserträge		2				2	2			
Zinsaufwand	15		3		18				18	
Steuern	68		2		70				70	
Jahresüberschuss	199		5		204				202	
Summe GuV	832	832	70	70	902	902	2	2	900	900

18 Latente Steuern im Konzernabschluss

18.1 Latente Steuern aus der Überleitung zur Handelsbilanz II

Sachverhalt

Die T-GmbH, die als Tochtergesellschaft in den Konzernabschluss der M-AG einbezogen ist, übt im Einzelabschluss das Aktivierungswahlrecht für aktive latente Steuern gem. § 274 Abs. 1 Satz 2 HGB nicht aus. Der einzig relevante Unterschied zwischen Handelsbilanz (HB I) und Steuerbilanz resultiert daraus, dass die in 01 gebildeten Rückstellungen für drohende Verluste aus schwebenden Geschäften i. H.v. 1 000 GE steuerlich aufgrund der Vorschrift des § 5 Abs. 4 a EStG nicht anerkannt sind. Konzerneinheitlich soll das Aktivierungswahlrecht nach § 274 Abs. 1 Satz 2 ausgeübt werden (vgl. hierzu § 300 Abs. 2 Satz 2 HGB).

Ebenfalls nicht wahrgenommen wird im handelsrechtlichen Einzelabschluss das Aktivierungswahlrecht nach § 248 Abs. 2 HGB für selbst erstelltes immaterielles Anlagevermögen. Aufgrund der konzerneinheitlichen Bilanzierungsvorgaben sind in 01 Entwicklungskosten für eine selbst entwickelte Software i. H.v. 500 GE im Rahmen der Überleitung zur Handelsbilanz II zu aktivieren (in der Steuerbilanz ist diese Aktivierung aufgrund § 5 Abs. 2 EStG unzulässig).

Aufgabe

a) Welche Auswirkungen ergeben sich auf die latenten Steuern nach HGB (Steuersatz 30 %)?

b) Welche zentralen Unterschiede sind bei der Bilanzierung latenter Steuern nach IFRS zu beachten?

Lösung

a) Auswirkungen auf die latenten Steuern nach HGB

Latente Steuern sind in der HB II wie folgt zu erfassen (in GE):

Bilanzposition	Wert lt. HB I	Wert lt. HB II	Wert lt. Steuerbilanz	Differenz HB II versus Steuerbilanz	Latente Steuer = Differenz × Steuersatz
Immaterielles Vermögen	0	500	0	500	./. 150
Sonstige Rückstellungen	1 000	1 000	0	1 000	300
					150

Die Aktivierung von Entwicklungskosten führt zu einem Mehrvermögen in der Handelsbilanz und zieht passive latente Steuern nach sich. Die Passivierung der Rückstellungen für drohende Verluste aus schwebenden Geschäften ist dagegen ein Anwendungsfall für aktive latente Steuern. In der Gesamtbetrachtung ergibt sich ein Überhang aktiver latenter Steuern i. H.v. 150 GE, für den nach § 274 Abs. 1 Satz 2 HGB ein Aktivierungswahlrecht besteht. Aufgrund konzerneinheitlicher Bilanzierungsvorgaben wird dieses Wahlrecht ausgeübt.

b) Zentrale Unterschiede bei der Bilanzierung latenter Steuern nach IFRS
Anders als im HGB, in dem die Bilanzierung latenter Steuern im Konzernabschluss mittels § 274 i. V. m. § 298 Abs. 1 HGB sowie § 306 HGB zweigeteilt geregelt ist, differenziert der einschlägige Standard IAS 12 nicht zwischen der Bilanzierung latenter Steuern im Einzel- und Konzernabschluss.

Nach IAS 12 sind sämtliche Ansatz- und Bewertungsdifferenzen von Vermögenswerten und Schulden zwischen Konzernbilanzwert (IFRS) und Steuerbilanz verpflichtend in die Steuerabgrenzung einzubeziehen. Anders als nach § 274 HGB besteht kein Aktivierungswahlrecht, sondern eine Aktivierungspflicht nach IAS 12.24 (sofern die zukünftige Steuerentlastung wahrscheinlich ist).

18.2 Latente Steuern im Rahmen der Erstkonsolidierung

Sachverhalt

Die M-AG erwirbt und konsolidiert die T-GmbH (90 %) zum 31.12.01; die Anschaffungskosten für die Anteile belaufen sich auf 1 800 GE. Der relevante Steuersatz beläuft sich auf 30 %. Die Handelsbilanzen II vor Neubewertung zum Erstkonsolidierungszeitpunkt 31.12.01 sehen wie folgt aus (in GE):

Aktiva	**Bilanz**	**M-AG**	Passiva
Sachanlagevermögen	2 000	Gezeichnetes Kapital	2 000
Anteile an verbundenen Unternehmen	1 800	Rücklagen	3 000
Umlaufvermögen	8 200	Fremdkapital	7 000
	12 000		**12 000**

Aktiva	**Bilanz T-GmbH**	**(Buchwerte, HB II)**	Passiva
Sachanlagevermögen	2 000	Gezeichnetes Kapital	600
		Rücklagen	1 200
Umlaufvermögen	1 200	Fremdkapital	1 400
	3 200		**3 200**

Bei der T-GmbH bestehen stille Reserven im Sachanlagevermögen i. H.v. 120 GE und stille Reserven im Umlaufvermögen i. H.v. 40 GE.

Aufgabe

Erstellen Sie die Konzernbilanz zum Erstkonsolidierungszeitpunkt nach der Neubewertungsmethode nach § 301 HGB bzw. nach IFRS (ohne Aufdeckung des Minderheiten-Goodwills) unter Berücksichtigung latenter Steuern (Steuersatz 30 %)!

Lösung

Die Aufdeckung der stillen Reserven aufgrund der vorzunehmenden Zeitbewertung führt zu entsprechenden Abweichungen zu den Werten laut Steuerbilanz der T-GmbH. Die latente Steuer ermittelt sich durch Anwendung des relevanten Steuersatzes (30 %) auf diese Differenzen:

Bilanzposition	**Wert lt. HB III (Zeitwerte)**	**Wert lt. Steuerbilanz**	**Differenz**	**Latente Steuer = Differenz × Steuersatz**
Sachanlagevermögen	2 120	2 000	120	36
Umlaufvermögen	1 240	1 200	40	12
	3 360	**3 200**	**160**	**48**

Die Aufdeckung von stillen Reserven führt zu passiven latenten Steuern, die Berücksichtigung von stillen Lasten zu aktiven latenten Steuern. Im Beispiel sind also passive latente Steuern anzusetzen. Ebenso wie die Aufdeckung der stillen Reserven werden diese passiven latenten Steuern »erfolgsneutral« gegen die Rücklagen eingebucht. Die Anpassungsbuchung zur HB III unter Berücksichtigung latenter Steuern lautet hier dementsprechend:

Sachanlagevermögen	120	
Umlaufvermögen	40	
an Rücklagen		160
Rücklagen	48	
an Passive latente Steuern		48

Unter Berücksichtigung latenter Steuern resultiert damit folgende »neubewertete« Bilanz der T-GmbH:

Aktiva	**Bilanz T-GmbH (Zeitwerte, HB III)**		Passiva
Sachanlagevermögen	2 120	Gezeichnetes Kapital	600
		Rücklagen	1 312
		Fremdkapital	1 400
Umlaufvermögen	1 240	Passive latente Steuern	48
	3 360		**3 360**

Wie in den Aufgaben zur Kapitalkonsolidierung dargestellt, ist dann die Summenbilanz zu erstellen und es sind die erforderlichen Konsolidierungsbuchungen vorzunehmen:

Bilanzpositionen	**M-AG**	**T-GmbH (Zeitwerte)**	**Summen-bilanz**	**Konsolidierung**		**Konzern-bilanz**
				S	**H**	
Sachanlagevermögen	2 000	2 120	4 120			4 120,0
Geschäftswert				(a) 79,2		79,2
Anteile an verbundenen Unternehmen	1 800		1 800		(a) 1 800,0	
Umlaufvermögen	8 200	1 240	9 440			9 440,0
Summe	**12 000**	**3 360**	**15 360**			**13 639,2**
Gezeichnetes Kapital	2 000	600	2 600	(a) 540,0 (b) 60,0		2 000,0
Rücklagen	3 000	1 312	4 312	(a) 1 180,8 (b) 131,2		3 000,0
Anteile anderer Gesellschafter					(b) 191,2	191,2
Fremdkapital	7 000	1 400	8 400			8 400,0
Passive latente Steuern	0	48	48			48,0
Summe	**12 000**	**3 360**	**15 360**	**1 991,2**	**1 991,2**	**13 639,2**

Nach Addition zur Summenbilanz ergeben sich folgende Konsolidierungsbuchungen:

- Die dem Mutterunternehmen M gehörenden Anteile an T werden mit dem neubewerteten anteiligen (hier 90 %ige Beteiligung) Eigenkapital der T ergebnisneutral verrechnet, es verbleibt ein aktiver Unterschiedsbetrag von 79,2 GE, der als Geschäfts- oder Firmenwert auszuweisen ist (Konsolidierungsbuchung (a)).
- Der den anderen Gesellschaftern zustehende Anteil (10 %) am Eigenkapital der T (191,2 GE) wird gesondert innerhalb des Eigenkapitals als Ausgleichsposten für die Anteile anderer Gesellschafter ausgewiesen (Konsolidierungsbuchung (b)).

Sowohl nach HGB (§ 306 Satz 3 HGB) als auch nach IFRS (IAS 12.15 a, 12.24 a) werden auf den Geschäftswert keine latenten Steuern angesetzt.

18.3 Latente Steuern im Rahmen der Zwischengewinneliminierung

Sachverhalt

Die T1-GmbH liefert in 01 selbst erstellte Erzeugnisse (Herstellungskosten 160 000 GE) zu einem Verkaufspreis netto von 200 000 GE an die T2-GmbH. Die Erzeugnisse befinden sich zum Bilanzstichtag 31.12.01 noch im Bestand der T2-GmbH, sind bei der T2-GmbH zu Anschaffungskosten (200 000 GE) bilanziert und werden dann Anfang 02 an ein konzernfremdes Unternehmen zu einem Verkaufspreis netto von 220 000 GE weiterveräußert.

Aufgabe

Welche Auswirkungen ergeben sich für die latenten Steuern (Steuersatz 30 %) nach HGB und IFRS?

Lösung

Gemäß § 304 HGB bzw. IAS 27.21 ist in 01 der Zwischengewinn aus der konzerninternen Lieferung i. H.v. 40 000 GE zu eliminieren. Aus Konzernsicht (Einheitstheorie) hat keine Veräußerung stattgefunden, es darf kein Gewinn realisiert werden. Die Erzeugnisse sind zu den Konzernherstellungskosten i. H.v. 160 000 GE anzusetzen. Es resultieren latente Steuern wie folgt (Steuersatz 30 %):

Bilanzposition	Wert lt. KA (HK)	Wert lt. Steuerbilanz (AK)	Differenz	Latente Steuer = Differenz × Steuersatz
Vorräte	160 000	200 000	40 000	12 000

Es ergibt sich eine aktive latente Steuer i. H.v. 12 000 GE. Folgende Konsolidierungsbuchungen sind in 01 erforderlich (vgl. hierzu auch die Aufgaben zur Zwischenergebniseliminierung):

Zwischenergebniseliminierung nach § 304 HGB bzw. IAS 27.21

Umsatzerlöse	200 000	
an Bestandsveränderung		160 000
an Vorräte		40 000

Erfassung aktiver latenter Steuern nach § 306 HGB bzw. IAS 12

Aktive latente Steuern	12 000	
an Latenter Steuerertrag		12 000

Durch die Veräußerung der Erzeugnisse in 02 an ein konzernfremdes Unternehmen ist der Zwischengewinn aus Konzernsicht realisiert. Die Differenz bei den Vorräten löst sich auf, dementsprechend ist auch die aktive latente Steuer ergebniswirksam aufzulösen. Im Einzelabschluss der T2-GmbH resultiert aus dem Verkauf ein Gewinn von 20 000 GE (Verkaufspreis abzgl. Anschaffungskosten), aus Konzernsicht ergibt sich ein Gewinn von 60 000 GE (Verkaufspreis abzgl. Herstellungskosten). Die aktive latente Steuer ist in 02 wie folgt auszubuchen:

Latenter Steueraufwand	12 000	
an Aktive latente Steuern		12 000

18.4 Latente Steuern im Rahmen der Schuldenkonsolidierung

Sachverhalt

Die T-GmbH hat eine konzerninterne Rückstellung für Garantien (Garantierückstellung für Ware, die von der T-GmbH konzernintern geliefert wurde) i. H.v. 50 000 GE gebildet. Im Rahmen der Schuldenkonsolidierung wird die konzerninterne Rückstellungsbildung aufgrund der Einheitsfiktion storniert.

Aufgabe

Welche Auswirkungen ergeben sich für die latenten Steuern (Steuersatz 30 %) nach HGB und IFRS?

Lösung

Gemäß § 303 HGB bzw. IAS 27.20 f. wurde die konzerninterne Rückstellung im Rahmen der Schuldenkonsolidierung storniert. Es resultieren latente Steuern wie folgt (Steuersatz 30 %):

Bilanzposition	Wert lt. KA	Wert lt. Steuerbilanz	Differenz	Latente Steuer = Differenz × Steuersatz
Sonstige Rückstellungen	0	50 000	50 000	15 000

Es ergibt sich eine passive latente Steuer i. H.v. 15 000 GE. Folgende Konsolidierungsbuchungen sind erforderlich:

Schuldenkonsolidierung nach § 303 HGB bzw. IAS 27.20 f: Stornierung der konzerninternen Rückstellungsbildung

Sonstige Rückstellungen	50 000	
an Sonstiger betrieblicher Aufwand		50 000

Erfassung passiver latenter Steuern nach § 306 HGB bzw. IAS 12

Latenter Steueraufwand	15 000	
an Passive latente Steuern		15 000

19 Quotenkonsolidierung und Equity-Bewertung

19.1 Quotenkonsolidierung

Sachverhalt

Die Investor AG hat für 2 760 GE 1 000 Aktien der Garten AG erworben. Die Garten AG hat insgesamt 2 000 Aktien ausgegeben; die zweite Hälfte des Aktienpaketes besitzt die Istar AG, die mit der Investor AG keine gesellschaftsrechtlichen Verknüpfungen hat.

Beide Unternehmen führen die Garten AG fortan als Gemeinschaftsunternehmen. In den Grundstücken der Garten AG sind stille Reserven i. H.v. 1 380 GE vorhanden.

Die Investor AG ist Mutterunternehmen eines Konzerns und ist konzernrechnungslegungspflichtig. Bilanzstichtag ist bei beiden Unternehmen der 31.12.

Die Bilanzen der Investor AG und der Garten AG stellen sich wie folgt dar (latente Steuern bleiben aus Vereinfachungsgründen außen vor):

Bilanzpositionen in GE	Investor AG	Buchwerte Garten AG	Buchwerte Garten AG (50 %)	Zeitwerte Garten AG (50 %)
Sachanlagevermögen	8 280	2 530	1 265	1 955
Anteile an Garten AG	2 760			
Umlaufvermögen	3 910	1 380	690	690
Summe	14 950	3 910	1 955	2 645
Gezeichnetes Kapital/Rücklagen	9 660	2 300	1 150	1 840
Fremdkapital	5 290	1 610	805	805
Summe	14 950	3 910	1 955	2 645

Aufgabe

Führen Sie die Quotenkonsolidierung durch.

Lösung

Die Quotenkonsolidierung ist nach § 310 HGB bei Gemeinschaftsunternehmen als Alternative zur Equity-Bewertung zulässig. Gemeinschaftsunternehmen liegen vor, wenn bei einem Unternehmen zwei (oder mehr) Investorunternehmen paritätisch beteiligt sind, so dass kein Unternehmen die Mehrheit der Stimmrechte besitzt oder auf andere Weise eine Beherrschung ausüben kann. Dies ist hier gegeben, da die Investor AG über genau 50 % der Anteile an der Garten AG verfügt. Das Kriterium der gemeinsamen Führung mit einem konzernfremden Unternehmen ist erfüllt. In IAS 31 ist für die Erfassung von Gemeinschaftsunternehmen (noch) die Quotenkonsolidierung (IAS 31.30) und alternativ die Equity-Bewertung (IAS 31.38) vorgesehen. Durch IFRS 11 (Mai 2011) wird die Quotenkonsolidierung abgeschafft. Die Bilanzierung hat nach der Equity-Methode zu erfolgen.

Die Umsetzung der Quotenkonsolidierung ist wie folgt vorzunehmen: Die Summenbilanz enthält nur die dem Anteil der Investor AG (50 %) entsprechenden Werte der Garten AG. Somit gehen die Vermögensgegenstände, die Schulden und das Kapital nur mit 50 % des Gesamtwertes in die Summenbilanz ein.

In der HB III erfolgt zunächst die Auflösung der anteiligen stillen Reserven von 690 GE.

Das neubewertete anteilige Eigenkapital der Garten AG beträgt: 1 150 GE + 690 GE = 1 840 GE. Es wird nun mit der Beteiligung der Investor AG verrechnet:

2 760 GE ./. 1 840 GE = 920 GE.

Dieser aktive Unterschiedsbetrag ist der Geschäfts- oder Firmenwert.

In der folgenden Darstellung ist aus Vereinfachungsgründen nur die Investor AG und die Garten AG in der Summenbilanz enthalten. Die weiteren Konzernunternehmen werden vernachlässigt.

Bilanzpositionen in GE	**Summenbilanz**	**Konsolidierung**		**Konzernbilanz**
		S	**H**	
Sachanlagevermögen	10 235			10 235
Anteile an Garten AG	2 760		2 760	
Umlaufvermögen	4 600			4 600
Geschäftswert		920		920
Summe	17 595			15 755
Gezeichnetes Kapital/Rücklagen	11 500	1 840		9 660
Fremdkapital	6 095			6 095
Summe	17 595	2 760	2 760	15 755

19.2 Equity-Bewertung

Sachverhalt

Am 01.01.01 kauft die Internet AG Anteile an der Alu AG im Umfang von 40 % des Nennkapitals. Der Kaufpreis beträgt 19,20 Mio. GE. Das gezeichnete Kapital der Alu AG beträgt 24 Mio. GE, die bilanziellen Rücklagen belaufen sich auf 12 Mio. GE. Folgende Ergebnisse erzielte die Alu AG und zahlte daraus folgende Ausschüttungen in den Jahren 01 bis 03:

	01	02	03
Jahresergebnis	1,2 Mio. GE	./. 0,24 Mio. GE	0,36 Mio. GE
Ausschüttung	0,96 Mio. GE	0	0,24 Mio. GE

Die Alu AG besitzt Maschinen mit einer Restnutzungsdauer von fünf Jahren und linearer Abschreibung, die am 01.01.01 stille Reserven im Umfang von 6 Mio. GE enthalten. Der Marktwert der Grundstücke liegt um 3 Mio. GE über den Buchwerten. Ein Geschäftswert wird über 5 Jahre abgeschrieben.

Aufgabe

Wie lautet der Wertansatz der Beteiligung an der Alu AG in der Konzernbilanz der Internet AG zum 31.12.01; 31.12.02 und 31.12.03, wenn die Gewinnausschüttung zeitkongruent erfolgt (latente Steuern bleiben aus Vereinfachungsgründen unberücksichtigt)?

Lösung

Nach § 311 HGB liegt ein assoziiertes Unternehmen vor, wenn keine Mutter-Tochter-Beziehung besteht und kein Gemeinschaftsunternehmen vorliegt, aber von einem Unternehmen auf ein anderes ein maßgeblicher Einfluss ausgeübt wird. Ein maßgeblicher Einfluss liegt vor, wenn das Unternehmen die Möglichkeit hat, an den finanz- und geschäftspolitischen Entscheidungen des Beteiligungsunternehmens mitzuwirken, ohne es zu beherrschen oder gemeinschaftlich mit einem anderen konzernfremden Unternehmen zu führen. Ab einem Stimmenanteil von 20 % wird ein maßgeblicher Einfluss widerlegbar vermutet.

Nach IFRS (IAS 28.2) liegen assoziierte Unternehmen vor, sofern der Investor einen maßgeblichen Einfluss auf das Unternehmen ausübt. Indizien für einen maßgeblichen Einfluss sind nach IAS 28.7:

- Zugehörigkeit zum Geschäftsführungs- und/oder Aufsichtsorgan des assoziierten Unternehmens;
- Teilnahme an den Entscheidungsprozessen, einschließlich der Teilnahme an Entscheidungen über Dividenden oder sonstige Ausschüttungen;
- wesentliche Geschäftsvorfälle zwischen dem Anteilseigner und dem assoziierten Unternehmen;
- Austausch von Führungspersonal oder
- Bereitstellung bedeutender technischer Informationen.

Die Internet AG hält 40 % an der Alu AG, daher ist die Vermutung des maßgeblichen Einflusses erfüllt. Die Beteiligung an der Alu AG führt somit zu einer Aufnahme in den Konzernabschluss der Internet AG als assoziiertes Unternehmen. Sie ist im Wege der Equity-Bewertung in den Konzernabschluss aufzunehmen.

Darstellung der anteiligen Werte:

	Gesamtwert	Anteiliger Wert (40 %)
Eigenkapital	**36 Mio. GE**	**14,40 Mio. GE**
davon Gezeichnetes Kapital	24 Mio. GE	9,60 Mio. GE
davon Bilanzielle Rücklagen	12 Mio. GE	4,80 Mio. GE
Stille Reserven Maschinen	**6 Mio. GE**	**2,40 Mio. GE**
Stille Reserven Grundstücke	**3 Mio. GE**	**1,20 Mio. GE**

Anschaffungskosten der Beteiligung	./. anteiliges Eigenkapital	Unterschieds-betrag	./. stille Reserven	Geschäfts-/ Firmenwert
19,20 Mio. GE	14,40 Mio. GE	4,80 Mio. GE	2,4 + 1,2 = 3,6 Mio. GE	1,2 Mio. GE

Fortführung des Unterschiedsbetrages:

	Vermögenswert	Jahre	Abschreibung
Maschinen	2,40 Mio. GE	5	0,48 Mio. GE/Jahr
Geschäftswert	1,20 Mio. GE	5	0,24 Mio. GE/Jahr

in GE	01.01.01	31.12.01	31.12.02	31.12.03
Maschinen	2,40 Mio.	1,92 Mio.	1,44 Mio.	0,96 Mio.
Grundstücke	1,20 Mio.	1,20 Mio.	1,20 Mio.	1,20 Mio.
Geschäftswert	1,20 Mio.	0,96 Mio.	0,72 Mio.	0,48 Mio.
Unterschiedsbetrag	4,8 Mio.	4,08 Mio.	3,36 Mio.	2,64 Mio.

Entwicklung des Equity-Wertes der Beteiligung:

in Mio. GE	31.12.01	31.12.02	31.12.03
Beteiligungsbuchwert zum Geschäftsjahresbeginn	19,20	18,576	17,76
anteiliges Jahresergebnis	+ 0,480	./. 0,096	+ 0,144
Ausschüttung	./. 0,384		./.0,096
Abschreibung Maschinen	./. 0,480	./. 0,480	./.0,480
Abschreibung Geschäftswert	./. 0,240	./. 0,240	./.0,240
Beteiligungsbuchwert	18,576	17,76	17,088

Die Beteiligung ist unter den Anteilen an assoziierten Unternehmen im Konzernabschluss auszuweisen.

20 Kapitalflussrechnung

Sachverhalt

Die M-AG weist zum Bilanzstichtag 31.12.02 folgende Bilanz und GuV aus:

Bilanz M-AG (in TGE) zum 31.12.02

Aktiva	02	01	Passiva	02	01
Anlagevermögen	**8 400**	**7 700**	**Eigenkapital**	**7 100**	**5 960**
Sachanlagevermögen	5 600	5 100	Grundkapital	1 200	1 100
Finanzanlagevermögen	2 800	2 600	Kapitalrücklage	2 400	2 000
			Gewinnrücklagen	3 040	2 590
Umlaufvermögen	**4 750**	**3 800**	Bilanzgewinn	460	270
Vorräte	1 200	1 500			
Forderungen aus L&L	1 900	900	**Fremdkapital**	**6 050**	**5 540**
Wertpapiere	700	800	Rückstellungen	1 600	1 800
Flüssige Mittel	950	600	Verbindlichkeiten aus L&L	1 150	1 740
			Verbindlichkeiten gegenüber Kreditinstituten	3 300	2 000
Summe	**13 150**	**11 500**	**Summe**	**13 150**	**11 500**

GuV für das Geschäftsjahr 02 (in TGE)	**02**	**01**
Umsatzerlöse	2 850	1 790
Materialaufwand	560	250
Personalaufwand	430	400
Abschreibungen	150	170
Sonstige betriebliche Aufwendungen	100	80
Zinsaufwand	160	90
Zinserträge	20	30
Abschreibungen auf Wertpapiere des Umlaufvermögens	100	50
Ergebnis der gewöhnlichen Geschäftstätigkeit	**1 370**	**780**
Sonstige Steuern	120	80
Steuern vom Einkommen und Ertrag	340	170
Jahresüberschuss	**910**	**530**
./. Einstellung in die Gewinnrücklagen	450	260
Bilanzgewinn	**460**	**270**

Zudem liegen folgende Informationen vor:

Die Abschreibungen i. H.v. 150 000 GE wurden auf das Sachanlagevermögen verrechnet.

Der Bilanzgewinn aus dem Jahr 01 i. H.v. 270 000 GE wurde in voller Höhe im Geschäftsjahr 02 ausgeschüttet.

Im Anlagevermögen ergaben sich in 02 keine Abgänge.

Aufgabe

a) Stellen Sie eine Kapitalflussrechnung nach HGB (DRS 2) auf.

b) Welche Unterschiede bestehen zu einer Kapitalflussrechnung nach IFRS?

Lösung

a) Kapitalflussrechnung nach DRS 2

Die Erstellung einer Kapitalflussrechnung ist nach § 297 Abs. 1 HGB nur für den Konzernabschluss verpflichtend vorgesehen. Des Weiteren müssen kapitalmarktorientierte Unternehmen i. S. d. § 264 d HGB, die nicht zur Aufstellung eines Konzernabschlusses verpflichtet sind, nach § 264 Abs. 1 Satz 2 HGB eine Kapitalflussrechnung aufstellen. Weitere Regelungen enthält das HGB jedoch hierzu nicht. Diese Regelungslücke hat der Deutsche Standardisierungsrat (DRS) geschlossen und in dem Deutschen Rechnungslegungsstandard DRS 2 umfassende Regelungen zur Erstellung einer Kapitalflussrechnung vorgegeben.

Nach diesem Standard gestaltet sich die Kapitalflussrechnung nach der indirekten Methode wie folgt:

1		Periodenergebnis (einschließlich Ergebnisanteilen von Minderheitsgesellschaftern) vor außerordentlichen Posten
2	+/./.	Abschreibungen/Zuschreibungen auf Gegenstände des Anlagevermögens
3	+/./.	Zunahme/Abnahme der Rückstellungen
4	+/./.	Sonstige zahlungsunwirksame Aufwendungen/Erträge (z. B. Abschreibungen auf Wertpapiere des Umlaufvermögens oder auf ein aktiviertes Disagio)
5	+/./.	Verlust/Gewinn aus dem Abgang von Gegenständen des Anlagevermögens
6	+/./.	Abnahme bzw. Zunahme der Vorräte, der Forderungen aus L&L sowie anderer Aktiva, die nicht der Investitions- oder Finanzierungstätigkeit zuzuordnen sind
7	+/./.	Zunahme bzw. Abnahme der Verbindlichkeiten aus L&L sowie anderer Passiva, die nicht der Investitions- oder Finanzierungstätigkeit zuzuordnen sind
8	+/./.	Ein- und Auszahlungen aus außerordentlichen Posten
9	=	**Cashflow aus laufender Geschäftstätigkeit**
10	+	Einzahlungen aus Abgängen von Gegenständen des Sachanlagevermögens
11	./.	Auszahlungen für Investitionen in das Sachanlagevermögen
12	+	Einzahlungen aus Abgängen von Gegenständen des immateriellen Anlagevermögens
13	./.	Auszahlungen für Investitionen in das immaterielle Anlagevermögen
14	+	Einzahlungen aus Abgängen von Gegenständen des Finanzanlagevermögens
15	./.	Auszahlungen für Investitionen in das Finanzanlagevermögen
16	+	Einzahlungen aus dem Verkauf von konsolidierten Unternehmen und sonstigen Geschäftseinheiten

17	./.	Auszahlungen aus dem Erwerb von konsolidierten Unternehmen und sonstigen Geschäftseinheiten
18	+	Einzahlungen aufgrund von Finanzmittelanlagen im Rahmen der kurzfristigen Finanzdisposition
19	./.	Auszahlungen aufgrund von Finanzmittelanlagen im Rahmen der kurzfristigen Finanzdisposition
20	=	**Cashflow aus der Investitionstätigkeit**
21	+	Einzahlungen aus Eigenkapitalzuführungen (z. B. Kapitalerhöhungen, Verkauf eigener Anteile)
22	./.	Auszahlungen an Unternehmenseigner und Minderheitsgesellschafter (z. B. Dividenden, Erwerb eigener Anteile, Eigenkapitalrückzahlungen, andere Ausschüttungen)
23	+	Einzahlungen aus der Begebung von Anleihen und aus der Aufnahme von (Finanz-) Krediten
24	./.	Auszahlungen für die Tilgung von Anleihen und (Finanz-)Krediten
25	=	**Cashflow aus der Finanzierungstätigkeit**
26		Zahlungswirksame **Veränderung des Finanzmittelfonds** (Summe der Zeilen 9, 20 und 25)
27	+/./.	Wechselkurs-, konsolidierungskreis- und bewertungsbedingte Änderungen des Finanzmittelfonds
28	+	Finanzmittelfonds am Anfang der Periode
29	=	**Finanzmittelfonds am Ende der Periode**

Für den vorliegenden Fall kann die Kapitalflussrechnung nach DRS 2 wie folgt aufgestellt werden (in GE):

			Berechnung
Jahresüberschuss		910	aus GuV 02
+ Abschreibungen auf Sachanlagevermögen	+	150	aus GuV 02
+ Abschreibungen auf Wertpapiere	+	100	aus GuV 02
./. Verminderung der Rückstellungen	./.	200	1 600 ./. 1 800
= Brutto-Cashflow	=	960	
+ Verminderung des Vorratsbestands	+	300	1 200 ./. 1 500
./. Erhöhung der Forderungen aus L&L	./.	1 000	1 900 ./. 900
./. Verminderung der Verbindlichkeiten aus L&L	./.	590	1 150 ./. 1 740
Cashflow aus laufender Geschäftstätigkeit	=	./. 330	
Investitionen in das Sachanlagevermögen	./.	650	5 600 ./. 5 100 + 150
Investitionen in das Finanzanlagevermögen	./.	200	2 800 ./. 2 600
Cashflow aus der Investitionstätigkeit	=	./. 850	
Einzahlungen aus Eigenkapitalzuführungen	+	500	(1 200 ./. 1 100) + (2 400 ./. 2 000)
Gewinnausschüttung aus dem Vorjahr	./.	270	aus Sachverhalt
Kreditaufnahme	+	1 300	3 300 ./. 2 000
Cashflow aus der Finanzierungstätigkeit	=	1 530	
Zahlungswirksame Veränderung des Finanzmittelfonds		**350**	**./. 330 ./. 850 + 1 530**
Anfangsbestand flüssige Mittel	+	600	
Endbestand flüssige Mittel	=	950	

b) Unterschiede zur Kapitalflussrechnung nach IFRS

Da man sich bei Erstellung des DRS-Standards an den Regelungen des IAS 7 orientiert hat, ergeben sich weitgehende Übereinstimmungen zwischen diesen beiden Standards.

Die Pflicht zur Erstellung einer Kapitalflussrechnung ergibt sich aus IAS 7.1. Auch nach IFRS sind die Cashflows getrennt nach betrieblicher Tätigkeit, Investitionstätigkeit und Finanzierungstätigkeit auszuweisen (IAS 7.10); ein Mindestgliederungsschema ist jedoch nicht vorgegeben. Letzteres ist der bedeutendste Unterschied zur nationalen Regelung.

Die IFRS sehen den Ausweis von außerordentlichen Ergebnissen in der GuV nicht vor (IAS 1.87). Dies gilt ebenso für die Kapitalflussrechnung. Eine Ausnahme besteht für die nicht fortgeführten Geschäftsbereiche (discontinued operations): Hierfür verlangt IFRS 5.33 (c) den Ausweis der (Netto-) Zahlungsströme aller drei Teilbereiche.

Während nach DRS 2.36 erhaltene und gezahlte Zinsen sowie erhaltene Dividenden grundsätzlich der laufenden Geschäftstätigkeit zuzuordnen sind, sieht IAS 7.33 entweder einen Ausweis als Cashflow aus betrieblicher oder Finanzierungs- bzw. Investitionstätigkeit vor.

Hingegen sind gezahlte Dividenden nach DRS 2.37 ausschließlich dem Cashflow aus Finanzierungstätigkeit zuzuordnen und gesondert anzugeben, während IAS 7.34 auch einen Ausweis unter dem Cashflow aus laufender Geschäftstätigkeit erlaubt.